U0212055

人工智能项目管理

方法·技巧·案例

杨志宝　班超　方瀚　著

Artificial Intelligence Project Management

化学工业出版社

·北京·

内容简介

本书从人工智能（AI）项目管理中的实际困难出发，覆盖通用项目管理、通用人工智能、特定领域人工智能三个层次的问题。重点讨论治理、范围、进度和质量四个大类的问题，并提供一系列适用于AI项目管理的基本框架、分析思路和翔实可用的模板、思维图表和流程，帮助读者快速理解人工智能项目管理的特点，并应用到具体的项目中，解决具体的问题。

全书内容可概括为两大部分——“地基”和“上层建筑”。首先覆盖了项目、行业和人这三个基础主题，让AI项目管理能够站在一个稳定的基础知识（地基）上。之后，重点概述了范围、进度和质量三个部分，还将资源、风险、相关方等几个管理领域穿插在各个章节中，这些主题形成了应用部分（上层建筑）。

本书对人工智能项目中的管理人员、算法专家、开发人员、业务人员和领域专家，都会带来一定的帮助。

图书在版编目（CIP）数据

人工智能项目管理：方法·技巧·案例/杨志宝，班超，方瀚著．—北京：化学工业出版社，2023.6

ISBN 978-7-122-43069-4

Ⅰ.①人… Ⅱ.①杨…②班…③方… Ⅲ.①人工智能-项目管理 Ⅳ.①TP18

中国国家版本馆CIP数据核字（2023）第041740号

责任编辑：黄 滢
责任校对：王鹏飞
装帧设计：王晓宇

出版发行：化学工业出版社
（北京市东城区青年湖南街13号 邮政编码100011）
印 装：大厂聚鑫印刷有限责任公司
710mm×1000mm 1/16 印张19 3/4 字数283千字
2023年7月北京第1版第1次印刷

购书咨询：010-64518888
售后服务：010-64518899
网 址：http://www.cip.com.cn
凡购买本书，如有缺损质量问题，本社销售中心负责调换。

定 价：108.00元

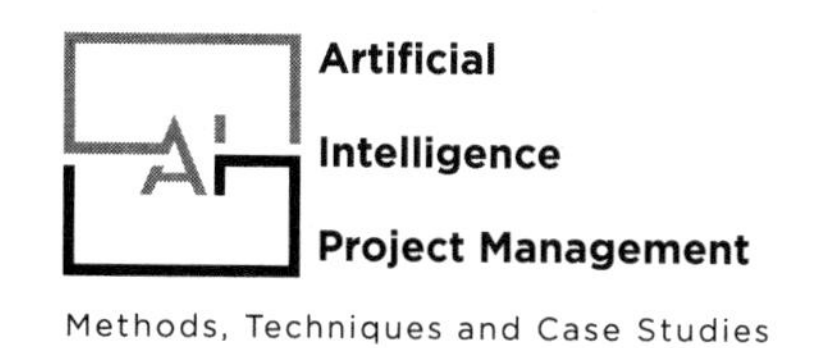

序1 FOREWORD

我们正处于一个激动人心的时代，深度学习作为近年来具有突破性的技术之一，极大地推动了人工智能的研究和应用，迅速渗透到各个行业中。毫不夸张地说，人工智能正在改变人们的工作、生活和思维方式。

几乎每个企业都想抓住这个机遇，通过人工智能的赋能，改进业务流程，创造新的产品，提高企业的价值，或者在各类项目中增加人工智能的因素，提高服务质量和效率。因此，与人工智能有关的项目已经越来越多，而且还有增加的趋势。

人工智能项目对高端人才的需求量很大，不仅包含算法、数据、产品和技术人才，对管理革新也提出了需求。在业务流程和项目管理上，人工智能的引入带来了很多新的变量，各类管理、技术和业务人员也在摸索及积累处理这些变量的经验。

因此，市场上急需有关人工智能相关管理的经验总结，来为更多的项目赋能。这本《人工智能项目管理　方法·技巧·案例》恰逢其时，做了一个跨领域的创新，尝试将人工智能的实践过程和项目管理的理论融合在一起。

作者将这本书的内容分为两大部分，分别是“地基”和“上层建筑”。本书首先覆盖了项目、行业和人这三个基础主题，让人工智能项目管理能够站在一个稳定的基础知识（地基）上。之后，作者重点介绍了范围、进度和质量三个部分，还将资源、风险、相关方等几个管理领域穿插在各个章节中，这些主题形成了应用部分（上层建筑）。作者通过地基和上层建筑这两个部分的相互作用，形成了完整的知识体系。

人工智能在各个行业中应用十分广泛，因为篇幅所限，想要讲全各类人工智能的项目管理是几乎不可能的事情。作者采用从一般性项目，到通用人工智能项目，再到领域人工智能的三层递进关系来拆解整个知识体系。这样的层次逻辑，对于那些不熟悉项目管理框架的新项目经理来说，可以通过文字和例子抓住项目管理理论的重点。对于有经验的项目经理，可以通过后面两个层次中的差异性内容，快速获得见解。作者选取了医疗人工智能这个既能被读者感知，又非常有代表性的人工智能领域作为例子，介绍人工智能和产业结合时的一些特性。除此之外，本书中还有大量的图和表，可以用来作为实际工作的快速参考。

本书的三位作者，都是长期深入人工智能项目领域的实干家，他们在医疗影像、制药、安防、家居等领域的人工智能应用有非常多的经验，也汇聚了很多问题及其解决方案。与他们沟通的过程，令我印象深刻，也感觉收获良多。

这本书的出版，顺应了人工智能产业和各产业的数字化转型的发展，是一个很好的管理尝试。书的内容也会随着人工智能应用的深化而不断迭代，成为一个敏捷更新的人工智能项目管理体系。本书对于人工智能项目中的管理人员、算法专家、开发人员、业务人员和领域专家，都会带来一定的帮助。在这里，衷心希望这本书能得到各位读者的喜爱。

中国电信大数据和AI中心算法总监

孙晧

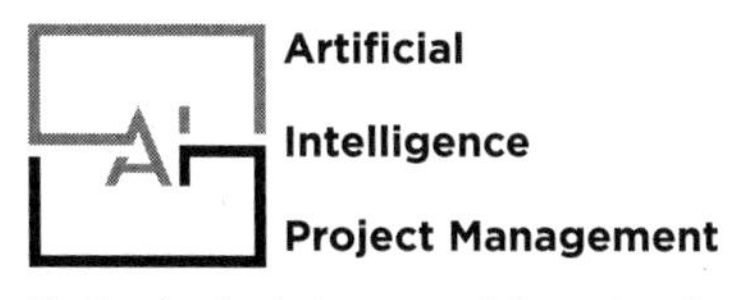

创新项目的管理和技术落地

人工智能（Artificial Intelligence，缩写为AI）的本质是通过学习人类感知和响应世界的方式达到超越人类自身的目的。如今，AI 正迅速成为创新的基石，广泛出现在多种产业创新领域。人工智能不仅仅是技术，还是一种能力，更是一种思想。在最近十年时间里，人工智能成了很多人生活中的一部分。

“AI+”项目呈现出极强的内部依从性。例如，企业即使利用预构建的现成可用的 AI 解决方案，但是最终还需按照自己独特的业务需求来整体运行项目。因此人工智能的产生过程，其核心的稀缺性来自优秀的人才、优质的算法与数据。其中数据的积累和算法的不断教育回馈，更需要应用相应的管理手段。同时熟悉人工智能和产业的跨领域人才不多，通晓项目管理知识的人则更少，人工智能相关项目的实践还不成熟。以AI在新药领域的应用为例，管理的重要性不仅体现在有效组织好算法数据与实验平台之间高效印证，还包括财务、法务以及与第三方平台的相互协作。“管理+技术落地”才能真正落实一个“AI+新药”的创新项目。因此，怎么把人工智能项目做好，对于项目的负责人、项目经理或参与者，都有一定的挑战。

人工智能项目的管理工作，呈现了许多新的特点，是一个融合了多种知识的动态体系。除了算法模型和数据外，还有伦理、质控、资源管理等都和其他类型项目不同。为了能把这些内容讲清楚，作者采用了从一般到特殊的路线，逐步把项目管理是什么，人工智能项目管理是什么，行业中人工智能项目管理要做什么讲清楚，帮助读者形成一个宏观而整体的认识。

为了能把理论和实践相结合，作者不但介绍了一些容易理解的行业应用，还把和民生相关的医疗人工智能作为前沿应用，多着笔墨。其中，人工智能辅助诊断作为和老百姓关系最密切的医疗人工智能应用，在各个疾病领域，已经逐步在提升基层医疗能力和效率上发挥作用。

另外，作者也敏锐地认识到，认知和数据，已经成为未来很长一段时间内，各类新型项目成功的关键。因此书中在认知形成的原理和数据处理的各方面，都做了详细的阐述，形成了整本书中的一条写作暗线。

在写作的过程中，作者翻阅了大量的资料，将“项目+人工智能+行业”这个跨领域主题按照自己的认识重新做了组织。这个尝试和开拓，对于行业的发展是很有意义的。在和作者的交流中，我能感觉到他们写这本书的情怀，他们认为自己在做一件很有意义的事情，能够帮助到很多人。

这本书的定位，不是一本管理学教科书，更像是一个实践指南。所以，这本书里不着重于深刻和完整的理论，而是重视具体的做法及其背后的简单原理。为了对一线的工作有更好的指导意义，书中有大量的图和表，可供参考及借鉴，同时也对实践中搜集到的问题进行了回应与反馈。这本《人工智能项目管理　方法·技巧·案例》对于任何参与到或者将会参与到人工智能项目中的人，都值得一读。

睿健医药创始人、CEO

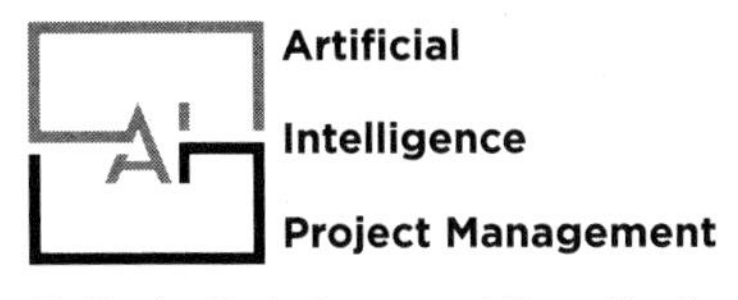

前言 PREFACE

我们正处于一场由人工智能等技术引领的革命中，这场技术革命影响着我们身边的每一个人，从人脸打卡、机动车辆的自动识别、智能手表，到正在逐渐成熟的自动驾驶、智慧金融、智慧医疗等领域，每个人都能感受到人工智能给生活带来的巨大改变。根据互联网数据中心（Internet Data Center，IDC）测算，2021年全球在认知和人工智能系统上的支出达到580亿美元。而根据普华永道的预测模型，人工智能在2030年将为世界经济贡献15.7万亿美元。

我国政府也很早就看到了这个发展机遇，从2017年开始，我国人工智能政策重点强调技术和产业的深度融合，2017年7月，国务院印发的《新一代人工智能发展规划》明确指出要“加快人工智能深度应用”。2018年“两会”也指出，“人工智能+产业”的融合将是未来的重点，科技部、工信部、民政部等均提出了“人工智能+产业”的发展目标。2019年，“两会”更是将“智能+”写入政府工作报告，人工智能技术对社会的赋能被给予最高层次的期待。我国正处于工业经济由数量和规模扩张向质量和效益提升转变的关键期，“人工智能+”的理念给数字技术提供了最广阔的落地空间和回报想象。通过智能化手段把传统工业生产的全链条要素打通，可以更好地推动制造业的数字化、网络化和智能化转型，更能反向助推技术自身的迭代和进步。

从20世纪60年代开始，项目管理作为管理科学的一个分支，开始逐渐在各个领域中得到应用，形成了知识体系、人才培训体系和行业经验。项目管理是一个不断演变和丰富的实践科学，在遇到新领域的新问题时，项目管理会因地制宜，进一步丰富理论和实践。

目前，各行业、各种不同类型的企业和研究机构均开展了人工智能相关的项目，项目管理在人工智能行业中的理论和实践正在逐渐成熟。这其中的参与者，有央企和国企，有互联网头部公司，有创新型公司，也有在数字化转型中的传统企业。人工智能项目把流程、数据、认知这些重要资源整合在一起，理顺相互关系，取得最大化的结果。每一个人工智能项目的成功开展，都留下了可继承和发扬的项目成果及实践经验。

人工智能项目的管理，也给所有参与者带来了新的挑战。《哈佛商业评论》的调查数据显示，47%的高管表示，很难将认知项目与现有流程和系统集成；40%的高管表示人工智能技术和专业知识过于“昂贵”；37%的高管表示，管理者不了解认知技术及其工作方式。

人工智能项目开展的难度来源有三个方面的影响：人工智能项目的本质因素的影响；项目组织的影响；行业特性的影响。和其他类型的项目相比，人工智能项目有两个本质性的不同：交付物是认知，输入的是数据。认知作为人工智能模型的交付物，在构建、优化、质控、配置管理方面，都和常规软件产品、实物产品不同。数据作为一种资产和生产资源，已经得到了广泛的认可，但在数据如何计量、存储、确权、质量评估、定价等方面，业界也处于探索中，相应的标准出台缓慢。除了认知和数据外，算力、人才、应用场景、伦理和合规等各因素，对人工智能项目的管理者也提出了新的要求。

从项目组角度看，人工智能项目通常有这样的一些挑战：①项目治理结构建设不健全，项目经理职责不明确，或者是由技术人员兼职；②项目组目标和指标模糊，或者难以界定；③特定相关方的管理被忽视；④缺少一些核心的项目管理环节，比如数据和算法的工作分解及评估，使得项目进度和成本的估算困难；⑤在人员持续变动的环节中，交付物难以维护，质量难以提升；⑥忽视了不同类型AI的风险管理等。人工智能对项目管理的影响，已经深入到项目管理的各个方面，值得深入探讨。

人工智能项目的开展，也受到行业特性的制约。各行业的知识密度、知识复杂度、掌握知识的人、数据复杂度、行业规范等均不相同，而人工智能项目是将人的智慧转移到交付物上的过程，因此，行业对人工智能项目管理的影响也不能忽略，脱离具体的行业应用来谈论人工智能项目管理，是不切实际的。其中，智慧医疗是人工智能的重要应用领域。人工智能可以应用在智能诊疗、药物研发、医疗机器人、健康管理等多个领域，为提升整个社会的医疗卫生运营效率和效果做出贡献。本书重点以医疗影像辅助诊断作为重点案例，探讨人工智能在特定行业中的应用。

经过几年的消化和沉淀，人们从最开始对人工智能的焦虑、恐惧，初期的盲目乐观和过高期待，发展为现在的冷静理智和客观评价。有理由相信，会有更多的人才陆续参与到和人工智能相关的项目中来。因此，有一本关于人工智能项目管理的书来探讨项目管理中共性的问题，是非常有必要的。

本书的目标读者，既包括项目决策者、管理者或参与者，即亲身经历人工智能项目的读者，也包括有项目管理背景但尚未参与过人工智能项目的读者。本书并非项目管理的理论书籍，也无意于提供一个完整翔实的人工智能项目管理框架。相反，本书从人工智能项目管理中的实际困难出发，覆盖通用项目管理、通用人工智能、特定领域人工智能三个层次的问题。本书重点讨论治理、范围、进度和质量四个大类问题，并提供一系列的模板、图和流程，帮助读者快速应用到具体的项目中，解决具体的问题。

全书各章节的内容分布如下。

在本书的第1章中，对三类经典的项目管理知识体系进行了回顾。人工智能项目可以看作是一个更复杂的软件项目的延伸，在第1章的最后，对软件项目管理的重要概念进行了回顾。对项目管理的基础理念非常熟悉的读者可以直接跳过，从第2章开始阅读。

第2章，重点介绍了人工智能的基本概念、应用和趋势。该章首先对人工智能技术和产业进行了介绍，帮助读者了解机器学习和深度学习的基本概念。在此基础上，对人工智能的项目进行分类，并总结了人工智能项目的伦理、特点和常见痛点。本章以新冠肺炎（新型冠状病毒肺炎，简称新冠肺炎）人工智能应用为案例，介绍了产业中丰富的人工智能应用。

项目经理需要作为赋能者，整合组织的各项资源开展工作，来推动项目的开展。第3章是关于项目治理和人的章节。对一个新开展人工智能项目的项目经理，第3章能帮助他了解组织中哪些资源对项目是有用的，哪些心态和工作方法是项目经理应该掌握的，如何找全项目的相关方并有效开展工作。在这章的最后，以案例的形式讨论了两个人工智能的典型主题：伦理和跨领域合作。

把人工智能项目的规划做全做对，整个项目就成功了一半。在第4章中，重点讨论了项目规划这个主题。本章重点从确定项目目标是什么、项目范围包含了哪些工作和应对人工智能项目风险三个方面来细化项目规划，并以项目工作分解为主介绍了项目范围的管理。在本章的案例中，以医疗影像人工智能项目为例，给出项目规划阶段的各个具体文档样例。

人工智能项目的进度经常会延期，进度管理是整个项目组面临的一大挑战，第5章进行了进度管理讨论。本章以各类资源的申请和进度计划制订流程为主线，介绍了资源、进度的各种要素和流程。在案例中给出了医疗影像人工智能的进度管理样例。

人工智能项目的质量控制的指标和流程，和其他项目有很大的不同，如何制订质量计划，确定质量指标，对项目经理来说是一大挑战。在第6章中，重点讨论了项目的质量管控。除了介绍基础的质量管理外，还重点介绍了人工智能的标准体系、质量指标和相关流程。在本章的案例中，介绍了数据质量和临床验证质量的主题。

希望通过这些章节的介绍和讨论，帮助读者快速了解人工智能项目管理的主要方法、技巧和案例，给具体的项目工作带来帮助。

由于作者自身水平的限制，加上人工智能产业还在快速发展中，覆盖行业又极广泛，本书中疏漏之处在所难免，内容也不可能面面俱到。对于书中的不足，欢迎读者提出批评、建议和指正。

在这里，也向支持本书创作的家人们、指导方向的导师们、提出建议的朋友们和出版社的工作人员一并表示衷心的感谢！

著　者

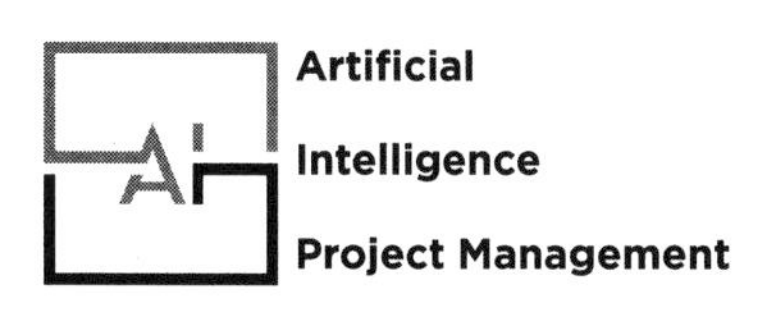
Artificial
Intelligence
Project Management
Methods, Techniques and Case Studies

目录 CONTENTS

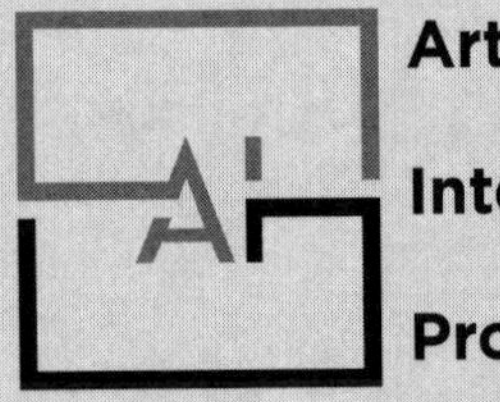

Artificial

Intelligence

Project Management

Methods, Techniques and Case Studies

第 1 章

项目管理概要

通过本章的内容，
读者可以学习到：

- 一个项目包含哪些通用的重要结构；
- 用三个维度评估一个软件开发组织的能力；
- 产业级的大项目中，项目管理还要再考虑什么；
- 软件开发项目中为什么要关注交互和服务模式。

什么是项目？所有人都有自己心目中的想法。正如一千个读者眼中有一千个哈姆雷特，有的人理解项目是盖一栋楼，有的人认为是做一个产品，有的人会觉得是修建一艘大船，也有的人会理解是举办一个聚会。没错，这些可能都是项目。凡是要努力开展并达成一个目标的事情，如果还有金钱、时间和品质的限制及要求，就可以看成是一个项目。甚至，日常生活中很多不起眼的小事情，都是一个项目，比如招呼几个朋友一起看场电影，一个人在新冠疫情期间定时去做核酸检测，在生鲜电商平台上买菜等，这些都是项目。

项目管理，顾名思义，就是将项目管理好。修建一艘大船，需要完善的管理，这很容易理解。看一场电影、做核酸检测、线上买菜，这些项目也需要管理吗？回答是肯定的。我们生活的品质，是由每天若干项目管理的质量来决定的。如果核酸检测没有赶上，或者排队很长耽误了时间，导致你没有赶上看电影，一天的生活质量都会受到影响。实际上，我们每个人都已经在不知不觉中管理了自己的项目，每个人都是无冕的“项目经理”。

对项目管理常有的误解是：项目管理就是排日程。这种误解认为把日程排出来，项目就管起来了。实际上项目管理不止于此，在线上买菜的时候，你肯定会认真挑选，因为菜品质量很重要；你也可能会不断地找优惠券和获取折扣，因为钱多钱少也很重要；在做核酸检测的时候，因为是统一定价，你不能选择更低的成本，但是你可能会看看这是什么机构提供的核酸检测服务，因为你关注的是风险；组织一场聚会，你重视的是这个聚会能让我们获得什么体验，也就是项目提供的是什么。在不同的项目中，我们关注的侧重点不同，进度只是一个方面。当然，在所有项目中进度都很重要，因为我们每个人的时间都是非常宝贵的，所以会有进度管理几乎等同于项目管理的错觉。

好在一般的项目都会有共通的方面，这些共性已经被权威机构整理成为知识体系，一旦掌握了这个知识体系，就可以用项目管理的规范视角来看待工作和生活中的任何项目。项目管理知识体系（Project Management Body of Knowledge，PMBOK）就是其中最为流行和被广泛接受的体系。PMBOK为我们整理好了10类知识体系和5类过程组，对我们做各类项目都有指导意义，这其中也包括人工智能（Artificial Intelligence，AI）项目。

我们的生活已经被软件“包围了”。出门看的智能手表，在地铁站看到的等待地铁的时间预告牌，新冠疫情期间要出示的健康码信息，在路边要用到的线上打车服务，还有每人每天在手机上使用的APP，这些都是软件。每一个软件，都是某一个软件项目的最终产物。经过几十年的发展，软件项目已经形成了项目管理的独特子类。上面这些软件的例子中，有很多已经有一定的智能了，可以粗略地认为，人工智能项目是软件项目的延伸和质变。在各类软件项目管理模型中，能力成熟度模型（Capability Maturity Model，CMM）比较好地总结了软件项目的一些特征，值得人工智能项目经理去了解。

而产业级的产品开发，比如做一个手机品牌，建设一系列的品牌楼盘，这类项目规模大，参与者众多，因此项目的运作已经紧密地和所依赖的组织、文化及决策体系联系在一起。这类管理体系的典型例子是集成产品开发（Integrated Product Development，IPD）。因为投资巨大，周期长，这类项目管理首先关注的是这个投资做与不做、谁来做以及怎么做的问题。

因此，本章以PMBOK、CMM和IPD三类体系为例，从三个不同的层面介绍项目管理的基本概念。PMBOK是一个通用于所有项目的知识框架，CMM是软件项目管理的模型，而IPD适用于企业级的管理体系。这三类体系没有优劣之分，而是解决问题的侧重点不同。

1.1　项目管理知识体系

上面已经谈到一些项目的例子，那“项目管理”到底是什么呢？

首先项目管理是管理的一个门类。管理大师德鲁克（Peter F. Drucker）在《管理：使命、责任、实践》这本书中，对管理的定义是“管理就是界定企业的使命，并激励和组织人力资源去实现这个使命。界定使命是企业家的任务，而激励与组织人力资源是领导力的范畴，两者的结合就是管理”。项目管理也是完成一种使命，并且需要激励和领导力的参与。比如，在企业中，经常会组织团队建设活动。在这类活动中，要融入年终总结、新人破冰、颁奖和激励、组织文化建设提升等诸多目标，而为了达到这个目标，负责组织的部门（通常有人力资源和行政部门）需要全力以赴，参与的部门也要全力配合，既有绩效和工作表现的管理激励，也有榜样的领导力号召，最终达到活动满意的目标。人工智能项目的使命则是让软件或硬件具备“生命力”，使人类的生活更加轻松，工作更有效率，项目组需要全力以赴完成这个目标。

从另一个角度看，项目管理和日常管理也不相同。比如，和最常见的任务管理相比，项目管理的日程管理比普通管理中的任务管理要密集，需要经常推演多个相互衔接的事情之间如何能够排出最短、最合理的时间，还要留有余量。又比如，项目管理者通常没有直接领导全部项目组成员的权力，项目组成员经常来自其他部门的临时调拨，因而项目管理对管理者的领导力的要求也更多。除了日程管理和领导力之外，项目管理还有很多不同于普通管理概念的方法和知识。

第二次世界大战期间，在人类的大规模战争中，多兵种协同作战、信息和密码战、无线电和雷达等这些过去几千年都没有的新事物出现了。无数个项目并行展开，既要求在很短的时间内取得最好的成果，还要解决项目内和项目间各个要素的冲突，因此对项目管理的需求剧增。项目管理专家弗雷姆说：“战争的无序之中，诞生出了项目管理的有序”。在第二次世界大战末期的“曼哈顿计划”中，超过10万人参与了原子弹的研究，历时超过3年，经费超过20亿美元，也极大地促进了项目管理科学的发展。

第二次世界大战后的工业发展和系统科学的进步，催生了一批被称为“项目经理”的人。这些人聚在一起，经过20年时间形成了组织。1969年，美国项目管理协会（Project Management Institute，PMI）正式成立，从事项目管理的人们在1976年的一次会议上提出了一个设想，能否把各类具有共性的实践经验进行总结，并形成“标准”。1981年，PMI组委会批准了这个项目，组成了10人小组和25位志愿者的团队进行开发，最终该团队在1987年发布了项目管理知识体系（PMBOK）的第一版草稿。而正式的PMBOK第一版，是在1996年发布的。此后，每5年左右，PMBOK会迭代一个新的版本。

在我国，著名数学家华罗庚教授创立了“中国优选统筹法与经济数学研究会”。该研究会在1992年成立了项目管理研究委员会，标志着我国在项目管理科学上迈入了新的阶段。

项目管理还是一个很年轻的学科，PMBOK第一版正式出版到现在还不到30年。项目管理不断地演进，没有不变的、“标准的”项目管理，只有随着时代发展而不断适应的项目管理。每当项目管理和新事物相碰撞的时候，都是项目管理进一步丰富和迭代的最佳时刻。

将一个领域的知识体系整理出来并发布成为规范，这无疑大大减少了整个社会理解这个领域的难度，便于形成共识。PMBOK的持续发布，带来了两个副产品。一个是项目管理专业人士（Project Management Professional，PMP）资格认证，可以用来检验专业人员是否已经掌握PMBOK，该认证已经成为从事传统行业项目经理岗位的一个标配；另一个是其他领域也开始大量借鉴构建知识体系的工作方式，比如国际数据管理协会也发布了数据管理知识体系（Data Management Body of Knowledge，DMBOK）。

在《项目管理知识体系指南（PMBOK指南）》第六版中，项目管理被定义为“在项目活动中运用知识、技能、工具和技术，达成项目要求”。在归纳和抽象了大量项目后，PMBOK将项目管理的核心概念归纳成四个要素：项目的生命周期、项目的关口、过程组和知识领域。理解这四类要素，对于开展所有层级的项目工作都会带来很大的帮助。图1-1中展现了这些核心要素。

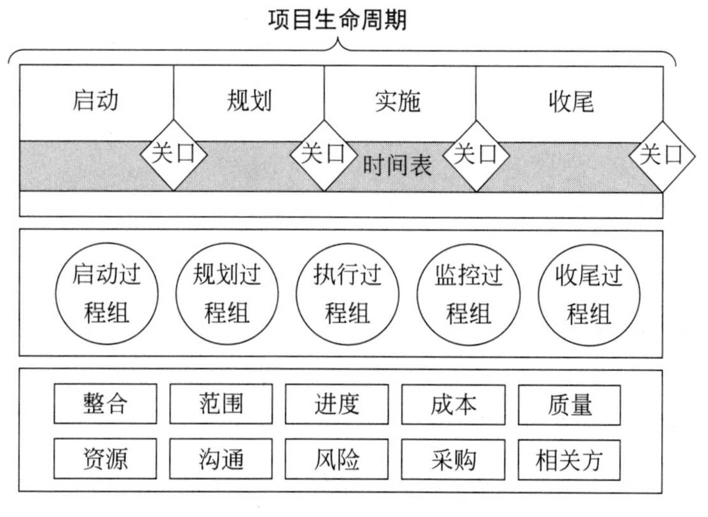

图1-1 PMBOK的核心要素

1.1.1 项目生命周期

在PMBOK中，项目生命周期指的是“从项目启动到完成所经历的一系列阶段”，包括四个阶段：启动、规划、实施和收尾。在不同的项目管理书籍中，这四个阶段的中文名或者译名会有所差别。启动阶段也经常称为开始或概念阶段，规划阶段被经常称为准备阶段，实施阶段也称为执行阶段，收尾阶段则有总结和结束这两个别称。虽然称呼各异，但内涵基本上是一致的。

正如写文章中的起、承、转、合四个阶段一样，生命周期是理解一个项目的主线。对比一下人的生命周期，就更好理解了。人的生命周期可以初步划分为孕期、新生儿、婴幼儿、少年、青年、中年、老年等不同的阶段，在每个阶段中，人的发展目标都是不同的，收获的内容也是不同的，风险也是不同的。有些事情一定要在靠前的阶段来做，比如生活习惯的培养，收益会很大，如果错过了这个阶段，后期再来养成，成本就会很高。

项目的生命周期中，启动阶段会决定要不要做，要做什么；规划阶段决定要怎么做，具体要做什么；实施阶段决定了执行得怎么样；收尾阶段则是最终交付项目。每个阶段做好应该做的事情，整个项目的收益会最大；如果一个阶段延误了，后期就要不断地变更项目计划来补功课，项目的质量很难得到保证。

人生的每个阶段只有一次，过去了不再来，但项目不同，项目的一些阶段会被多次重复，形成迭代。迭代已经大量出现在软件开发的项目当中，本书在后文中会提到。

（1）*启动阶段——控制不确定性*

项目启动阶段，就像一天的早晨一样，是为整个项目定大方向的时间。一个人一整天的状态和早晨的状态息息相关，换句话说，早晨就是控制不确定性的时候，让这一天变得更加确定和可控。

以公司组织的团建项目为例，什么时候去团建，多少个部门去，去哪里，要花多少钱，都是在这个阶段中初步决定的。为了做这个决定，所有受到团建影响的人，以及所有影响团建的人和团建项目组的人，都应当各抒己见，提出自己对团建项目的建议。团建时间和某个部门的产品交付时间会不会冲突，这是业务部门一定会关心的问题；财务部关心团建的费用是否已经在预算中；公司总经理要关注团建是否真能够提升士气；人力资源部作为组织者，会关心本部门是否有足够的人和时间来应对这个项目。如果这个时候不做充分的沟通，那么临到团建的时候，发现有一个部门不能去，或者一个重要领导的时间有冲突，那么很有可能浪费了提前预订的房间和车辆，甚至整个团建的激励效果无法达成等。

将受到项目影响的人、影响项目的人和项目组的成员合在一起，称为相关方（Stakeholder）。在不同的著作中，也经常把相关方称为相关者、利益方、参与人、参与方、干系人等，意思都是接近的。

项目启动阶段，为了控制不确定性，召集相关方充分参与，研究可行性，减少未来风险和变更代价，最终完成决策，这就是启动阶段最重要的事情。这个阶段通常会输出一个关键文档，被称为“项目章程”。在不同的组织里，可能也称为“立项书”或“立项审批结果”等。项目章程，是在充分讨论后形成的关于项目目标的记录，包含了为什么要开展这个项目、这个项目主要要达成的目标、项目的粗略时间安排、项目的总经费控制、可能的主要风险，以及谁来负责组织这个项目（项目经理）。项目章程需要被正式批准，作为后续开展项目的主要依据。

在图1-2中，可以看到启动阶段和其他阶段的显著不同，投入少，但面临不确定性高，相关方参与度高。这个阶段的时间长度可能并不长，但是如同人的

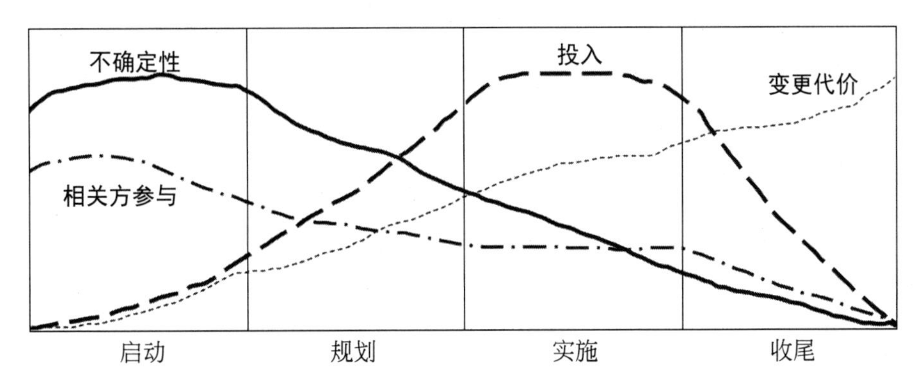

图1-2　项目生命周期各阶段

早年一样，启动阶段做的工作越扎实，成人之后发展好的可能性就越大。

（2）规划阶段——全面考虑

规划阶段，顾名思义是做计划的阶段。在这个阶段中，因为项目章程的确定，整个大方向已经确定，不确定性在下降。如果说启动阶段在于指点江山，定下大方向，思考得不细致，那么在规划阶段应该将项目后续的工作细化下去。

仍然以团建这样的项目为例，在规划阶段，可能要考虑以下内容。

① 先要弄清楚项目提供的内容包含什么，如领导讲话、团队活动、团队激励等，可能还要包含一些无形的目标，比如团队的精神面貌提升，管理团队的磨合等。有时候这些目标还显得太粗，还要细分，比如团队活动会包含什么。只有细分下去，才能知道这个项目最终交付的是什么，到底有哪些具体的事情要干。这项工作在项目管理中称为范围管理。

② 要清楚这个项目有多少件具体事情，还要把事情的先后顺序整理一下，看整个项目的各个细节在时间上会不会有冲突，看看整体活动时间还有多少余量，这就是进度管理。

③ 把总体成本分配到具体的事情上，这就是成本管理。从财务角度看，项目需要有预算，项目执行中有报销和核销，最后还会有财务决算等。

④ 为了满足项目的需求，取得这个团建活动的成功，需要形成活动的评估办法，比如出勤率、满意率、事故率等，用来评价项目的成效；同时要考虑组织活动中的安全性，连同项目评估指标，形成质量管理。

⑤ 在团建中，组织者人力、财务支持以及所需的设备、音响、场地、会议室等资源，需要规划，检查可用性，避免到了开会的时候无场地和设备可用，无人可用，否则会很尴尬，这是资源管理。

⑥ 如果离项目具体实施还有两个月，这两个月中，还要保持和各个相关方沟通，定期确认重要领导的时间安排是否有变化，确认各个部门是否有时间冲突等，如果出现问题，则需要立刻研究调整计划。在多部门、跨组织和长时程的项目中，沟通管理尤其重要。

⑦ 为了防止突发事件，项目组经常会做一些紧急预案，比如，如果疫情爆

发怎么办，如果天气突变怎么办，如果重要领导有变化怎么办。对于每个风险点，项目组提前和相关方沟通，想出解决办法，有备无患，这就是风险管理。

⑧ 为了完成一次团建，必须要有外部的服务供应商等参与，比如酒店、车辆、会议录制、后期制作、团建教练等。管理好这些供应商，使得服务价格合理、行为合法、质量合格，是项目能够顺利开展的保证，这就是项目管理中的供应商管理。

⑨ 对于不同的相关方，还要做分类。比如，影响力大但是不支持项目开展的相关方，需要重点沟通；对影响力大且对项目很支持的，要充分借助其影响力推进项目。

⑩ 除了以上提到的这些单独方面规划之外，还要有整体性的内容，将各个板块的管理衔接融合在一起。例如，在进度计划中，穿插质量相关的管理活动，将质量管理落实下去。

在规划阶段，就是要将上述各方面进行全面考虑和细化。这10个方面就是PMBOK的10个知识领域，任何项目的规划都可以分解到这10个领域。将一个复杂的项目规划，分解成为相对独立领域的规划，既可以避免遗漏，又可以聚焦工作。规划阶段，项目经理可以将项目组分成若干个工作组，分别开展这些子计划的制订，最终在项目经理的协同下，对齐这些子计划。

也应注意到，虽然要求全面规划，但还是要有主次。因为通常来说范围和进度规划处于最核心的位置，其他规划会依赖这两个规划而开展。本书因为篇幅有限，会覆盖相关方、范围、进度、质量、资源、风险等知识领域，重点突出范围、进度和质量这三个领域。

然而，无论如何充分规划，都不能把不确定性降为零，就像项目组是不能控制天气、疫情和社会环境的变化这些因素一样。因此，在规划工作中要考虑用帕累托法则，也就是俗称的“二八法则”，将有限的规划时间，投入到最有价值的规划工作中去。在规划阶段，通常会产生管理计划文档，作为进入下一个阶段的标志。

（3）实施阶段——反馈和变更

实施阶段是具体执行工作的阶段。对团建项目来说，就是开始正式团建；

对一个房屋建筑项目而言，可能是正式按照图纸动工；对软件项目而言，可能是开始写第一行代码。对有良好的规划阶段的项目，实施阶段是在遵循计划开展工作，同时处理规划中无法确定的实际问题。

在控制论中，有一种控制称为闭环控制。讲的是一个系统的输出量以一定方式返回到系统的输入，对输入实施一定的控制。理论证明，闭环控制的系统稳定性远远高于没有闭环的系统。运动员每次训练之后，都可以通过体征数据来了解自身训练情况，然后在后续训练中进行改进，这样可以取得更好的成绩。在项目管理中，也应用了闭环控制，就是将执行中的信息搜集起来，通过不断对汇集项目的进度、成本和质量进行分析，对规划进行调整和变更，对风险进行应对。实施中的反馈和测量如图1-3所示。

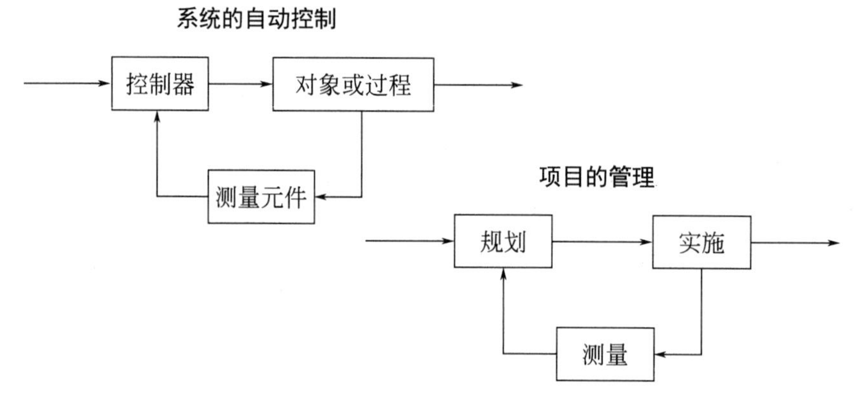

图1-3　实施中的反馈和测量

管理学上对闭环也有相应概念，美国质量管理专家休哈特（Walter A. Shewhart）首先提出的PDCA（计划-执行-检查-处理）循环，也用于整个项目实施中，如图1-4所示。

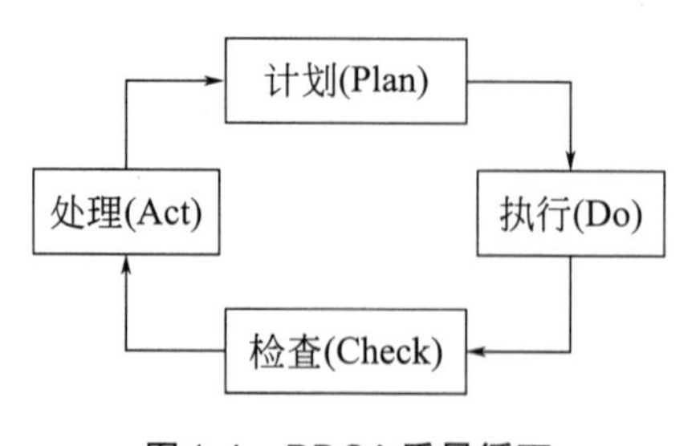

图1-4　PDCA质量循环

在某些版本中，A也被认为是调整（Adjust）的缩写。富田和成在《高效PDCA工作法》中认为，PDCA不仅仅是促进企业发展的强有力的武器，甚至是一套“催人奋进”的体系结构。形成良性循环是PDCA的精华。

这个阶段会产生大量的执行文档，比如进度记录、质量记录、成本记录、资源使用情况记录等，当计划偏差比较大的时候，需要对计划进行调整。这种对计划的调整，在项目管理中被称为“变更”。比如，原定说好的7月15日达到团建地点，因为天气原因，延迟到7月16日，这就是一个变更。变更的发生有时会发生连锁反应，上述时间变更会导致房间改订、预算增加、某些人员无法到场等。变更在项目越靠后的时候发生，变更的代价会越大。比如团建快结束了，发现少了一个颁奖环节，可能还发现颁奖的奖状上缺少领导的签章，那么这些问题就很难解决了，或者要花更多的钱，项目的满意度低成为必然。

为了减少变更，除了重视规划外，在执行过程中的持续反馈也很重要。在软件项目开发中，这种持续反馈的思想被称为“敏捷”（Agility）。

项目在实施阶段投入是最多的，项目的不确定性因为具体的开展而不断变小，各个相关方的参与也日趋稳定。这个阶段的核心是，不断反馈，控制变更。

（4）收尾阶段——获得成果

收尾阶段，指的是收获项目成果的阶段，也是项目的最后阶段。这个阶段通常解决几类问题，比如成果验收、项目总结、款项支付和回款、成果统计、商业价值交付等。

商业项目中最重要的是要实现商业价值。一个APP软件开发项目，收尾阶段最重要的不是上线到应用商店提供下载，而是要完成多少人下载装机，项目才算完成。如果在规划阶段没有界定清楚项目范围，那么收尾阶段也会是一笔糊涂账。

通常项目收尾阶段，投入已经很低，不确定性已经很低，相关方逐步脱离项目，但是依然要谨防项目变更在这个阶段发生，否则可能是灾难性的，这好比曼哈顿计划生产的原子弹无法在实际场景中爆炸，或者团队研发的软件没有客户肯用一样。这些情况如果发生，要么宣布项目失败，要么追加成本进一步改进。

在项目收尾阶段，主要的交付物是项目总结，项目总结中会对交付物的验收、商业价值实现等关键点进行说明，并对项目的执行过程根据文档进行总结。

至此做一下总结，项目管理有四个阶段：启动阶段，主要是控制不确定性；规划阶段，将启动阶段的目标进行全面考虑；实施阶段，获得反馈，控制变更；收尾阶段，获得有价值的成果。还要注意几点。第一，不同的生命周期阶段，完成的工作不同、变更代价不同、相关方参与不同、不确定性也不同；第二，对生命周期的理解中，将10个知识领域嵌入其中，各个知识领域是融入生命周期中的；第三，生命周期的各个阶段是相互依赖的，没有早期的启动阶段的工作，就很难有完善的规划；没有完善的规划，则很难控制持续出现的变更；没有前面三个阶段的整体努力，最终收尾阶段，则很难交付出好的成果或者商业价值。

1.1.2 过程组和知识领域

（1）过程和过程组

无论完成什么样的任务，都要按照一系列的组合动作来进行，这在项目管理中被称为“过程”（Process）。比如，形成项目章程，就是一个过程；形成范围管理计划文档，是另一个过程；在实施阶段中，过程则由更具体的活动组成，比如团建中的运输过程、会议过程；软件开发项目中的编码过程、测试过程等。过程和流程（Flow）有所不同，过程关注的不仅仅是结果，也关注输入是如何演进直到产生最终结果的；流程关注的是环节之间的串接，关注更加具体的层面。

将项目看成包含很多过程的一个整体，是很有用的一个视角。在这个视角下，可以拆解出每个过程，单独查看。为了能弄清楚抽象的项目管理概念，我们以在线买菜作为一个项目，来对过程进行分类。我们可能并没有意识到在这个每天都发生的项目中，其实包含了很多过程。电商在近些年日益发达，除了衣服、书籍这样的耐用品，蔬菜生鲜也逐渐加入电商商品的行列。我们可以把一个典型的在线买菜过程，分解出一些具体的事情。粗略分一下，有以下17件事情。

① 我们决定要买菜，因为家里需要菜。

② 决定在哪个平台上买，买蔬菜还是买肉类，是否包含牛奶。

③ 决定买大概多少菜，够几个人吃的。

④ 决定总金额在多少钱之内。

⑤ 决定在什么时候下单。

⑥ 决定买什么品相的菜，有机的还是普通的。

⑦ 启动下单过程。

⑧ 通过看菜的出厂日期和品相来选择菜的过程。

⑨ 在下订单的过程中控制总体金额。

⑩ 在下订单的过程中选择优惠券。

⑪ 在下单的时候，决定在什么时候收货。

⑫ 反复调整购物车，直到满意为止。

⑬ 检查下单的内容是否正确，不正确则修改。

⑭ 在临近收货的时候，等待收货，直到收货。

⑮ 收货时的验货。

⑯ 收货后在线反馈购买体验，获得优惠券。

⑰ 收货后存储，为下厨做准备。

有经验的读者很快就能看出，这个列表虽然长达17项，但还是省略了很多过程。例如，如果没有使用过买菜APP，则需要安装和学习；如果在线钱包没有钱，则需要充值；如果菜品出现问题，则需要退换货，甚至需要投诉；上次在线买的菜的质量，对后续再买产生影响；提前沟通家里人，问问大家都想吃什么；甚至还要关注各处的疫情，看看是否对买菜产生影响等。不过没有关系，通过以上17个事情，就足以了解过程组。

PMBOK将所有的过程归入五个组，它们的定义如表1-1所示。

表 1-1　PMBOK 过程组

过程组	功能
启动过程组	作用是设定项目目标，让项目团队有事情可做；从包含的内容看，是定义一个新项目或现有项目的一个新阶段，授权开始该项目或阶段的一组过程
规划过程组	作用是制定工作路线，让项目团队知道要怎么做；从包含的内容看，是明确范围，优化目标，为实现目标制定方案的一组过程
执行过程组	作用是根据规划做事情；完成项目管理计划中确定的工作，以满足项目要求的一组过程
监控过程组	作用是获得项目的执行数据，测量项目绩效，并对过程进行调整；是跟踪、审查和调整项目进展和绩效，识别必要的计划变更并启动相应变更的一组过程
收尾过程组	作用是结束项目，形成最终的成果；是正式完成或结束项目、阶段或合同所执行的过程

还是以在线买菜为例，这 17 个事情，根据职能的不同，可以将①归入启动过程组，将②～⑥归入规划过程组，将⑦～⑭归入执行过程组，将⑮归入监控过程组，将⑯和⑰归入收尾过程组。

为什么 PMBOK 要这样规定过程组？实际上还与保证总体质量相关。从 PDCA 的质量管理角度来看，启动和规划过程组，是整个项目的 P，执行过程组是项目的 D 和 A，监控过程组和收尾过程组是项目的 C。这样，几个过程组共同作用，形成闭环反馈，提高项目的成功率。如果忽略和甚至没有做⑫反复调整购物车和⑮收货时的验货过程，这次购物的成果和体验可能就会出现问题。过程组的存在，可以帮助项目变得完整，提升项目的质量。

（2）知识领域

同样是在线买菜，这 17 个事情和在规划阶段中提到的 10 个知识领域有什么关系吗？让我们将这 17 个事情重新分一下，如表 1-2 所示，就会变得清晰。

表 1-2　案例项目的事项按照知识领域归并

知识领域	过程
综合项目管理	① 、⑯、⑰
项目范围管理	②

续表

知识领域	过程
项目成本管理	④、⑨、⑩、⑫、⑬
项目进度管理	⑤、⑦、⑪、⑫、⑭
项目质量管理	③、⑥、⑧、⑫、⑬、⑮

可以看出，这些过程已经覆盖了项目管理的几个基本领域。而正如前面提到的一样，这个简单的项目例子中，缺少了一些其他的知识领域管理。例如，在实际的在线买菜场景中，我们通常会考虑家里所有人的饮食习惯，显性或者隐性地征求大家的意见，这就是相关方管理和沟通管理，只是这个案例中被简化掉了。PMBOK定义了10个知识领域，如表1-3所示。

表1-3　PMBOK定义的10个知识领域

知识领域	包含的内容和含义
整合管理	确保项目规划、执行和控制都到位，还包括对于计划中各类变更的控制。这里提到的整合，指的是协同其他各类知识领域管理，形成整体
范围管理	包括授权工作，制定范围说明书，以及定义项目的界限，将工作分解为容易管理的小块。有了项目范围，最终项目是否完成，就有了衡量的依据；否则，项目到底包含什么，都是模糊的
进度管理	指的是经过充分推演得到的可行的时间进度表，然后按照这样的进度表来管理项目
成本管理	项目中产生的成本通常包括人力、设备、耗材、资金等，在项目中，应做预算并跟踪成本，确保项目不超过预算，或者即便超出，风险也可控
质量管理	质量管理包括质量保证和质量控制。质量保证包括质量规划和指标体系，质量控制则包括监控结果、检验结果是否符合要求等
资源管理	对项目可用资源进行管理，包括申请、获取、使用和维护。例如，项目人力资源管理中确定完成项目所需的能力矩阵，明确角色、责任和关系
沟通管理	对所有项目相关方的沟通过程进行规划、执行和控制
风险管理	项目风险管理是识别、量化和分析项目风险并做出应对。对于正面事件，尽可能提高发生的概率，对于负面事件，则要有一定的应对措施，减少损害
采购管理	指的是项目所需的物品和服务的采购，采购管理需要确定采购什么，发生投标和报价邀请，选择供应商，以及相关的合同管理
相关方管理	指的是识别和管理可能影响项目的个人、团体或者组织。只要和项目成果有相关性，就应该识别出来，并对其进行有针对性的管理

在生活中的案例里，很多过程是在一瞬间连贯完成的。例如，下单的时候，通常一并发生了选择优惠券、不断更新购物车的过程。将一个项目拆解成“更细粒度”的过程，按照知识领域和管理过程组来看待各个事项，是为了能够对项目进行精细化的调整，便于多人进行协作。

将过程组概念和知识领域概念结合在一起，形成一张二维表，把各个事项放进去，得到如表1-4所示的过程组-知识领域矩阵表。在整个项目中，做了什么，哪些还没有考虑到，在这个表格里，就能看出来。在表1-4中，资源、沟通、风险、采购、相关方这五个知识领域都是空白，既没有规划，也没有执行。已经填在表格上的事项中，与质量管理相关的不少，可见在质量上是有所考虑的。

表1-4 案例中的过程组-知识领域矩阵表

知识领域	项目管理过程组				
	启动	规划	执行	监控	收尾
项目整合管理	①				⑯、⑰
项目范围管理		②			
项目进度管理		⑤	⑦、⑪、⑭	⑫	
项目成本管理		④	⑨、⑩、⑬	⑫	
项目质量管理		③、⑥	⑧、⑫、⑬	⑮	
项目资源管理					
项目沟通管理					
项目风险管理					
项目采购管理					
项目相关方管理					

PMBOK的过程组-知识领域矩阵表则要复杂一些，但总体结构是不变的，如表1-5所示。这个表可以理解为PMBOK看待项目的主要视角。

（3）项目的关口

项目的生命周期是由阶段组成的，而每个阶段都有时限，有一个起始点、结束点或控制点，这个点可能称为阶段关口，或者可以称为控制关口。在阶段关口，项目组会进行相关文件的审查，以确定是否进入下一个阶段。

表 1-5 过程组 - 知识领域矩阵表

知识领域	项目管理过程组				
	启动	规划	执行	监控	收尾
项目整合管理	制定项目章程	制订项目管理计划	指导与管理项目工作 管理项目知识	监控项目工作 实施整体变更控制	结束项目或阶段
项目范围管理		规划范围管理 收集需求 定义范围 创建 WBS		确认范围 控制范围	
项目进度管理		规划进度管理 定义活动 排列活动顺序 估算活动持续时间 制订进度计划		控制进度	
项目成本管理		规划成本管理 估算成本 制定预算		控制成本	
项目质量管理		规划质量管理	管理质量	控制质量	
项目资源管理		规划资源管理 估算活动资源	获取资源 建设团队 管理团队	控制资源	
项目沟通管理		规划沟通管理	管理沟通	监控沟通	
项目风险管理		规划风险管理 识别风险 实施定性风险分析 实施定量风险分析 规划风险应对	实施风险应对	监督风险	
项目采购管理		规划采购管理	实施采购	控制采购	
项目相关方管理	识别相关方	规划相关方参与	管理相关方参与	监督相关方参与	

我们经常会提到里程碑（Milestone）。一个团队会把一个重要的交付点作为里程碑，团队会经常因为达到了里程碑而举行庆祝会。只不过，关口和里程碑，其实是完全不同的作用。里程碑像是高速路上的目标牌。而关口，就像是一个个收费站，是为了审查而存在的。如果了解了关口的英文是Gate，也就是门，可以开也可以关，则更容易理解关口的意义。

比如，在线买菜的项目中，重要的里程碑有两个，即下单结束和收货结束，象征了一连串动作的暂时结束。而关口则不同，从决定在线买菜（过程①）到决定在某个平台上买菜（过程②）之间，就存在一个隐性的关口。在这个关口，消费者可能会取消掉之后的所有过程，也就是放弃本次在线买菜，所以这个瞬间就是审查关口。在人的决策思维中，过程①和过程②是紧紧联系在一起而没有任何中断的，会经常感觉不出关口的存在，因此说它是隐性的。

同样，在实际的项目中，我们可能会因为工作习惯，而忽略一些审查的关口。在一些小项目中，一个人会经常身兼多职，在“作坊式”的软件开发小组中，一个人会经常承担需求、开发和自测的工作，在这种情况下，从需求到开发之间的审查关口，就很容易被忽略，从而造成一定的风险。

到这里，本书非常概括地介绍了PMBOK的框架，这是一个能将所有项目都包容进来的框架。PMBOK有非凡的通用性，但要应用到具体的工作中，还有很多事情要做。换句话说，使用PMBOK一定是需要剪裁、适配和定制的。

裁剪是对项目框架的方法、治理和过程深思熟虑后做出调整，使之更适合特定环境和当前工作。我们在生活中，已经天然地进行了剪裁，灵活地运用。在工作中的项目，则需要根据各种原因来定制，这些原因可能包括：尽快交付、最小化项目成本、优化所交付的价值、创建高质量的可交付物和成果、遵守监管标准、满足不同相关方的期望、适应变化等。

1.1.3 开发生命周期和敏捷

我们可以根据项目的主要目标是否是交付一个产品，把项目分成产品型项目和非产品型项目。前面提到的团建项目最终产出物可能是一种凝聚力，在线买菜项目的产出物是菜运输到了家里，而并不是项目生产出了菜，这些项目都不是以交付一个产品为主要目标的。

产品型项目很多，从手工制作一个板凳，到开发一个软件产品，大到修建一座大桥，都是产品交付型项目。可以想象，这类项目中，有一个逐步建造、不断完善产品功能、不断在试用中提升的过程。和非产品型项目不同的是，产品型项目有一个开发生命周期的概念。

（1）开发生命周期

我国的高速铁路从2005年开始突飞猛进，机车的设计也越来越呈现流线型，目前最新的复兴号电力动车组的设计时速超过了350km/h。几乎所有的机车在建造中都包含了构思、设计、加工、量产、发布和维护这些步骤，这些步骤合起来，被称为机车的开发生命周期。

2021～2022年，两部《长津湖》电影的票房接近100亿元，说明我国的电影产业取得了长足的进步。一部电影也是一个产品型项目，这种产品的开发生命周期包括几个阶段：开发、前期制作、拍摄阶段、后期制作和发行。这里的开发，指的是找剧本、找制片人。几乎所有的电影，都是通过这个生命周期被制作出来的。

而造船的开发生命周期不同，一般包括：业务承接、报价决策、合同、生产技术准备、坡上建造、水上调试、试航交付、完工总结这些阶段。

通过这几个例子可以看出，开发生命周期和开发的内容是紧密相关的，不能把电影的开发生命周期和造船的开发生命周期相混淆。或者说，开发生命周期是为特定产品服务的，不存在放在所有产品上都适用的开发生命周期。

（2）开发生命周期类型

产品指的是被人们使用和消费，并能满足人们某种需求的任何东西，产品可以包括有形的物品、无形的服务、组织、观念或它们的组合。产品的存在是因为客户有需求，世界上没有哪个产品能独立于客户需求而存在。在产品型项目中，要把握两个关键点，就是需求和客户。

在PMBOK中，根据客户需求的可预测程度、是否频繁交付，可以将开发

生命周期分成四种类型：预测型、迭代型、增量型和适应型。这四种类型，所需要应对的变化和不确定性依次增大。这四种类型的差别如表1-6所示。可以看到，不同的类型之间的边界是模糊的，也可以理解相邻类型之间的区别更像缓坡一样，而不像台阶。该表说明了对不同的开发生命周期类型，要用不同的策略来处理需求管理、变更、相关方和风险。

表1-6 开发生命周期的四种类型

开发生命周期的四种类型		
预测型	迭代型	增量型　　适应型
需求在开发前预先确定	需求在交付期间定期细化	需求在交付期间频繁细化
针对最终可交付成果制订交付计划，然后在项目终了时一次交付最终的产品	分次交付整体产品的各种子集	频繁交付对客户有价值的产品子集
尽量限制变更	定期把变更融入项目	在交付期间实时把变更融入产品
关键相关方在特定里程碑时参与	关键相关方定期参与	关键相关方持续参与
通过对基本可知情况编制详细计划而控制风险和成本	通过用新信息逐渐细化计划而控制风险和成本	随需求和制约因素的显现而控制风险和成本

以适应型开发生命周期为例，五大过程组的具体内涵发生了变化，在规划、执行和监控过程组中，比较多地依赖实际情况来决策，而不是依赖一次性的规划。

① 启动过程组：需要频繁总结和回顾，重新确认和修改项目章程；这个阶段，非常依赖知识经验丰富的客户，他们需要持续提出意见，相关方识别和管理的工作很密集。

② 规划过程组：适应型开发生命周期中，难以一次做完整的规划，通常是决定最明确的一部分规划。这个阶段中，尽可能让全团队和相关方多参与到规划过程中来。

③ 执行过程组：使用迭代的方式，在固定长度的时间内交付一定的中间结果，之后开展回顾性审查，以确定是否有必要进行迭代，重复这个执行过程。

对于需要长期完成的项目，可以用一个迭代来做实验，确定团队的生产能力，形成估算依据后来做长期的迭代计划。

④ 监控过程组：对于未完成的任务，列入下一个迭代。将剩余工作/变更列入同一个清单中，可以借助图表来控制趋势。

⑤ 收尾过程组：优先完成最有价值的商业结果。

随着时代的变化，客户需求越来越复杂多变，适应型开发生命周期被越来越多地应用。它也有一个更好听的名字——“敏捷”（Agility）。

（3）敏捷

虽然我们很多人都没有见过第一台计算机，但它一定和我们现在见到的计算机都不一样，因为计算机的开发过程，一定是一个不断重复、不断更新迭代的过程。所谓迭代，就是重复反馈过程的活动，其目的通常是为了逼近设定的目标。每一次对过程的重复称为一次“迭代”，而每一次迭代得到的结果会作为下一次迭代的初始值。如同每年的春夏秋冬的循环一样，第二年虽然又从春天开始，但和上一年的春天相比已经发生了很大的变化。恩格斯在《自然辩证法》中提到的螺旋形上升，也包含了迭代的含义。

除了周而复始的迭代之外，以更快的方式来推出产品、满足客户、获得反馈，就形成了敏捷。比如从2007年首款智能手机开始，到现在已经十几年了，每款智能手机产品都会有新的满足用户需求的功能出现。很多迭代都在悄悄地进行，当我们在使用百度搜索引擎的时候，甚至已经无法发觉，今天的百度和昨天的百度很可能是不同的版本了。

敏捷开发是一种以用户需求进化为核心、迭代、循序渐进的开发方法。每个迭代周期通常持续一定的时间，保证每个周期的交付物都可以被客户频繁看到和评估，这个反馈帮助确定产品优化的方向，进而形成闭环。

产品快速迭代已经渗透进众多的产业领域。一个大型工业级产品，产品的生命周期可能是漫长的，延续很多年。在产品生命周期中，会包含很多个不同的版本，就像不同时代的手机和汽车一样，每个版本的开发都会包含若干个项目。因此敏捷的概念，可能是在独立项目上的迭代和反馈，进而形成的，也可以是在版本这个级别上形成敏捷，也有在产品级别上的敏捷。如图1-5所示，组织可以在三个不同的层面上实现敏捷。另外，Robert C. Martin在经典书籍《敏捷软件开发：原则模式与实践》中提出了敏捷设计和敏捷开发的概念，可以认为是处于比图1-5所示三个层级更底层的敏捷。因此提及敏捷一词的时候，要了解具体在说什么层面的事情。但本书中，如无特殊说明，指的是项目级别的敏捷。

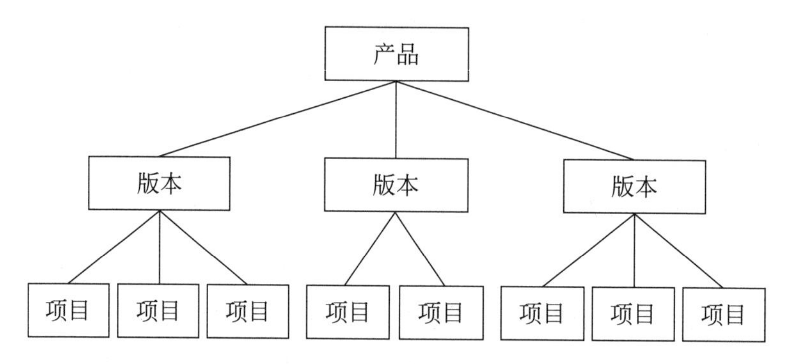

图1-5 不同层级的敏捷

敏捷开发生命周期与传统开发模式的最大不同点，是不要求将项目的计划做到非常详尽的程度。在这种开发生命周期中，整个项目被分割成多个更可控的阶段，在阶段完成处设定审查关口，在关口处客户及相关方可以根据阶段交付物对半成品提供反馈，为下一个阶段的工作提供参考意见。使用这种敏捷实践的组织，能够具有一定的“反脆弱性”，能够在不断的迭代和学习中获得适应不确定性的能力。敏捷的理念，适合部分人工智能项目的实践。

1.2 能力成熟度模型

PMBOK给人们提供了一台用于看所有项目的“X射线机”，但组织如果要基于PMBOK来进行项目管理，则需要投入额外的成本，做大量的定制和适配。如果一个组织希望能够获得即插即用的项目管理能力，那么软件能力成熟度模型（CMM）就是一种选择。CMM是由美国卡内基-梅隆大学软件工程研究所研究制定，并在全世界推广实施的一种软件评估标准，主要用于软件开发过程和软件开发能力的评估和改进。CMMI（Capability Maturity Model Integration，能力成熟度模型集成）是CMM的更新版本，也是实际中被广泛使用的模型。

CMM是一个评估标准，它评估的目标不是软件，而是软件的开发过程和开发能力，这其中就包含了项目管理能力和开发生命周期的管理。CMM把软件开发看作是一个过程，对软件开发和维护进行过程监控和研究，以使其更加科学化和标准化，使企业能够更好地实现目标。它侧重于软件过程开发的管理及软件工程能力的改进与评估，因此CMM被用作评价软件承包商能力并帮助组织改善软件过程质量，是目前国际上流行的一种软件生产过程标准。CMM底层逻辑是评估过程能力，因此它还可以应用到软件之外的其他过程能力的评估。例如，系统工程CMM（System Engineering CMM）、软件采购CMM（Software Acquisition CMM）、集成产品开发CMM（Integrated Product Development CMM）等。

1.2.1　能力成熟度模型集成的五个级别

为了能够量化一个软件组织的能力，CMMI提供了一个五级评估的工具。一个软件开发组织，就像游戏中练级一样，需要不断提升和完善自己，提升自己的等级。综合来看五个等级，CMMI的内在主线有三条，分别是解决问题主线、视野主线、数据主线。人工智能项目经理如果能理解CMMI五个级别的内在主线，对发现项目管理工作中要解决哪些事情，会带来帮助。

如图1-6所示，CMMI的三条主线是跨级的。第一条主线，逐步解决问题：随着项目的复杂度的上升，各类项目管理手段要相继推出，这个在1～3级中尤其明显。解决问题由简单到复杂，这符合一个组织不断在解决社会问题中发展自我的规律。第二条主线，视野不限于项目：从流程到项目，从项目到组织，项目经理的视野要不断地上升，解决更本质的问题。第三条主线，数据发挥价值：从一开始的不量化，到有数据，到量化，到根据量化进行优化，只有这样才能让项目的品质不断上升。

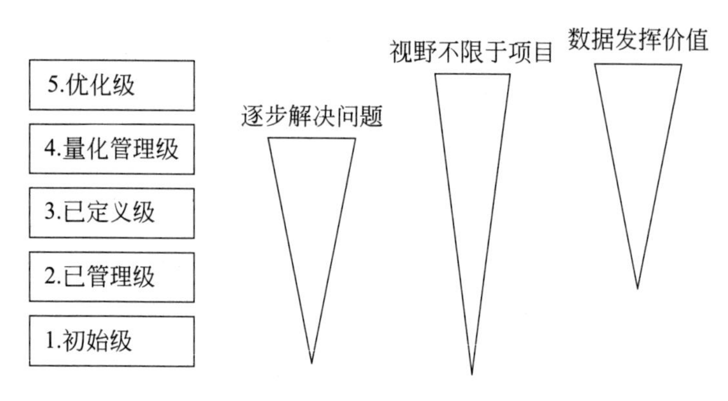

图1-6 CMMI五个等级的主线

Shahid Mahmood在2016年第三届国际跨学科研究会议上，发表了*Capability Maturity Model Integration*，详细地介绍了CMMI。我们带着主线视野，来了解CMMI五个级别的具体意义，它们分别是：初始级、已管理级、已定义级、量化管理级、优化级。

（1）初始级

初始级可以说是没有任何可重复的流程，或者项目流程完全根据具体情况临时确定。每做一个项目，用的办法和模式完全不同。比较简单的单人项目，可能带来的危害不大；但需要多人协作时，没有可重复的流程会带来协作上的困难，使项目几乎不能成功。

初始级在实际工作中也是存在的。进入全新领域的组织，最初开展第一个项目，人员都是凑来的，整个项目的运作很有可能是初始级；另外一些情况下，有经验的管理者的离开，整个组织的流程体系又缺失，会导致组织停留在初始级的水平。就像一个刚进入幼儿园的幼儿，被老师布置了一个完全不知道如何完成的任务一样，头脑中没有经验，最后通常是误打误撞，甚至是大哭大闹来收场这个项目。

（2）已管理级

对于发展到已管理级的组织，则已经建立了基本的项目管理过程来跟踪费用、进度和功能特性。可能是团队已经做过类似的项目，也可能是组织有了项目管理的部门，还可能是已经形成了一些特定的制度。

在这个级别上，组织或者团队制定了必要的过程规范，能重复早期类似应用项目取得的成功经验。以软件开发项目为例，有一个团队，我们暂且称为智慧团队，刚刚开发了关于日常笔记的一套软件，做得不太成功，现在新的项目方向是为作家团体开发写作编辑器。这次重新立项，项目组成员个个摩拳擦掌，要避免两次踏入同一条河流。大家经过总结，发现了以下几条重要的经验教训。

① 项目之所以失败，是需求一直定不下来，团队做了又白做，组员都很沮丧。

② 没有人专门管理项目时间表，或者某人有时间表，大家也都不清楚。各组有自己的时间表，没有人统一。

③ 没有人来做测试，只能让能写代码的人自己做测试，而开发者一来不愿意测试，二来测不完整。

④ 软件在发布的时候，总是一个灾难。软件在自己的服务器上构建的时候都能运行，但是到了客户那边安装之后，总是遇到大量的问题，有系统不兼容、网络不够快、受到杀毒软件干扰等。

参与软件开发项目的人，对这些问题耳熟能详。可能的原因是过度强调一岗多能，而忽视了各个岗位之间的衔接，忽略了所有的隐形审查关口。这些过程控制的缺失，导致了整个项目过程不可控。将这些完全缺失的过程先建设起来，为流程建立基本的纪律，这就是已管理级。

（3）已定义级

在经过已管理级之后，智慧团队项目组取得了一定的成功，团队得到壮大，同时项目也变得越来越复杂，他们下一个项目是为作家团体打造一个云服务，除了能在云上写字，还可以社交，将文字存在云上。这个项目面临着以下一些新挑战。

① 项目组不满足于需求的初步管理（有人管需求，有人更新需求），而是要如何更精细化地去获取客户需求，也就是从需求管理升级到了需求开发。

② 在上一个项目中，一台服务器就可以为一批作家服务，但是现在已经上升到了云服务，即要支持大量的存储，稳定的多样化服务。项目组分成三个不同的开发组，即编辑器开发组、社交开发组、云存储开发组，但因为有很多共同的问题，需提前考虑把公共的工作提出来，形成基础设施。

③ 同样，还要有人来处理与云服务供应商的衔接，即三个开发组从最后的功能、代码部署上最后如何整合，然后整个系统如何与云服务供应商的服务相对接。

④ 除了采用普通的软件测试之外，还可以考虑使用同行评议的方式来进一步提升产品质量。也就是将测试从黑盒转到白盒，进一步发现质量问题。

⑤ 因为产品已经要基于云来部署，因此配置管理也发生了变化，需要纳入考虑接口、外部服务等集成所需的信息。

说到这里，以上①～⑤都是因为目标系统变得越来越复杂之后，项目管理上需增加的应对工作。而随着团队人员增加（从一个组变成三个组），工种增加（如增加了云运维），流程增加（如同行评议），同样还有一些间接的流程需要优化，主要包括：

① 项目经理或者所在的项目管理部，需要对流程进行整理，形成流程资产，并将流程资产对团队进行培训。

② 多个项目中，有大量的重复性的资源，如何把三个子项目集中管理起来，而不是独立运行。

③ 因为项目投资越来越大，周期也越来越长，风险在增加。识别风险点并优化风险的决策过程，也是值得探讨的。

CMMI的第3级，已经在具体的工作上做到了细致的程度，有了一定的体系建设。在第3级，管理者已经逐步从项目角度上升到组织角度来考虑问题。通常，项目组是没有时间和成本来做管理体系的，管理体系的建设是需要组织层面进行支持的。另外，在CMMI的实施中，需不断应对更复杂的业务问题，例如云服务，并将实践整合成为管理过程。

（4）量化管理级

在已定义级的工作中，项目流程的体系被逐步建设起来，建设起来的一个成果，就是项目管理的数据被不断获得，这为形成第4级的能力提供了条件。

量化管理级关注的是通过项目中采集的数据，开展组织过程绩效考核，评价某个项目组的流程是否完善，评价某个项目组的成果质量是否完善。

量化管理级另一个关注点是项目管理的量化。在这个等级上，尽可能地将项目的各个活动或过程进行量化，逐步走向数字化的项目。大数据和物联网的时代，各种工具软件的成熟，为项目数据采集创造了更好的条件。这里体现了CMMI的第3条主线，数据要逐渐发挥出价值。

量化管理级的目标之一是将流程乃至项目数字化。当整个流程和项目都可以量化之后，可重复性就更强。如果将一个项目运作和一个人做比较，在没有智能手表之前，人是靠经验来进行锻炼的，而现在可以在智能手表采集的数据基础上调整锻炼方式，整个锻炼的目标性更强，效果更好。项目管理也一样，如果能做到量化管理级，管理决策可依赖的数据会更多。

（5）优化级

如果已经完成了项目的量化，那么依据量化过程开展优化，是必然的下一步。优化可以从组织革新和根源分析两个方面来开展。这个部分已经超过了项目管理的范畴，因此在这里并不展开来讲，有兴趣的读者可以参考CMMI的相关著作。

CMMI在各个成熟度级别中，定义了若干个具体工作，被称为关键绩效领域（Key Performance Area，KPA），表1-7是各个等级的关键绩效领域的一个汇总，可以作为项目管理工作的指导。

表1-7　CMMI的各个等级的关键绩效领域

等级	过程管理	项目管理	工程	支持
优化级	组织绩效管理			原因分析与解决方案
量化管理级	组织过程绩效	量化项目管理		
已定义级	组织过程焦点 组织过程定义 组织培训	集成项目管理 风险管理	需求开发 技术解决方案 产品集成 验证 确认	决策分析与解决方案
已管理级		项目计划 项目监控 需求管理 供应商协议管理		配置管理 过程与产品质量保证 度量分析

1.2.2 能力成熟度模型集成的适用性

CMMI是经验实践的集合，强调量化后重复，同时专门将软件工程的一些实践抽取出来，形成工程类的关键绩效领域。但同时CMMI自身对于软件项目而言也有一些不足，这体现在以下几个方面。

首先CMMI解决问题的视野有限，没有考虑战略运营层面的要素，或者说CMMI倡导了流程管理和项目管理，但如何和组织战略对齐，没有给出说明。其次，CMMI提供了评估和改进方向，但是并不提供一个标准化的流程，或者能适配到具体产业的流程。另外，CMMI关注的软件产品开发，对于技术能力、知识产权、数据管理、产品管理等诸多相关领域缺少关注。

总体来讲，CMMI比较适用于重复性强的项目，因此在开发功能性软件的外包行业中有非常重要的应用，但是对于自主产品的研发、新领域产品的研发、行业级产品的研发，CMMI模型提供的帮助会比较有限。在人工智能类的项目中，可以借鉴CMMI的三条主线，但没有办法完全照搬CMMI模型。

1.3 集成产品开发

PMBOK是一个通用的项目管理知识体系，但并不会告诉人们在一个具体领域中应该怎么做。CMM则是告诉人们在软件开发领域，如何能够不断提升过程的成熟度，但并没有告诉人们如何适应组织战略，怎么去做一个有价值的产业级产品。

集成产品开发（Integrated Product Development，IPD），与PMBOK和CMM不同，提供了在领域内具体开展工作和适应组织战略的产品开发方法。IPD超越了单纯的项目管理，而将项目管理与流程管理和产品管理紧密地结合在一起。

IPD的历史也同样不悠久。1986年，美国PRTM公司出版了《产品及生命周期优化法》（*Product And Cycle-time Excellence*，简称PACE）一书，该书中详细描述了一种新的产品开发模式所包含的各个方面。PACE认为，产品开发是一个流程，从关注客户需求开始，最终把这种需求与公司的技术和技能结合起来，把潜在的商机转化为产品。PACE的产品开发流程是可以被定义和管理的。如果说CMMI是“正确地做事”，PACE则更关注及时响应市场的需求，确保“做正确的事”。

PACE正是IPD的前身。1992年，IBM在激烈的市场竞争下，遭遇到了严重的财政困难，公司销售收入停止增长，利润急剧下降。经过分析，IBM发现他们在研发费用、研发损失费用和产品上市时间等几个方面远远落后。为了重新获得竞争优势，IBM率先应用了IPD方法。该方法综合了许多业界最佳实践，从流程重整和产品重整两个方面来缩短产品上市时间，提高产品利润，有效地进行产品开发，为顾客和股东提供更大价值的目标。

华为公司1999年引进IBM的IPD，开始项目和流程管理体系的变革与建设。华为IPD也是在实践中不断从实践到流程、工具，进而形成自己的管理理论和管理哲学。

IPD脱胎于PACE，从并行工程中吸收精华，并在IBM和华为等企业中得到应用。那么IPD的核心秘密是什么呢？华为的夏忠毅在《从偶然到必然：华为研发投资与管理实践》一书中，提供了一个IPD的总体架构，如图1-7所示。

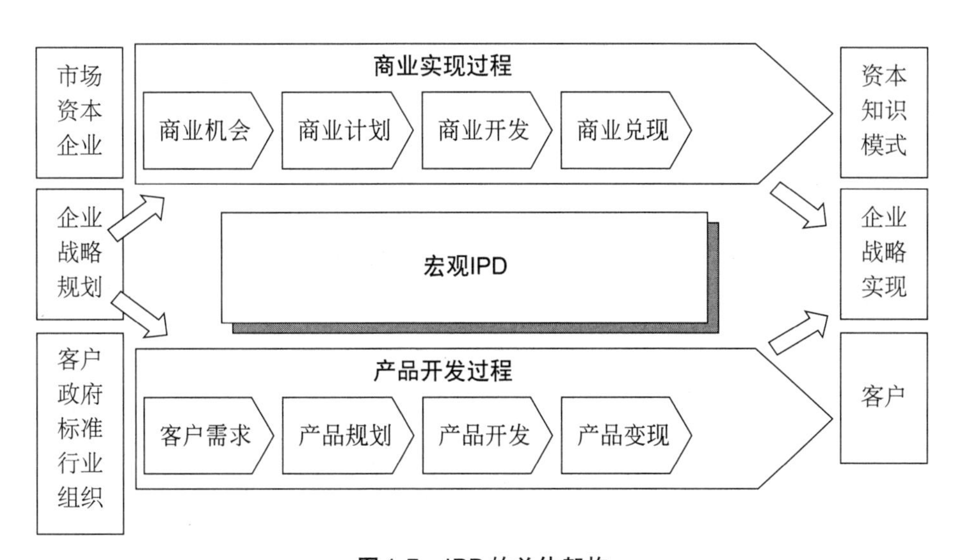

图1-7 IPD的总体架构

IPD同时关注“商业实现过程”和“产品开发过程”一上一下两个过程，将左侧的企业战略规划最终转化成为右侧的企业战略实现，这个上下左右形成的整体，就是IPD的核心思路。IPD的核心理念是：企业顶层设计决定企业价值选择，企业价值选择决定企业价值模型，企业战略和价值模型决定企业流程体系。

IPD是企业级的管理方法，与组织战略相适应，它将项目管理工作融入产品和流程管理中去。IPD是一个复杂的体系，本书中只是摘取出其差异点，以及与项目管理高度相关的部分。这里以启动与规划、跨职能团队等几个关键特征对IPD进行有选择性的描绘，作为人工智能项目的借鉴。

1.3.1 启动与规划

IPD首先关注商业实现，因此花钱做什么、投资什么是IPD的重要组成部分。

为什么“做正确的事情”很重要？在一两百年前，各行各业发展相对较慢，每个人可选择的范围也很小；到了信息化时代，人们可选择的事情越来越多，新行业也不断涌现。企业也是如此，做出好决策的难度很大。比如2020年，通用电气宣布将其近130年历史的家居照明业务出售；2005年，IBM将个人电脑事业部出售给联想，都说明企业在不断地选择做什么和不做什么。

IPD的核心内容之一，是通过一定的过程来确保目标的正确性，投钱给正确的事情，来保证价值的最大化，这就是投资组合管理。IPD的价值最大化，与股东利益最大是有区别的。比如，对研发的持续投入会在短时间内减少股东的利益，但是对价值的提升是有益的。

而把钱投到哪里，依赖于市场管理过程。IPD定义了市场管理的生命周期，该生命周期包含了六个阶段：理解市场、市场细分、组合分析、制订商业计划、融合和优化商业计划、管理商业计划并评估绩效。

在理解市场和市场细分中，产品的路标不是自己画的，而是来自客户。因此对客户的解决方案是以需求为中心，并辅助以合适的技术架构，这些都体现在商业计划书中。商业计划书应包含产品规划最关注的重要问题，通常会包括为什么做、做什么、什么时候做、谁来做、怎么做和花多少钱。

为了确保商业计划书能体现市场和客户的需求，IPD有特定的过程来保障。IPD定义的商业计划书开发过程包含立项准备、市场分析、产品定义、执行策略、移交给产品开发团队五个步骤。通过市场管理和商业计划书管理的具体过程，IPD把重视市场和价值的理念落到实处。

1.3.2　跨职能团队

传统的接力棒式的串行开发，通常会导致产品不能及时交付。下游等待上游的交付，上下游沟通经常出现不一致，变更无法及时传递到相邻环节等，这些都是协作问题。在每个组织中，协作都是需要重点解决的，IPD则是将建设跨部门组织作为主要的解决思路。

跨部门团队是矩阵型组织，其特点是团队经理由公司任命，对团队结果负责，团队成员由来自各职能部门的专业人员组成。为了优化协作，既需要管理职能的跨部门团队，也需要执行职能的跨部门团队。前者通常是开展决策，减少个人决策带来的问题；后者则执行前者形成的决策。

例如，在需求工作中，有需求管理团队和需求分析团队。需求管理团队，主要开展需求动态排序和决策、需求承诺管理、重要需求实现进展和风险跟踪、需求变更沟通等。需求管理团队是管理职能的跨部门团队。需求分析团队则对原始需求进行专业分析，包括理解、过滤、分类、排序等，并依据价值排定需求的优先级。需求分析团队是执行职能的跨部门团队。

跨部门团队的负责人，权力要大于单一功能部门团队的经理，对组员有主要的考评权力。跨部门模式的项目管理方法，特别适用于大型、复杂项目。跨职能团队的模式，对于人工智能项目有很强的借鉴意义。

1.3.3　项目管理概念

（1）过程组

IPD的结构化流程框架，包含三组重要的流程：市场管理流程、IPD流程和需求管理流程。市场管理流程负责做正确的事情，它为IPD流程提供正确的输入。IPD流程通过分阶段、跨领域的合作方式，把大量的研发人员和市场供应、制造、采购等人员组织起来，完成产品开发的工作。需求管理流程通过收集、分析、分发、实现、验证，对从机会到商业变现全过程中的需求进行有效管理。

PMBOK的五大过程组是为了细化而拆分成的五个部分，以确保PDCA的各个部分都有体现。IPD的总体思想与PMBOK不同，它强调市场、开发和需求这三个方面。可以认为，IPD的过程组是以产品市场为导向的，而PMBOK的过程组是以质量为导向的。

（2）开发生命周期

PMBOK的研究对象是通用项目，而不是具体的产业的项目，因此PMBOK对开发生命周期只有分类，分为预测型、迭代型、增量型和适应型，而没有指明开发生命周期中包含具体的哪些阶段。IPD流程是为产品开发而生的，因此IPD有明确的产品开发生命周期，包含概念、计划、开发、验证、发布和生命周期管理六个阶段，每个阶段都有明确的目标，并且在流程中定义了清晰的决策评审点和技术评审点。

对于功能复杂的大型系统，开发生命周期中同时会有很多个不同的项目在同时开展，就像是在建设大型军舰时，动力系统、武器系统、导航系统等多个部分在同时建设。为了能够让这些业务同时开展并相互协同，IPD中引入了并行工程的概念。1988年，美国国家防御分析研究所提出了并行工程（Concurrent Engineering，CE）的概念，并行工程是集成地、并行地设计产品及其相关过程的系统方法。

为了实现并行，IPD规定了业务分层，每个层的项目相对独立，但是和其他层又保持协作。业务分层是按照业务类别和价值链划分的层次分类。直接面向外部客户的项目和面向内部的项目实际上分属于不同的层次。业务分层可以降低系统和组织的复杂度，使得各个要素分散化和专门化，是多项目异步开发的基础。异步开发的目的是使各个业务层次能够异步规划和开发，例如，上层可以及时获得下层的子系统和技术。

IPD的异步开发，指的是层次间的异步开发，而并非是软件模块级别的异步开发。异步开发需要对各个层和项目之间的依赖关系进行梳理，然后排定项目级别的进度工作。这个工作方法与进度管理章节中进度依赖的分析方法类似，但适用的对象不同。PMBOK专注于项目级别，没有层次和并行的概念。

（3）IPD和项目管理的关系

IPD提供的是一个结构化的流程平台，项目管理是平台上的具体管理工作。项目经理是在IPD提供的结构化流程的基础上，运用项目管理知识，控制进度、质量和成本等要素，最终实现项目的交付目标。结构化流程如同一个高铁系统，定义了管理产品开发的整个流程体系。产品具体版本的开发项目，就像是开出的一列列不同车次的火车，项目管理就像是对这些火车进行一次次运行的管理。

没有IPD之前，开发成功一个产品，更依赖于项目经理的管理能力和团队成员的沟通能力；有了IPD之后，不仅可以保证产品开发过程规范，交付的产品也不会因人的不同而有太大的变化，项目经理可以带领团队，基于IPD平台，应用项目管理方法，发挥自己的管理能力，最终达成结果。可以认为，IPD是将组织的能力集成在一起，形成了平台。项目经理无需到处寻找办事情的流程和资源，从而聚焦在自身项目的管理中。

1.3.4　集成产品开发的适用性

华为实施了IPD之后，带来了三个变化：从偶然成功变为构建可复制、持续稳定、高质量的管理体系；从技术导向转变为客户需求导向的投资行为；从纯研发转变为跨部门协同开发、共同负责。IPD在企业级的产品开发中，是有很大的优势的。

但IPD的应用也有一些限制，这体现在三个方面：第一，IPD对组织文化要求很高，强调协同，强调“做什么”，都需要有流程和组织来保证决策的正确性。这些对初创的组织来说，是非常难做到的。IPD也是一个管理体系，和公司的管理结构紧密相连，公司的组织文化渗透入IPD中，所以不能脱离所依赖的组织来谈IPD的应用。第二，IPD是为大项目、超大项目和项目群而生的，所以单一项目的实施无法使用IPD。第三，IPD强调产品开发，只适用于产品开发项目，对于维护性项目、研究型项目并不合适。

1.4 软件开发项目管理

在初步了解了PMBOK、CMM和IPD等基础知识后，这里要导入的是软件开发项目管理的一些补充。软件开发项目管理是人工智能项目的一部分，也是相对比较成熟的部分，对人工智能项目管理有很好的借鉴意义。

1.4.1 交互和服务模式

软件开发项目交付的是软件，用户可能是某一类生活中的人，也可能是在工作中的某一类人。要想理解软件项目管理，就要从两个基本的关键点讲起，一前一后，分别是人机交互和服务模式。

1974年，个人计算机被发明出来，这种个人计算机上配备了键盘。当一个用户在使用这类计算机的时候，就要用键盘来控制这台计算机，所以每个用户都要把自己的想法转化成为英文字母输入进去。

1984年，装备有鼠标和键盘的台式计算机横空出世，显示屏也成为图形界面。用户和计算机交谈的方式，由键盘交谈转移到鼠标点击和拖拽上。有了这样的交互方式，用户的想象力被打开，软件开发者的需求也发生了变化。

1999年，无线通信使得诺基亚手机成为全球畅销产品，人们发现，在手机上也可以开始做很多的工作，不仅仅是接打电话，还可以玩游戏，记录日常工作。手机的发展，又一次丰富了人机交互的方式。

2007年，智能手机被推出，人机交互的方式又一次被完全颠覆了，用户可以在屏幕上用手而不是鼠标进行点和拖，还可以使用其他手势和手机进行交互，这进一步解放了用户的想象力。

现在，以智能音箱为代表的智能产品已经进入了千家万户，每个人使用语音就可以得到想要的信息；在体感游戏领域，用户已经可以使用手势来控制游戏机，来获得更丰富的游戏体验。

这个历程既是科技发展史，也是人的需求的发展史，更是人机交互的发展史。多样化的人机交互方式，不断解放了人们的想象力，但也带来了一个问题，就是人们无法说清楚自己要什么，更不能把自己想要的很轻松地表达成为机器能接受的东西。

这催生了一类称为“产品经理”的人，他们把用户内心说不出的需求，转化成为现在机器可以理解的交互需求。但他们通常不能一次达到目的，产品经理需要不断地试探出来，甚至不惜花重金交付半成品给用户，让用户的实际操作反馈来“说话”，逐步达到逼近人类需求的目的。

20世纪70年代，局域网的技术逐渐成熟，但是受限于计算机本身的应用，局域网软件并不多。1991年，万维网（World Wide Web，WWW）和超文本传输协议（Hyper Text Transfer Protocol，HTTP）兴起，全世界开始“拥抱”互联网。计算机上的软件，也从单机版本，逐步变成了联机版本。当操作计算机的时候，真正提供服务的程序在某个机房的服务器上，这种模式带来了很多好处，可以用更低的成本为更多人提供服务，而且可以允许不同的人共享数据，这为后来的全球社交网络提供了基础。

互联网用户在2000年后激增，软件需要改进其架构来适应这样的变化，在大量用户访问的时候保持不停机。同时，企业级软件的功能越来越复杂，使得服务需要被拆解成为若干个独立又相互关联的小服务，由不同的团队来开发。同时，随着虚拟化、数据中心和网络技术的不断更新，云计算从2006年开始迅速发展，进一步提升了系统软件的复杂性，但交互却要越来越简单。互联网搜索服务、智能语音服务都是这样的交互简单但功能复杂的服务。

服务模式的变化，催生了另一个岗位——“架构师”。这个岗位指的是最终确认和评估系统需求，给出开发规范，搭建系统实现的核心构架，不断通过模块化和服务化来降低系统复杂度的那些人。

如果把交互看成前端，服务模式看成后端，那么这一前一后的不断升级，倒逼软件开发项目也衍生出很多新的特征。在韩万江和姜立新的著作《软件项目管理案例教程》中，详细介绍了软件项目管理的特征。在这里，选择其中非常有价值的三个点进行介绍：需求管理、软件开发生命周期和软件配置管理。如果把这三个点放在PMBOK的视角来看，需求管理属于范围管理这个知识领域，软件配置管理属于质量管理这个知识领域，软件开发生命周期则是PMBOK的适应型开发生命周期的一个具体的例子。

1.4.2 需求管理

因为交互和业务模式不断升级，软件项目的客户通常无法说清楚自己想要的是什么，但并不代表用户不能对最终的产品说不满意。对用户就是甲方的情况，用户可以用“手”投票来否定软件产品。对用户不是甲方的情况，比如互联网产品，用户可以使用“脚”来投票，不用你的这个产品，这个产品就逐步在市场上站不住脚了。

需求是软件项目建设的基石，需求包括交互的需求和服务模式的需求。有资料表明，软件项目中40% ～ 60%的问题都是在需求分析阶段埋下的隐患，返工开销占据开发总费用的40%，而多数返工是因为需求时的问题导致的。需求管理过程就是要减少需求分析中的不确定性。

需求可以分成不同的层次，例如业务需求、用户需求、功能需求等。以微信APP为例，业务需求可能是“让我在在线购物中获得存在感”，用户需求可能是“让我可以在线购买一个商品”，功能需求可能是“打开微信支付，如果已经绑定银行卡，可以出示一个付款码，让我向商家支付”。高层次的需求是大方向和指南针，低层次的需求描述具体的功能。

需求管理过程也包含多个阶段，如需求获取，需求分析，需求说明编写，需求评审和验证，需求变更，产品试用和反馈等阶段，如图1-8所示。其中，需求分析是整个需求管理的核心阶段，这个阶段的难度在于很难验证需求分析的成果是否正确。

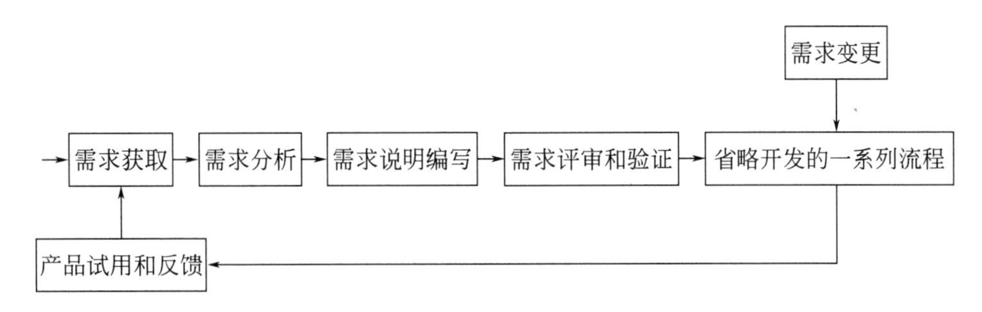

图1-8　需求管理流程

为了表达复杂的交互和服务模式，需求分析已经发展出了各种方法，比如用文字记录用户的需求；画一个原型图给客户确认；使用数据流图，把用户的状态变化都整理一遍；使用UML建模工具，将其用例图画出来；在敏捷开发中，使用用户故事来表达一个需求等。评价需求是否正确，一般来说有两个办法：第一个办法是，在“需求评审和验证”阶段，由团队成员为主来评审需求，用团队成员的知识来判断其正确性；第二个办法是，使用敏捷开发生命周期，加快把半成品呈现给用户使用的时间，通过“产品试用和反馈”来逼近用户的期望。

David Carmona在《AI重新定义企业：从微软等真实案例中学习》中，将软件系统分为两类：以记录为主的软件产品；以交互为主的软件产品。前者要求数据准确而且有效，不那么看重效率和体验。这些软件系统是偏向专业性的系统，比如各个行业的业务系统。而以交互为主的软件产品的重点是满足用户交互需求，对数据有效性的要求相对较低，比如各类互联网交互产品。可以这样认为，以记录为主的软件产品，可以更多使用需求评审和验证来评估需求；而以交互为主的软件产品的需求评估，更依赖于用户参与和反馈。

1.4.3　软件开发生命周期

在项目管理和具体领域结合在一起的时候，开发生命周期就变得具体了。在PMBOK中提到了预测型、迭代型、增量型、适应型（敏捷型）四种开发生命周期，而这些开发生命周期在软件开发项目中，都有对应的具体模式。

在预测型软件开发生命周期中，最著名的是瀑布模型和V型。瀑布模型开发生命周期，包含计划、需求、设计、编码、测试和维护等多个阶段，是最基本、最理想的软件开发生命周期，对于一些原型设计项目或者实验项目，可以采用这个生命周期，如图1-9所示。

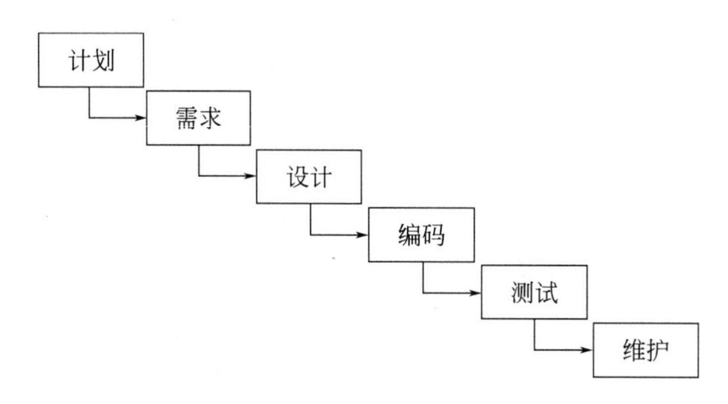

图1-9 瀑布模型开发生命周期

V型开发生命周期则强调质量，将测试环节展开为多个阶段，与前面的阶段对应，形成一个V字结构，如图1-10所示。同样，因为缺少反馈和迭代的结构，V型开发生命周期对于变化的适应能力也不足。

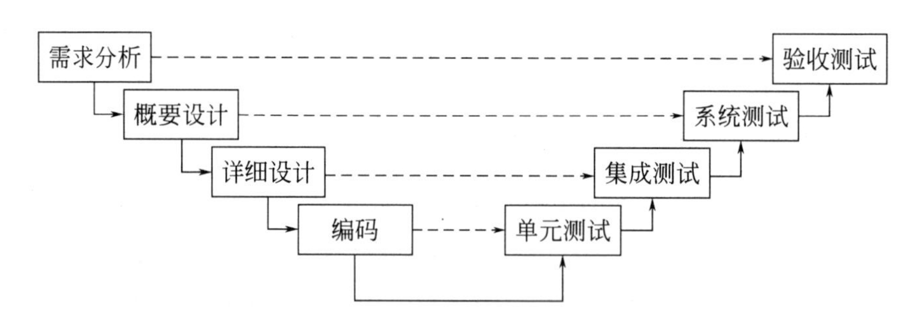

图1-10 V型开发生命周期

在迭代型软件开发生命周期中，团队构建出原型，根据原型做出可交付的产品，然后由客户进行反馈，之后根据客户的反馈增加信息，进一步修订原型，再次交付给客户。在迭代型软件开发生命周期中，通过迭代客户反馈的思想已经被植入。但在这种开发模型中，交付的可用原型是包含了完整的功能的，花费的成本很高。如果有比较大的需求变更，项目进度会处于不很有利的位置；

如果产品的方向几乎完全由客户来掌控，但客户对于产品开发过程并不了解，最终也很难达成一个满意的结果。总体来看，迭代型开发生命周期，是总体工作量不大的情况适用的开发生命周期。

在增量型软件开发生命周期中，目标软件产品被拆分成若干个部分，团队按照迭代来依次交付第一部分、第二部分，直到全部交付。在这种开发生命周期中，如果中途出现比较大的需求变更，对已经交付的部分会产生影响，导致返工。总体来看，增量型开发生命周期，是目标产品非常确定、需求变更小的情况下适用的开发生命周期。

在迭代型和增量型的基础上，发展出来适应型或称敏捷型软件开发生命周期。敏捷型开发生命周期预计需求会发生变更，将任务分解到小迭代，同时保持客户对半成品的不断反馈。因此，敏捷型开发生命周期中包含了迭代和增量这两种特性，它结合了这两种模式的优点。

敏捷型开发生命周期有很多种不同的版本，其中比较著名的是Scrum模型。1995年，Scrum模型首次被提出。采用Scrum模型的项目团队，具有高度自主权，通过迭代和增量的方法，紧密沟通，高度弹性解决问题，确保每天和每个阶段都在推进。

Jeff Sutherland在《敏捷革命》中介绍了Scrum的由来。作者类比了战争和肿瘤生长机制后，发现组织、团队和人都可以被视为复杂的自适应系统，使细胞从一个状态过渡到另一个状态的因素，同样可以让人从一个状态过渡到另一个状态。要改变细胞，人们首先需要把能量注入系统中，起初可能会出现混乱局面，看起来杂乱无章，一切都处在运动中。当试图改变一个组织时，可能也会发生这样的事情，这个组织的成员变得焦躁不安，因为他们无法理解发生了什么，也不知道自己应该如何应对。然而，如同细胞一样，组织会以很快的速度进入稳定的新状态。唯一的问题在于，新状态是否优越于旧状态，细胞是变成癌细胞还是健康细胞。Scrum就是在组织自适应的过程中，不断保证新状态优于旧状态的一种模式。

图1-11规定了Scrum的主要要素，简单来说，包含以下五个方面。

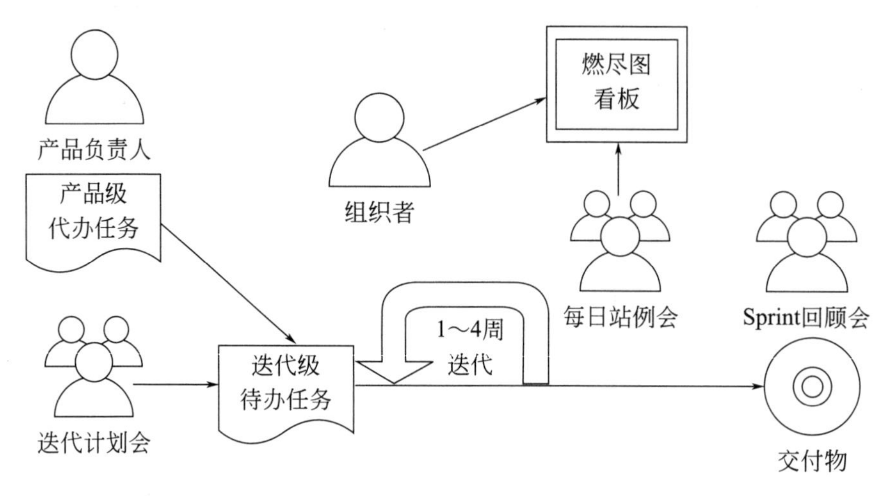

图 1-11　Scrum 概念图

① 迭代：一个迭代称为一个Sprint，一个Sprint被限制在一个固定的期限内，例如4周作为一个Sprint。之所以限制时间不宜太长，怕的是时间太久，要构建的产品会发生比较大的需求变更。

② 团队：团队由产品负责人、Scrum Master（组织者）和开发团队组成。产品负责人代表客户的利益和视角，Scrum Master负责开发生命周期的过程和结果，并兼顾团队和交付。

③ 工作内容：将任务分解为待办列表，团队持续地解决待办列表中的事项。

④ 确保进度：团队通过几类会议来控制工作进展，例如计划会议、迭代开发、日常站立会议、评审会议和回顾会议。在会议上跟踪不断减少的待办事项，可以使用看板或者燃尽图等工具来跟踪。

⑤ 控制风险和变更：因为待办事项的确定被限制在一个Sprint中，大需求变更被转化为小需求变更。在Scrum会议中，应当及时处理当前Sprint中的需求变更。

Scrum是敏捷开发生命周期的一个实例，它使用以上这些策略来应对软件产品的需求和服务模式升级带来的复杂度。需要注意的是，使用Scrum模型后，在每个Sprint中都包含项目管理生命周期中的规划和实施阶段。因此，在规划阶段，并不要求一次将全部工作规划完，而是按照迭代周期来规划当前能确定的任务。

1.4.4 软件配置管理

在当代的软件产品中，部署的环境多种多样，不仅需要考虑有客户端、边缘计算、云等各种场景，还要考虑适配不同的环境。例如一个Android（安卓）平台上的APP，通常要适配几十种主流机型和版本号，每个机型和版本号都可能有一系列需要维护的代码、环境、数据和文档等。客户需求多变，项目组发布版本的速度不断加快，还要做到兼容过去的版本。规模大的软件，中间产物不仅很多，而且关系错综复杂。

软件开发项目组要管理的资产远远多于一套代码，是多套多种类的信息，至少包括代码、技术文档、产品文档、管理文档、数据、脚本、执行文件、安装文件、配置文件、参数等，它们都是完整软件的一部分。把这些信息都管理起来，是配置管理的任务。配置管理是一套管理软件开发和维护中间软件产品的方法及规则，同时也是提高软件质量的重要手段。

配置管理中，每个要被管理的对象都称为配置项，以上提到的代码、文档等，都是具体的配置项。配置管理工作一般包括如下的阶段：配置项标识和跟踪、配置管理环境的建立、基线变更管理、配置审计、配置状态统计、配置管理计划。

简单地说，配置管理就是将一组被审核后的配置项，打上标签被封存起来，形成一个基线（Baseline）。任何配置项的变更，都要纳入版本管理中。如果当前的配置项相对于基线发生了很大的变化，就要重新评审来确定新的基线。

配置管理通过“审核基线→纳入配置→变更→审核基线”的模式来维护完整的交付产品，最终满足客户需求。在人工智能项目中，认知和数据占据关键位置，纳入配置管理的内容更多，在后面章节中还会详述。

Jez Humble和David Farley在《持续交付：发布可靠软件的系统方法》这本经典著作中提到，如果没有配置管理，根本谈不上持续集成、发布管理以及部署流水线。配置管理对交付团队内部的协作也会起到巨大的促进作用，它是持续交付的起点。

Methods, Techniques and Case Studies

第2章

人工智能项目

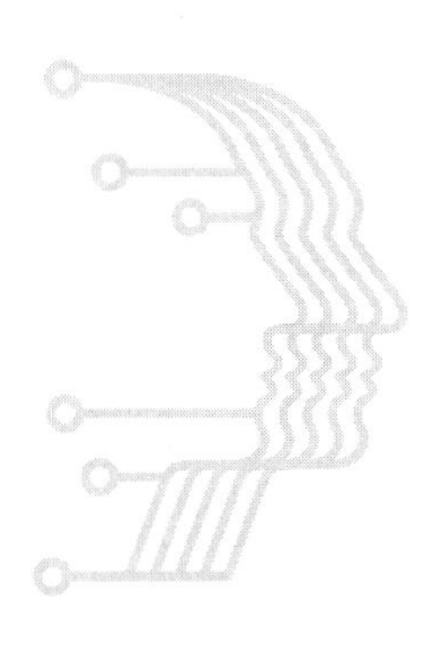

通过本章的内容，

读者可以学习到：

- 机器学习和深度学习的基本概念；
- 人工智能项目中认知生成的过程；
- 人工智能有关的产业都包含什么；
- 人工智能项目应考虑的伦理问题。

2.1 人工智能核心技术

人工智能是一个很庞大的知识体系，现在很火热的深度学习也只是其中一个部分。鉴于本书的篇幅和目的，我们不会详细讲解整个人工智能领域的知识和原理，而是通俗易懂地介绍其中的概念。

人类长久以来一直希望能创造出一个具备像人类思考的“智慧生命体”。在计算机发明之后，人类的梦想迎来了曙光，人类开始发明各种算法用于帮助人们从一些重复的劳动中解脱出来，有些领域甚至超过了人类的水平。但直到最近几年，随着计算机硬件快速进步，以此为基础的深度学习得以突飞猛进的发展，开始改变人类社会的方方面面。现在深度学习在很多领域大放异彩，但我们不能简单地认为深度学习（Deep Learning，DL）等同于机器学习（Machine Learning，ML），深度学习是机器学习的子集，机器学习包含了更多的复杂内容。

深度学习已经成为人工智能非常重要的一部分，平时大部分人工智能项目基本指的是深度学习算法的项目，而深度学习又继承了机器学习很多基础理论和知识，因此本章将通过介绍机器学习和深度学习的基本概念，并通过具体案例，为大家介绍人工智能核心技术。

在本章中，为了概念的完整性，会涉及一些数学公式的表达。公式的理解对于人工智能项目管理不是必需的，读者可以根据自身的情况进行有重点的阅读。

2.1.1 机器学习

深度学习是机器学习的一个特定分支。我们要想充分理解深度学习，必须对机器学习的基本原理有深刻的理解。

（1）什么是机器学习

关于机器学习的定义有很多，这里我们可以给出一个通俗的定义，即机器（即计算机）可以像人类一样从周围的数据（即周围的环境）中进行学习，从而完成一些任务，使机器如何进行学习的方法即是机器学习的算法。这里的学习可以定义为：对于某一个任务，机器将观察到的数据和结果建立联系，通过一个衡量指标判断这种联系合理或者正确的程度，机器可以通过衡量指标对联系进行调整，使得衡量指标有所改善。例如考试，我们试图建立起题目（观察到的数据）和答案（结果）的联系，老师给出的分数就是对我们这种联系合理性的评价，我们根据老师的分数，不断调整题目和答案的联系，使得老师可以给出更高的分数。同理，我们把猫和狗的图片提供给计算机，计算机试图建立起图片和答案的联系（即图片是猫还是狗），根据衡量指标（如判断的准确率），计算机对于联系进行调整，使得判断准确率可以提升，这其中建立的联系就是算法。

图2-1展现了机器学习的主要概念和关系，在后面各节中将做进一步解释。

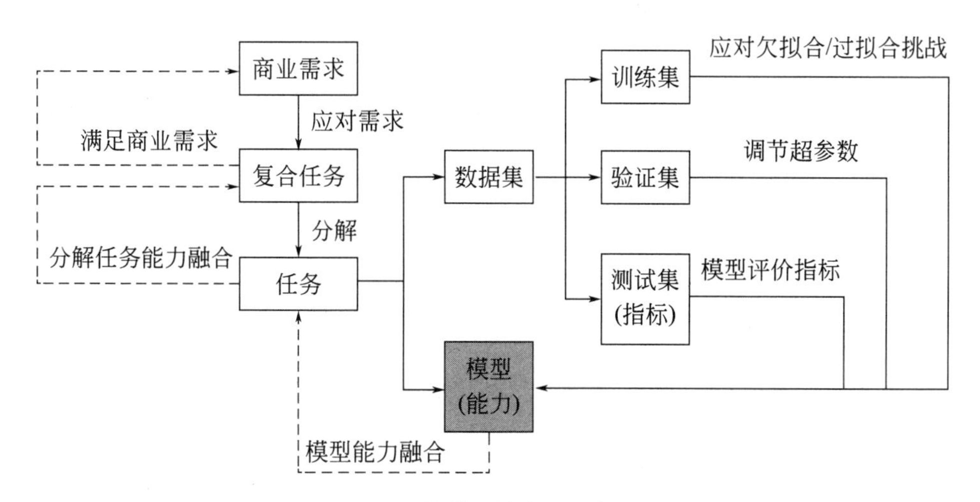

图2-1 机器学习的主要概念和关系

（2）机器学习的任务

无论是机器学习还是我们人类，每天面临的任务都有大小之分。例如，考上大学是学生的一个任务，其中学好数学是学生考上大学的一个子任务，学生需要通过老师衡量标准，学习到数学题目和答案的联系。进一步，学好函数、学好集合论等又是学好数学的子任务。在机器学习刚开始出现的时候，主要是完成一些基础任务，如分类和预测数值（回归），随着算法的演进，检测、分割、生成等相对复杂的任务开始大量商业化落地。现在对于大型复合型任务，如自动驾驶、智慧城市等，开始探索商业化落地模式，这些任务都是集合多种机器学习任务，以及非算法的各类工程人员，涉及更多知识和资源，因此需要一个更加高效的组织形式。

与机器学习的任务相对应的是机器学习的能力，这里我们把机器习的能力称为模型，那么如何进行模型的评估和选择呢？下面我们将展开详细的介绍。

（3）衡量指标

根据前面的机器学习定义，计算机通过对输入的数据进行学习，从而完成一些任务，或者计算机需要学习到数据和结果之间的联系。而学习这种联系，我们需要有衡量指标对计算机进行反馈，以便计算机懂得调整，学习到最好的联系。同时，为了评估机器学习完成任务的好与坏，也需要设计衡量指标来量化这种能力。

因此，衡量指标可以分为帮助算法优化的学习指标（即损失函数或代价函数等）和任务的效果指标（如准确率、ROC、事故率等）。在人工智能项目中，项目经理和客户更关注的是效果指标，但算法专家需要兼顾这两类指标。

有些时候两者是同一个指标，如对于数值预测的任务，机器学习算法优化的学习指标和任务的效果指标都可以是预测值及真实值的误差，有的时候两者并不一样，但一定是相关的。例如在生成图像的任务中，指导机器学习算法优化的学习指标可以是对抗损失函数，而对算法生成图片效果评价时可以使用其他表示真实性的指标，在一些复合型任务中同样如此，比如自动驾驶的任务可能有事故率的任务衡量指标，但事故率不能直接指导所有子任务或机器学习算法进行优化，每个子任务或算法需要有自己的衡量指标。

机器学习算法的学习指标可以包含多个指标，如检测算法，共同指导算法优化。任务效果指标也可以包含多个指标，如检索引擎任务，该任务的衡量指标可以包含准确率、召回率、ROC，或者是为公司带来的经济效益等。

在实际中我们会使用已经收集的一部分数据对机器学习模型进行训练，这部分数据集称为训练数据集，或简称为训练集。虽然模型在这部分数据集上的算法学习指标和任务效果指标是我们很关心的，但我们更加关注机器学习算法在训练集之外的数据集上的表现如何，这个表现更能反映机器学习算法在真正使用时的性能。这部分数据集我们称为测试数据集，或简称测试集。

对于一些简单或学术界研究充分的机器学习算法，无论是算法学习指标还是任务效果指标都比较明确。比如，我们在进行猫和狗的图片分类时，算法学习指标是分类损失函数，通常是交叉熵损失（Cross Entropy Loss），任务效果指标可以是分类的准确率。两者数值是相关的，但数学表达式不同。我们把猫的图片类别定义为数字0，狗的图片类别定义为数字1，那么算法学习指标的计算如式（2-1）所示。

$$L=\frac{1}{N}\sum_{i}-\left[y_i\ln p_i+(1-y_i)\ln(1-p_i)\right] \tag{2-1}$$

式中，y_i为第i个样本的真实值，即y_i=0为猫，y_i=1为狗；p_i为计算机对第i个样本预测的值；N为样本数量。

而对于任务效果指标的计算可以采用分类准确率，即算法分类正确样本的数量除以总样本数。当然这两个指标只是其中一种评价方式，还有其他形式，这里就不一一列举了。

但是，对于一些复杂算法或根据实际需求抽象出的机器学习算法，算法学习指标和任务效果指标不是很直接地可以找到。有的时候，我们很难明确应该用什么指标来衡量算法的学习情况或者任务效果。例如，我们想通过机器学习算法评判什么视频更吸引观众，吸引观众本身很难得到一个非常的明确定义，我们无法像分类那样，直接给出一个吸引力指数，这就需要我们通过其他方式来解释吸引力。比如，观众观看视频的时长等，但观众观看视频时长受到的内外因素影响比较多（兴趣、当时心情等），虽然观看视频的人数足够多，从统计学角度可以相对客观地反映出视频受欢迎程度，但能够让足够多的人进行观看或评价的视频数量还是很有限的，这种情况下就需要设计出一种衡量指标判断算法和任务效果，而且即使使用观看时长也需要尽可能排除各种干扰。

不幸的是，有些时候尽管我们知道想要的衡量指标是什么，但是在实际中很难计算出这个衡量指标。例如，我们想判断图像是否清晰，目前还没有通用的图像清晰程度的数学表达式，这其中存在很多难点。比如在实际中由于图片经过各种传播，使得我们很难找到图片是因为何种变换产生的不清晰，展示的设备、观看人平时接触的图像、是否经过艺术处理等与图像清晰程度都有很强的关系，在这种情况下，我们很难衡量出图片的清晰情况，因此需要设计其他的衡量指标来代替清晰度，或者直接设计一套可以行之有效的标准。

无论衡量指标是如何选择或者设计的，都需要满足几项基本原则。它们分别是：公式原则，机器学习算法学习指标一定可以表达成一个数学公式；可导原则，这个数学公式一定是可以处处求导的；相关原则，任务效果指标一定与机器学习算法学习指标有相关性；可实现性原则，任务效果指标一定是可以通过现在的技术实现或者定义的。

（4）过拟合与欠拟合

当我们选择使用某个训练集进行机器学习的模型训练时，通常会计算模型在该训练集上的表现能力，这种度量训练集表现能力的方式我们称为训练误差（Training Error），训练误差越小，模型在训练集上的表现能力越好。但由于真实世界中，我们很难把所有的样本都收集起来进行训练，因此模型在那些先前未观测到的数据上的表现能力可以用测试误差（Test Error）来表示，也称为泛化误差（Generalization Error），这就带来了机器学习的一大挑战，模型必须能在这种在未观测数据上依然表现良好，而这种能力称为模型的泛化。如何评估模型的泛化能力呢？真实情况是我们无法穷举所有的未观测数据，但可以随机或有选择地筛选训练集中一部分数据作为测试集，这部分数据不会进行模型训练，可以认为是模型未观测的数据，因此我们近似地用模型在测试集上的表现来评估模型的泛化误差。

当进行机器学习的模型训练时，模型参数的选择会从训练集数据中进行学习，通过对训练集进行采样，降低模型的训练误差，从而得到在训练集上表现能力好的模型。然后使用在训练集上学好的参数，在测试集上进行采样得到测试误差，多次重复这个过程，训练误差和测试误差会逐渐趋于稳定，同时测试误差往往会大于或等于训练误差。因此这给予我们一定启发，提高机器学习模型的能力可以从两方面着手：降低训练误差；缩小训练误差和测试误差的差距。

同时这也带来了机器学习的两个主要难点：欠拟合（Underfitting）和过拟合（Overfitting）。具体来说，模型不能在训练集上得到足够低的误差即为欠拟合，而过拟合则是模型在训练集上的训练误差虽然低，但测试误差和训练误差之间的差距太大，也就对应前面提到的模型的泛化能力不好。

如何解决模型的欠拟合和过拟合呢？这里首先介绍一个新的概念，即模型容量，指的是模型拟合各种函数的能力，容量低的模型可能很难拟合训练集，因此带来了欠拟合的问题，容量高的模型可能因为其学习能力过于强大，把训练集中一些自身的特性当作了所有数据集的普遍性质，而当测试集中不具备训练集中的特性时，模型就会在测试集上表现欠佳，导致过拟合的问题。因此，解决欠拟合和过拟合可以从控制模型的容量出发，例如前面提到的猫和狗识别的问题，当模型容量过低时，模型无法学习到训练集中猫和狗的性质，训练误差很大，也就无法很好地识别是猫还是狗；当模型容量过高时，模型可能学习到训练集中猫和狗的一些特殊性质，比如训练集中的猫都戴有蝴蝶结，而狗没有戴蝴蝶结，模型学习到了蝴蝶结是区分猫和狗的性质，如果这时测试集中出现了戴蝴蝶结的狗，就会将其识别为猫。总结来说，当模型的容量适用于所执行任务的复杂度和所提供训练数据的多样性和样本量时，模型的效果通常会最佳。同时这里也引入另外一个解决过拟合的方法，通过补充训练数据的多样性和样本量，来提高模型的泛化能力，例如上面的例子中，假设训练集中可以补充多种多样的猫和狗的样本，可以使模型不会只习得单一性质。

目前为止，我们介绍了通过控制模型的容量和输入数据的样本量来解决过拟合和欠拟合的问题，但在真实的模型训练中，可能受到其他额外限制因素的影响，比如优化算法、超参数配置等的不完美，导致模型最终的有效容量小于其实际的表示容量。在实际任务中，我们有不同的超参数，不同的模型可供选择，如何进行最优的选择来得到最适配该任务的超参数和模型呢？

（5）超参数与比较检验

通常，我们需要设置一些超参数来控制模型的学习行为，例如模型的学习率以及其衰减程度都是超参数。与模型参数不同的是，这个超参数的值是由人工设定的，可固定、可随训练过程进行调整，并不通过模型本身学习得出（当然也可以通过嵌套的模型学习，由额外的学习模型学出当前模型的最优超参数）。这里为了避免混淆，当我们提到模型参数时，是指不包括模型超参数的其他可学习参数。

如何确定一个参数是否需要被设定为不需要学习的超参数呢？一种情况是这个参数很难进行优化，或者这个参数不适合在训练集上进行学习，必须设定为超参数，比如网络隐藏层数量、隐藏层单元数量等控制模型容量的所有参数。如果通过训练集学习超参数，这些参数总是趋向于最大可能的模型容量，比如模型总会选择更多层数、更多单元数，以便模型总能在训练集上更好地拟合，但这随之带来的问题就是过拟合。

这里我们引入验证集（Validation Set）来解决这个问题，验证集表示训练模型观测不到，区别于训练集的样本。在前面我们讨论过测试集，同样是模型未曾观测过的样本，它与验证集的区别在于，它用来评估模型在完成学习之后的泛化能力，不能以任何形式参与到模型参数的学习与选择中，包括模型的超参数。因此，我们可知训练集、验证集、测试集是三个完全不相交的数据集，那如何进行构建呢？同样地，我们可以从已经划分为训练集的样本中，按一定比例划分出验证集，这种方法称为留出法。举例来说，我们可以将训练数据按照80%：20%的比例分成两个不相交的子集，其中一个用于估计训练误差，并更新模型参数，即训练集，另一个用于估计训练中或训练后的泛化误差，并更新超参数，即验证集。通常情况下，由于验证集只学习超参数，并不参与到模型参数的学习中，验证集的误差往往会低于训练集误差，如果只用验证集进行模型能力评估，会低估真实的泛化误差。因此在所有超参数学习完成之后，仍然会通过测试集来估计泛化误差。

另外，将数据集分成固定的训练集和测试集后，尽管我们可能得到一个测试集误差很小的模型，但这可能会有一些额外的隐患。当数据集的样本量足够多时，这个问题可能不会严重，如果数据集太小，这会带来测试误差的估计不确定性，这种不确定性就会对模型能力的判断产生干扰，从而导致模型选择错误。对于小数据集来说，我们希望能使用所有的样本估计测试误差，当然不是一次使用所有样本，而是基于在原始数据上随机采样或按约定分离出的不同训练集、测试集的划分，这样就得到了多组不同的数据集。我们在每组数据集上进行训练和测试，通过计算平均测试误差来表示最终的测试误差，这类方法称为交叉验证法，通过增加计算量来得到比较真实的测试误差。具体来说，通过将数据集分成k个不重合的子集，在第i次学习时，使用数据的第i个子集作为测试集，其他剩下的$k-1$个子集作为训练集，然后计算k次模型学习后的平均测试误差作为最终的测试误差。由于k的取值很大程度地影响了评估稳定性和准确性，所以交叉验证也称为k-折交叉验证。

（6）有监督学习和无监督学习

在机器学习中，我们通常会将不同的算法分为有监督学习（或简称监督学习）或无监督学习。目前，有监督学习和无监督学习没有一个严格定义的概念，它们之间的界限并不明确，可能有很多人表达了各自的定义。但是有监督学习和无监督学习还是可以帮助我们粗略地分类机器学习算法的，下面我们给出一些学术界的定义，同时提出我们的一些看法。

有监督学习，对于输入的数据，每一个样本都有与之对应的标签，这个标签就是机器学习算法需要学习的目标，通过衡量指标评估算法的输出与目标来指导算法学习。就像我们做题时，题目是输入的数据，答案是标签，我们根据题目得出结果和答案之间的差别可以指导我们的大脑进行学习。前面提到的猫和狗图片分类的例子就是监督学习，对于每一幅图像，都有一个是猫还是狗的标签，监督机器学习算法进行学习。有的任务中，每一个样本可能有多种标签作为监督。

有的时候，我们并不需要给样本赋予标签，样本本身就是标签，这种学习称为自监督学习，自监督学习属于有监督学习的一个情况。例如，我们将图片中的一些部分进行遮挡，通过图片中其他部分的信息将遮挡部分的像素值还原出来；在对比学习中，我们对于同一个数据进行不同的可控变换，使算法可以学习到这些变换后的数据仍然是同一个数据。目前自监督学习渐渐成为一种重要的学习方式，因为在我们现实世界中，数据量非常庞大，对庞大数据集进行人为赋予标签的工作非常费时费力，因此自监督学习可以帮助我们既能很好地利用大规模数据集，又不需要进行标注标签的工作。

随着很多数据集规模的增加，难免会有一些噪声出现在数据集中，例如标记错误的数据等，专门有一些针对这种情况的研究工作，有的研究者将这些称为不准确监督学习。此外，还有其他数据情况，不同的人可能定义或称谓不同，有的时候数据集中有一部分样本没有得到标注，而其他样本是有标签的，这时候的学习方法有的学者称为半监督学习，在多实例学习中，一些数据集合被整体标记为一个类别，但集合中每个样本可能是没有标签的。

有的学者将强化学习单独列出来，因为强化学习算法是智能体和环境进行交互，从环境得到的反馈（Reward）进行学习，而且数据集并不固定，每次都不尽相同，比如围棋，如果将从头到结束全部落子的方式进行穷举，将是非常庞大的数据量。不过，环境反馈是指导强化学习算法优化的信号，因此在这种情况下也可以归为监督学习。

对于无监督学习，输入的数据并没有与之对应的标签，机器学习算法需要通过显式或隐式的方式学习到这些数据的有用的性质，如概率分布。在无监督学习中，并不需要数据的标签来指导算法进行学习，算法需要在没有正确或者错误反馈的情况下对数据集进行理解。在进行有监督学习过程中，需要根据任务目标进行数据选择、算法设计和衡量指标的确定，但对于无监督学习，通常我们只会选择和设计算法，因为无监督学习衡量指标只与算法有关，和任务无关。例如聚类算法，当我们选择或设计出机器学习算法时，衡量指标通常就是评测类内聚集程度和类间离散程度，无论什么任务或者数据都是用这样的方法判断算法是否需要结束学习。

2.1.2　深度学习

上一小节我们介绍了机器学习的基础概念，这一小节我们将介绍机器学习的一个重要分支——深度学习。图 2-2 展示了深度学习的主要概念和关系。

在进行深度学习之前，机器学习中的很多理论和思想已经得到很好的应用

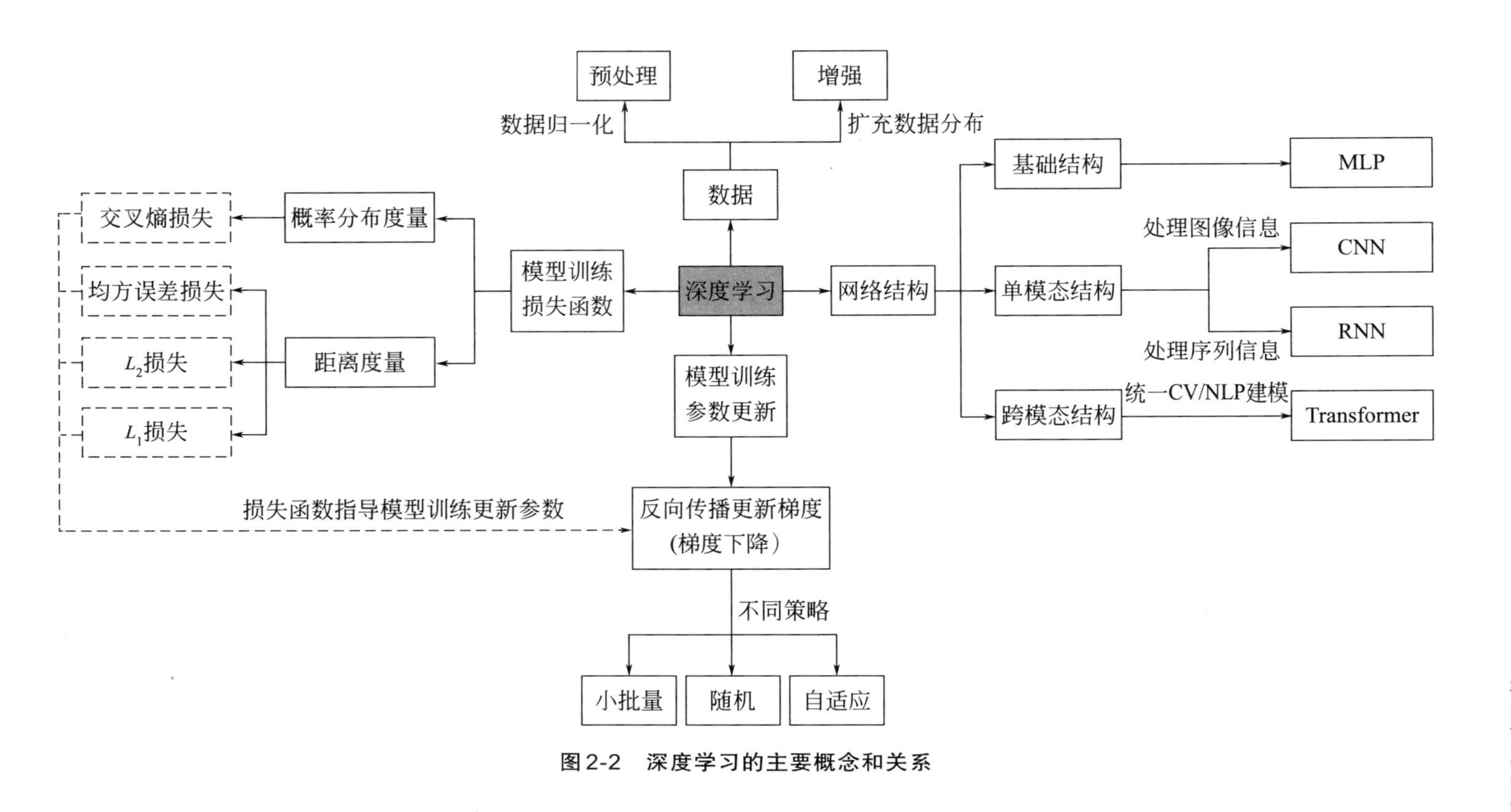

图2-2　深度学习的主要概念和关系

和证明，在硬件和一些关键技术发展后，深度学习在这些理论的基础之上得到长足的进步，也逐渐形成一些独有的理论和思考角度。因此在实际中，单纯的深度学习项目流程和传统机器学习项目流程会存在一些不同（我们经常将非深度学习的其他机器学习方法统称为传统机器学习）。在这里，我们着重介绍深度学习的知识和项目流程。本书中的项目管理多数为视觉算法项目，因此接下来的介绍也主要围绕视觉算法展开。

深度学习看似是一个新兴的领域，但大厦不可能一日建立起来。与很多科学和技术一样，深度学习经历了多年的沉淀和起伏，最早的深度学习可以追溯到20世纪40年代，随着最近几年硬件的进步与很多方法和技巧的提出，才使得深度学习得到广泛的使用。在深度学习起伏的过程中，因为人们的不同观点和思想，有很多不同的名字，并没有一个被广泛接受的学科称呼，直到最近深度学习这个名字才成为大家普遍接受的称谓。我们将通过对深度学习历史简要的梳理，以及对深度学习的主要概念和技术进行介绍，帮助读者更好地理解深度学习项目的整体流程。

到现在，深度学习成为一个被广泛熟知和接受的名词，它被认为包含了人工神经网络等技术，但在历史上并非如此。最早的人工神经网络是旨在模拟生物神经系统的计算模型，随着技术的发展与成熟，后来的深度学习已经不完全“遵循”这一想法，或者已经“超越”这一想法。人工神经网络是从大脑神经科学出发的线性数学模型，如图2-3所示是神经网络简图，每个点都是一个神经元，神经网络将输入映射到一个输出，并根据输出和真实值的差距，更新神经元的数值，反复迭代后神经网络便可以根据输入产生正确的输出。例如，我们想根据一个房子的一些属性预测这个房子的租金，输入为目前已经完成租赁的房子的各种信息，如房屋面积、距离地铁距离、距离市中心距离、周围有无大型超市、附近有无学校等，神经网络的输出为房屋可租赁的价格，根据和真实价格的差距（即前面提到的“机器学习算法的衡量指标”，计算预测和真实价格差距的函数称为损失函数，Loss Function），更新神经元的数值，反复多次训练后，网络可以根据新的房屋属性给出一个合适的租赁价格。对于视觉输入，如图片或视频，整个流程和网络将更加复杂，但整个过程是一样的。

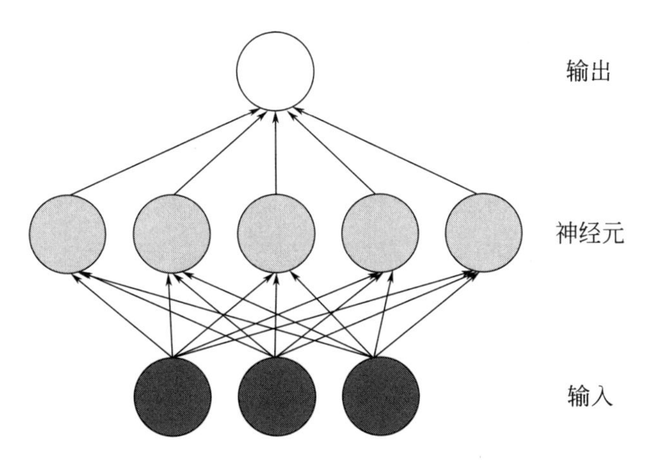

图2-3 神经网络简图

接下我们首先介绍一下神经网络的发展历史，然后依次介绍深度学习算法中最重要的三个组成部分——数据、网络结构和模型优化。

（1）神经网络的历史

神经网络可以认为是现代深度学习的重要组成部分。最早的神经网络中的权重值都是预先设定好的，并没有学习的过程，W.Pitts和W.McCulloch提出McCulloch-Pitts神经元，阐述了神经元的数学描述和网络结构方法，同时证明了单个神经元能够完成逻辑功能。但这种预先设置权重的方法很不灵活，而且都是根据人类的先验知识进行设定的，并不能满足“智能”的定义。人们开始思考和设计如何让神经网络自动调整权重值，这样才能向“智能”迈进。F.Rosenblatt提出了感知机模型，同时提出了通过使用最小二乘法训练感知机，使得感知机中的神经元可以通过历史数据更新权重值，感知机因此成为最早的可学习的人工神经网络模型。在感知机的基础上，Widrow和Hoff提出ADALINE，同样可以通过历史数据学习模型的权重。这些更新模型权重值的方法可以看成是“随机梯度下降”的一些特殊方法，“随机梯度下降”是构建如今深度学习的重要基石。

最早的感知机和ADALINE模型的结构很简单，被称为线性模型，只有一层神经网络，无法很好地完成比较复杂的任务，比如无法学习异或函数，复杂世界的复杂任务从数学角度出发需要复杂的函数才能实现，但一层神经网络的感知机拟合函数的能力很有限，对于复杂非线性函数的问题无法解决。尽管如此，作为最早的可学习人工神经网络模型之一，感知机是可以完成一些简单任务的，如简单的二分类问题，即前面提到的预测房屋租赁价格的问题。对于一层人工网络的感知机模型可能无法给出具体价格，但如果我们将问题转换成高租赁价格和低租赁价格的二分类问题，感知机模型可以很好地胜任，我们将低租赁价格（如租赁价格等于或低于8000元/月）定为类别0，高租赁价格（如租赁价格超过8000元/月）定为类别1，通过已有的数据训练感知机网络并且更新权重值。完成训练后，将新的房屋属性的数据输入模型中，感知机便会给出0或者1的类别，建议人们应该采用高租赁价格还是低租赁价格。在感知机基础上改进的ADALINE可以对实数做出预测，例如我们直接输入房屋的信息，模型可以给出预测的租赁价格。对于这种较为简单的场景，早期模型还可以相对好地胜任，但因为早期神经网络领域的很多理论还没有完全建立起来，难以应用到复杂场景，使得这种受到神经学启发的模型学习方法受到人们的冷落，所以导致了神经网络的第一次退潮。

20世纪80年代，神经网络开始了第二次浪潮，涌现的联结主义（Connectionism）观点一直对如今的深度学习产生长久影响。像神经学理解的那样，联结主义认为大量神经元联结在一起可以实现更加智能的体系。在这其中，分布式表示和反向传播两个概念对于训练模型的成功一直启发着现在的研究者。

分布式表示的思想是，每一个数据由多种特征表示，每一种特征也可以对应多个数据，也就是一个数据包含多种特征，多种特征组合成不同的数据。假设我们需要识别由5种颜色（红、绿、蓝、白、黑）、3种形状（长方体、立方体、圆柱体）表示的积木，我们不需要用15个神经元单独表示所有15种组合，而是用5个神经元表示颜色，3个神经元表示形状，通过学习连接的权重模型可以自己进行适当的组合。这一想法在我们看来是个很自然的思路，但在较早期的机器学习阶段已经是比较创新性的改进，这一探索更是对后来的研究产生了很大的影响。

反向传播的思想是，将损失函数产生的计算误差，通过计算梯度一步步反向传播到网络的各个层来更新权重值，从而不断减小损失函数的计算误差，直到误差达到全局的最优值。这是我们开始学习导数时就接触到的链式法则，这一法则在数学上很早就存在了，但每个领域的研究都是靠每一次一点点的尝试和进步才逐渐到达更高的成就。

除此以外，神经科学的研究一直是人工智能的理论基础和重要借鉴。对于大脑中不同感知神经的研究，给予了多任务大模型（用一套深度模型可以完成多种任务）坚实的理论基础。同时受到视觉神经研究的启发，Fukushima提出了Neocognitron，即一种新的图像模型结构，成为现在卷积网络的基础。

这一时期虽然神经网络得到了进一步发展，但也遇到了新的挑战。随着人工神经网络的层数变深，训练整个模型的权重问题往往成为一个非凸问题，使用梯度下降法更新权重值很容易让损失函数的计算误差陷入局部极小值，并且无法进一步更新模型权重去找到全局最小值。同时在反向传播时，梯度的数值可能出现异常，即梯度消失和梯度爆炸，这也使得模型变得很难得到有效训练。此外，更深的神经网络对计算速度和存储空间的要求也给计算机硬件带来了很大挑战（虽然现在几百亿、上千亿参数大模型的训练也是一个很有挑战的事情，但得益于计算机计算、存储、通信单元的发展和分布式计算及存储技术的进步，这些大模型训练已经成为可以完成的任务）。这些都阻碍着神经网络取得更好的效果，使得当时的人工智能领域不能满足一些不切实际的期望（以当时的技术来看）。整个投资领域再次产生悲观，导致了人工神经网络的再一次退潮。

2006年，Geoffrey Hinton提出了“贪婪逐层预训练”，该策略可以有效地训练深度网络，自此，人工神经网络的第三波浪潮开始了，现如今我们仍然处于这波浪潮之中。这一次流行使得“深度学习”这一名词被广泛知晓和接受，人工神经网络成为深度学习的一个重要组成部分。随着各种技术和技巧的使用，即使人工神经网络层数非常多，也可以进行有效的训练。这一时期计算机硬件也在快速发展，存储和算力得到大幅提升，同时在大数据技术中诞生的分布式存储、传输等技术也得到进一步的应用，使得模型可以设计得越来越大，目前有的模型参数量已经达到万亿量级，而就在几年前人们还对能够训练几百万、几千万参数的量级高兴不已，并惊讶于这些模型的表现。

随着模型越来越大，数据需求量也与日俱增，仅仅靠有监督的数据集已经不能满足模型训练和实际的任务需求了，毕竟人工标注大量精细数据集的成本非常高。因此，越来越多的子领域研究开始涌现，目前自监督、弱监督、小样本学习等渐渐成为研究的主要方向之一，受限于本书篇幅，我们不再对这些领域展开逐一介绍，接下来重点介绍数据预处理与增强、神经网络结构、损失函数与模型优化三个主要技术。

（2）数据预处理与增强

一般在进行模型训练的时候，深度学习训练数据标签是准确且多样的。模型通过分析海量数据，可以挖掘出数据背后的规律，用于不同分类、回归、重构、生成等不同子任务。随着深度学习的发展，算力、存储、模型容量与日俱增，其处理数据的规模也在增大。但如何获取并且清洗合适的数据是目前亟待解决的难题。人工标注数据的高昂成本，在一定程度上成为深度学习推广的一道门槛。

在与数据质量强相关的有监督任务中，为了解决数据表示不同的问题，研究者往往会采用数据预处理的方式对所有的数据进行归一化。在计算机视觉领域，不同大小的图像往往会被裁剪到统一的尺寸，以适应模型的维度，并对像素点值进行归一化以加速模型训练。而在自然语言处理中，为了处理繁多的单词、短语和句子，研究者往往采用词典的方式，将每个单词定义为词典中的词，并定义词的特征，来标准化每个词的表示。通过上述数据预处理方式，模型能够充分利用不同表示的数据以进行更好的深度学习训练。

为了解决数据不足的问题，研究者还会对预处理之后的数据进行增强，以扩充数据样本规模。通过数据增强，数据所描述的场景会更加广泛，进而提高模型的泛化能力和鲁棒性。从做法来区分，数据增强可以被分为两类。第一类是离线增强，即在模型开始训练之前，对数据分布进行增广，以文本为例，相同含义的文本可以被翻译以进行语句的扩充，来捕捉不同表述之间的细微差别。第二类则是在线增强，这种增强往往发生在模型训练中，基于批次数据进行分布扩充。以图像为例，通过将图像进行旋转、平移、翻转、调整亮度等多种形式的处理，模型能够学习到更加随机的样本分布，并试图从多种分布中获取更统一的表示信息。但是引入数据增强，并不一定会带来模型性能的提升。引入数据增强，本质上是在训练数据分布不够充分且分布与测试数据相差甚远时，扩充训练分布，以减小和测试数据的域差异。因此只有当增强样本与测试样本分布一致，且确实扩充原样本分布的时候，性能才会提高。

获得大量监督数据在实际中往往并不能实现，因此，自监督、弱监督等与样本质量弱相关的训练任务逐渐成为当前的主流。这种任务的数据预处理和增强的方法有所不同，例如在当前最热门的图像预训练大模型中，研究者在模型建模的过程中，往往会采用设计好的掩码机制，随机遮盖多处图像块，通过生成这些受关注的图像块来进行模型训练。对于视频预训练大模型，可以选择遮盖多个帧，或者对于所有帧遮盖相同的多处画面块，或者将两者结合起来，以此进行模型训练。

只有通过海量且准确的数据支撑，深度学习才能发挥其强大的能力，并对数据内部隐藏的潜在关系进行不断的挖掘。

（3）神经网络结构

这里介绍四种在人工智能领域取得成功的人工神经网络形式。

① 多层感知机。多层感知机（Multi-layer Perception，MLP）是一种最为简单的前向神经网络结构。它是在前述感知机模型的基础上，叠加数量更多的网络架构，并加入非线性的映射，以用于将一组输入特征向量映射到一组输出向量。多层感知机拥有广泛的应用场景，诸如语音识别、图像识别、机器翻译等，可以被视为一个有向图，由多个节点层组成。每一层的节点都密集连接下一层的全部节点。除了输入节点，每个节点的神经元都带有非线性的激活函数，以处理非线性映射的问题。通过多个节点层的堆叠，信息从输入层开始，到各隐藏层，再到输出层，被多层感知机进行逐层的非线性映射，学习更加具有判别性的特征表示。

多层感知机主要由三种节点组成。第一种是输入节点，也称输入层，其用于接收外部提供的信息，以便向隐藏节点提供信息。第二种是隐藏节点，它被用于建模外部信息，并将信息从输入层传递到输出层。隐藏层的数量通常由模型使用者自己制定。更多的隐藏层标识着更多的信息流变化，以用于建模更加复杂的数据分布。第三种是输出节点，该输出层通过将网络隐藏层中间建模的表征图传递到网络外部，作为该数据的特征信息。就这样，信息流从输入层开始前向流动，通过隐藏层，再到输出层。整体网络不存在循环和回路。

在隐藏层中，正如前面提到的，研究者往往采用不同的激活函数对特征进行非线性映射。由于大多现实世界的数据分布都是非线性的，引入这种映射关系能很好地帮助模型理解并获取更加真实的数据分布。当然多层感知机也存在一些问题，例如隐藏层节点数量选取非常困难，学习速度较慢，容易在模型训练的过程中陷入极值。或是没有考虑到输入数据本身分布的性质，模型训练可能会不够充分。在实际中，MLP本身已经作为一个基础模块，应用于视觉、文本、语音等多种任务的复制网络模型中。

② 卷积神经网络。卷积网络（Convolutional Network），也称为卷积神经网络（Convolutional Neural Network，CNN），是一种专门用来处理具有类似网格结构的数据的神经网络，例如时间序列数据（可以认为是在时间轴上有规律地采样形成的一维网格）和图像数据（可以看作是二维的像素网格）。卷积网络在诸多应用领域都表现优异。卷积神经网络，顾名思义便是使用了卷积操作的神经网络。一般的卷积神经网络由卷积层、激活层和池化层三种层结构堆叠而成。下面简单介绍这三种结构。

卷积层是卷积神经网络的核心，也是其区别于其他网络结构的最大的不同之处。以图像为例，卷积便是通过一组滤波矩阵，在图像上滑动，与不同的局部区域进行内积，提取区域的图像表征，并结合成最终的图像表征。卷积层受到卷积核的数量、步长以及卷积矩阵的大小的控制。其中卷积核的数量代表着滤波器的数量，卷积核越多，所能提取的信息便越丰富。而步长则是影响输出特征图的长度，卷积矩阵的尺寸则控制了卷积运算覆盖区域的大小。通过卷积层可以实现对数据信息的建模，但是由于其信息建模的冗余性以及计算量的负担，研究者往往会在卷积层之间增加池化层，以用于信息的中间处理。池化层可以非常有效地减小参数矩阵的尺寸，从而减小最终全连接层的参数数量，同时起到加快计算速度以及防止过拟合的作用。在图像识别领域，研究者通过在卷积层之间周期性引入池化层来减少中间训练过程中的参数的数量。池化在每一个纵深维度上独自完成，因此图像的纵深保持不变。池化层的最常见形式是最大池化层以及平均池化层。最大池化层被用于提取某一区域的最大值当作该区域的表征，送入下一层，其对边缘纹理有很强的建模作用。而平均池化层则采用某一个区域的平均值当作该区域的表征。由于平滑提取特征的特性，它对图像背景的建模更加友好。而激活层引入的目的则与多层感知机中的非线性变换一致。通过堆叠激活层，引入非线性映射，使得神经网络可以逼近任何非线性函数，应用于多种非线性模型建模中。

卷积神经网络通常作为特征的提取器应用于深度学习的模型构件中。根据实际的任务，为了完成端到端的参数更新，以及适配不同的训练目标，我们常会将卷积神经网络的输出送入全连接层中（前文中的MLP），实现进一步的特征维度变换。

③ 循环神经网络。在一般的神经网络中，模型通过将不同批次的数据送入网络，依次通过输入层、中间层和输出层，最终输出数据表征。在模型提取信息的过程中，不同的输入之间是无关的，这能很好地建模诸如图像等信息，但是无法处理序列信息。给定一组时间序列信息，例如视频和文本，每一组样本都与前一个和后一个样本输入强相关。单独建模其中一个样本，去孤立地理解样本分布会导致模型的输出偏差，因此需要新的神经网络结构去处理这种序列信息。为此研究者提出了名为循环神经网络的结构来更好地处理序列信息。区别于一般的多层感知机网络，循环神经网络的每个隐藏层节点的建模不仅取决于当前输入至节点的数据特征，而且取决于上一轮隐藏层的输出，即隐藏层中的每一个神经元都在循环使用。因此通过循环神经网络获取的信息除了用于产生该时刻的输出外，也参与下一时刻隐藏状态的计算，从而进行序列信息的建模。下面通过一个文本生成的例子来简单解释整个生成过程：所谓的文本生成，就是根据前一个字符来预测下一个字符出现的概率。循环神经网络不断地将已生成的字符作为当前输入的条件信息分布，用于引导生成更具逻辑性的当前字符，使得网络能够关注上下文语义，发现不同文本之间连接的概率。在测试阶段，可以通过提供一段简短的文本，而让神经网络帮助我们进行续写。

④ Transformer。在深度学习发展初期，研究者依据不同数据的特性，提

出了不同的神经网络架构来解决不同的问题，例如计算机视觉、自然语言处理、语音信号处理等。纷繁多样的网络结构也昭示着深度学习的蓬勃发展。然而分久必合，Transformer的横空出世，直接将不同模态信息的建模统一起来，通过一种结构来解决不同领域的问题，实现了跨模态表征的融合。下面从Transformer最初的定义出发，简单介绍该结构。

传统的Transformer用于解决自然语言处理等序列问题，其由编码器和解码器组成，其中编码器和解码器都包含6个子模块。工作原理如下：首先获取输入句子的每一个单词的表示向量，并叠加上对应的单词位置特征作为当前的句子特征矩阵，然后将所获得的句子特征传入编码器进行信息编码。编码后的句子特征矩阵会传入解码器，解码器会依次根据翻译过的单词来翻译当前的单词，最终输出对应生成的短句。

区别于一般的神经网络，Transformer在编码器和解码器结构中堆叠了自注意力关注网络，在每一层都对信息进行重关注，以关注最有信息量的表征。具体而言，自注意力机制主要由查询矩阵（Query）、关键词矩阵（Key）以及值矩阵（Value）组成。它将上一层所获取的特征进行查询，通过关键词矩阵映射，并且进行内积，以对自身特征的重要程度进行重关注。并且自注意力机制将内积用于值矩阵进行内积，来改变特征的重要程度。与卷积神经网络的多核机制相似，自注意力关注网络结构通过堆叠不同的头（Head）来将不同的自注意力网络进行组合，分别利用不同的Query、Key和Value进行信息重关注，并将不同的头得到的结果进行叠加，作为最终输出。通过这种注意力关注机制，Transformer试图从网络本身的角度出发，挖掘信息本身的分布属性，而与输入数据的样式无关。

当然Transformer最初是被用于自然语言处理的。它与循环神经网络不同，它可以并行地处理数据（有的任务训练阶段和测试阶段有所不同）。同时也因为Transformer主要依靠自注意力网络来对信息建模，它本身不能利用单词的顺序，因此在自然语言处理中，单词特征才会叠加位置信息作为共同输入。在自然语言的生成任务中，由于解码器一次能看到所有的数据，但是在语句生成中，下一个单词的信息不能干扰上一个单词的生成，因此研究者也开发了不同的掩码机制，对单词进行遮盖，对自注意力关注机制进行调整。

虽然Transformer最先被用于自然语言处理任务中，但是因为其注意力重关注的特性，它可以被用于对数据之间的关系进行建模，因此它也被逐渐用到其他的领域。下面简单介绍一下Transformer在计算机视觉中的应用。

在计算机视觉领域中，Transformer最经典的应用便是Vison Transformer（ViT）。它通过对图像的区域进行划分，将每块区域类比于句子中的单词，来作为令牌表征送入Transformer进行训练。在传统的图像分类任务中，Transformer的编码器被用于更换传统的卷积神经网络并作为图像编码器，以用于图像特征的输出。在许多大规模数据集上进行的训练中，Vision Transformer均取得了超越传统方法的性能。但值得注意的是，在数据量不够庞大的情况下，Vision Transformer的性能不如卷积神经网络。由于Vision Transformer仅依靠区域分割的方式引入令牌表征，并没有去过多探讨图像本身的属性，这也要求模型应经过海量数据的训练才能学习到对应的表征。但是相比于卷积神经网络，Vision Transformer的自注意力机制能灵活地调整模型对不同样本的关注程度，提高了模型训练精度的上限。当前也有许多研究者将Vision Transformer的建模过程与图像本身的分布相结合，探索如何降低训练成本。

Transformer的出现，使得不同领域的模型网络不再割裂。研究者可以通过一个网络结构来对不同模态的信息进行建模。随着自媒体时代的发展，图像、文本、视频等多模态数据爆炸式增长，内容形式的多样化也帮助人们不断对周围世界进行更好的感知和理解，使得人们很容易做到将不同形式的信息进行对齐与互补，从而更加全面准确地学习知识。而在人工智能领域，Transformer便作为一种通用的特征提取器，其目标是被用于建模不同领域的不同形式的特征，以实现语义的互补和对齐。Transformer在跨模态理解的广泛应用中，也延伸了许多跨领域的任务，例如跨模态检索、文本生成图像等。在Transformer的帮助下，深度学习迈向了一个新的阶段，真正向多维、多方面理解世界、感知世界靠拢，有望在未来实现真正的大一统。

（4）损失函数与模型优化

如前几小节所述，算法的学习指标（即损失函数）用于帮助模型调整（即更新模型参数）以取得更好的效果，如何进行参数更新则涉及模型优化方式。前文略有提及，在本小节中进行详细介绍。

① 损失函数。在深度学习时代，神经网络可以被称作编码器，将数据编码成不同样式的表示，用以高维度、多方面描述数据的分布。神经网络就宛如一个黑匣子，协助研究者过滤、筛选出有效的数据，并反馈给研究者所需的表达。但是对物体的描述包罗万象，神经网络又是如何确认其所得到的表示分布便是研究者所需要的分布呢？例如给出一张花的图片，我们会通过观察它的形状、颜色、品种、所处的位置，对这朵花的所有信息进行过滤整合，来进行记忆。当旁人准确说出花的信息时，我们能很快定位到旁人是在描述这张图片的花。那仅给定颜色或形状，神经网络能否找到对应花的图片呢？答案是能，但是需要在神经网络的学习阶段，基于对应的训练标签，来给神经网络的训练指引方向。虽然神经网络能够作为编码器去压缩建模不同数据的信息，但是如果没有足够的监督信息，其学习过程会相对零散，无法学习到所需要的信息。而为了学习到有用的信息，提供足够的监督信息，在神经网络中是一种极为常见的优化算法。通过将模型预测值与真实标签数值进行差异度量，来衡量当前网络学习到了需要的特征表达。那么如何衡量这个差异值？设计合理的损失函数来刻画成本或代价能够准确地实现这点。

当网络的输出和期望的输出差距很大的时候，损失应该很大，此时网络的输出毫无意义，仍处于一个不断的学习过程；而当网络的输出和期望的差距很小时，损失应该很小，其模型鲁棒性越强，表明网络能够在给定一张无标签的输入情况下，得到准确对应标签的输出。损失函数主要用在模型的训练阶段，每个批次的训练数据送入模型后，通过神经网络的前向传播输出预测值，然后损失函数会计算出预测值和真实值之间的差异值，也就是损失值。损失值可以有效反映当前模型训练的状态。得到损失值之后，模型通过反向传播去更新各个参数，来降低真实值与预测值之间的损失，使得模型生成的预测值往真实值方向靠拢，从而达到学习的目的。这样在训练过程中神经网络才能一次次得知本次参数调整的结果，从而不断调整参数，让损失不断减小。

损失函数按参与计算的数据特征样式分类，可以被分为基于距离度量的损失函数以及基于概率分布度量的损失函数。下面简单介绍这两种损失函数，以及它们所适用的对象。

基于距离度量的损失函数［式（2-2）］通常将输入数据映射到基于距离度量的特征空间上，如欧氏空间、汉明空间等，将映射后的样本看作空间上的点，采用合适的损失函数度量特征空间上样本真实值和模型预测值之间的距离。特征空间上两个点的距离越小，模型的预测性能越好。该损失常被用于回归任务的连续值预测。例如在自动驾驶任务中，神经网络通过整合各种摄像头感知器所获得的道路状况数据，衡量当前的方向盘角度与最优的方向盘角度的误差，并加以修正。由于方向盘的角度是一个连续的变量，无法通过输出离散的变量作为分类任务来修正，因此，基于距离度量的损失函数通过统一空间映射，去获取对应距离作为衡量标注，并通过相应优化算法加以修改。

$$L=\frac{1}{n}\sum_{i=1}^{N}\left[Y_i-f(x_i)\right]^2 \tag{2-2}$$

在此类回归问题中，均方误差损失函数便是常见的损失函数［式（2-3）］。它被用于度量样本点到回归曲线的距离，通过最小化平方损失使样本点可以更好地拟合回归曲线。均方误差损失函数（MSE）的值越小，表示预测模型描述的样本数据具有越好的精确度。由于无参数、计算成本低和具有明确物理意义等优点，MSE已成为一种优秀的距离度量方法。尤其是在回归问题中，MSE常被作为模型的经验损失或算法的性能指标。

$$L_1=\sqrt{\frac{1}{n}\sum_{i=1}^{N}\left[Y_i-f(x_i)\right]^2} \tag{2-3}$$

L_1损失又被称为欧氏距离，是一种常用的距离度量方法，通常用于度量数据点之间的相似度。其公式构成与MSE相似，但由于L_1损失具有凸性和可微性，且在独立、同分布的高斯噪声情况下，它能提供最大似然估计，使得它成为回归问题、模式识别、图像处理中最常使用的损失函数。但L_1损失无法很好地处理离群点。当这些离群点占据损失函数的主要组成部分时，L_1损失将被这些值主导，而数值过大。

L_2损失又称为曼哈顿距离，表示残差的绝对值之和［式（2-4）］。与L_1损失不同的是，L_2损失函数对离群点有很好的鲁棒性，但它在残差为零处却不可导。另一个缺点是更新的梯度始终相同，也就是说，即使很小的损失值，梯度也很大，这样不利于模型的收敛。针对它的收敛问题，一般的解决办法是在优化算法中使用变化的学习率，在损失接近最小值时降低学习率。

$$L_2=\frac{1}{n}\sum_{i=1}^{N}\left|Y_i-f(x_i)\right| \tag{2-4}$$

除了上述基础的基于距离度量的损失函数外，后续还发展了许多其他的损失函数用于更好地处理模型训练中的案例，并且进一步平滑模型训练，这里不一一列举。

基于概率分布度量的损失函数是将样本间的相似性转化为随机事件出现的可能性，即通过度量样本的真实分布与它估计的分布之间的距离，判断两者的相似度，一般用于涉及概率分布或预测类别出现的概率的应用问题中，在分类问题中尤为常用。

其中最为常见的便是交叉熵损失函数［式（2-5）］。交叉熵是信息论中的一个基本概念，其最初被用于估算平均编码长度。而在引入机器学习之后，交叉熵损失函数被用于评估当前训练得到的概率分布与真实分布的差异情况。例如在常见的人脸识别神经网络训练中，神经网络被用于训练以区分训练数据集中的一万个身份，以精准定位到目标身份，而排除相似身份的干扰。在此类训练中，神经网络会输出固定维度的身份特征，并通过全连接层将身份特征维度映射到一万个身份的分布，以预测该身份特征在一万个身份中的所属身份。在测试的时候，最高概率分布对应的身份即为推测的身份。因此在模型训练过程中，交叉熵损失函数利用身份标签作为真实概率分布与模型输出的概率分布计算交叉熵信息，获得模型当前的训练状态。由于交叉熵损失函数刻画了实际输出概率与期望输出概率之间的相似度，也就是交叉熵的值越小，两个概率分布就越接近，因此通过这种衡量方式能有效反映此类分类问题的训练分布。目前，交叉熵损失函数是卷积神经网络中最常使用的分类损失函数，它可以有效避免梯度消散。在二分类情况下也称为对数损失函数。

$$L=-\frac{1}{n}\sum_{i=1}^{N}Y_i\ln f(x_i) \tag{2-5}$$

此外，研究者在使用交叉熵损失函数之前，往往会对输出的概率分布进行Softmax处理，将每个输入概率分布输出到每个元素取值范围都是（0，1）的概率分布，即输出每个类别的预测概率。由于Softmax损失函数具有类间可分性，因此被广泛用于分类、分割、人脸识别、图像自动标注和人脸验证等问题中，其特点是类间距离的优化效果非常好，但类内距离的优化效果比较差。在多分类和图像标注问题中，Softmax损失函数常用于解决特征分离问题。在基于卷积神经网络的分类问题中，一般使用Softmax损失函数作为损失函数，但是Softmax损失函数学习到的特征不具有足够的区分性，因此它常与对比损失或中心损失组合使用，以增强区分能力。后期也有研究者通过设计足够的Softmax类内间距来达到同样正样本对类内聚集、负样本对类间分散的效果。

除了基本的交叉熵损失函数形式外，为了解决特定问题，研究者还探索了解决正负样本不平衡相关的损失函数，例如Focal Loss。其用于对简单样本和困难样本进行重新加权，降低简单样本的置信度，来使得困难样本的置信度在损失函数的计算中占据主导，使得模型重点关注困难样本的分类。

在神经网络的训练过程中，损失函数所计算的损失值标志着当前模型网络训练的状态。模型应该根据当前的损失值及时调整更新方向，以期待在下一轮训练中得到更低的损失值。而优化算法便是通过改善训练方式使损失函数更好、更快、更稳定地接近最小值。优化算法的功能是为了能够让网络发挥出自己的作用。网络内部的参数是十分重要的，参数必须经过良好的训练，适度拟合训练数据。

② 模型优化。2006年引入的反向传播技术，使得训练深层神经网络成为可能。反向传播技术是先在前向传播中计算输入信号的乘积及其对应的权重，然后将激活函数作用于这些乘积的总和。这种将输入信号转换为输出信号的方式，是一种对复杂非线性函数进行建模的重要手段，并引入了非线性激活函数，使得模型能够学习到几乎任意形式的函数映射。因此研究人员研究出了各种优化策略和算法，用它们来计算和更新网络中的各种权重，使其逼近或达到最优值，

从而让网络在测试时获得良好的结果。目前为止，在神经网络中最被广泛应用的优化算法是梯度下降方法。标准的梯度下降方法包含梯度下降法和批量梯度下降法。这两者在实际使用中存在一定问题，因此产生了随机梯度下降和小批量梯度下降等方法以便更好地更新网络的参数。

在梯度下降法中，主要是根据计算损失值的梯度来衡量当前模型性能的变化。当沿着梯度指定的方向更新模型参数时，会增大损失函数。因此为了最小化损失函数，梯度下降法会沿着梯度的反方向更新网络权重，并通过学习率控制其变化的程度。而梯度下降法主要默认会计算完整个数据集的梯度，而后只进行一次更新。这种方法存在多个问题：一是由于需要计算整个数据集的梯度，在处理大型数据集的时候速度很慢且难以控制，很容易导致内存溢出；二是这种更新方法很容易导致网络收敛到局部最优值，而收敛于局部最优值的网络很可能不够强大，无法很好地提取特征。使用标准形式的批量梯度下降还有一个问题，就是在训练大型数据集时存在冗余的权重更新。为了解决这些问题，研究人员开始使用随机梯度下降方法。

在随机梯度下降法中，模型网络在更新权重的时候对每个样本计算一次损失，而后使用这个损失进行一次权重的更新，每次执行都进行一次更新。因为只计算一个样本的损失，因此计算和更新速度很快。但这种参数的更新方法也存在问题，由于对每个训练样本都进行参数更新，频繁的更新使得权重之间存在很大的方差，损失函数的波动会很大。同时网络很容易因为个别错误的数据走向错误的方向，出现梯度爆炸的现象。为解决参数更新时高方差和收敛过程不稳定的问题，研究人员提出了小批量梯度下降法。

在小批量梯度下降法中，研究人员在实际计算梯度过程中，以一个批次为单位进行更新，每次计算一个批次中所有样本的平均损失后更新参数。由于其更新的稳定性，网络收敛过程变得更加平稳。同时该方法可以结合一些通用的矩阵的优化方法，使计算小批量数据的梯度更加高效，加快网络更新参数的速度。相比于单个样本更新梯度，这种方法还能对训练数据中的标注错误有更强的鲁棒性，对于每个训练批次出现的少量错误，网络参数仍然可以向正确的方向更新。因此小批量梯度下降法逐渐成为神经网络训练中常见的优化流程，并且不再与随机梯度下降法做明显区分。

在进行复杂神经网络训练的时候，采用梯度下降法会面临一些问题。第一点便是很难选择出合适的学习率来指导网络训练。太小的学习率会使得网络收敛过于缓慢，而学习率过大，则会影响收敛，导致损失函数在最小值上波动，甚至出现梯度发散。第二点便是易于陷入多个其他局部最小值。实际上，问题并非源于局部极小值，而是来自鞍点，即一个维度向上倾斜且另一个维度向下倾斜的点。这些鞍点通常被相同误差值的平面所包围，这使得随机梯度下降算法很难脱离出来，因为梯度在所有维度上接近于零。因此，后续研究人员也进一步探索了优化算法，通过引入梯度以外的参考变量来指导网络训练。最为典型的便是对动量的研究。由于随机梯度更新方法中的网络很容易出现振荡，研究者为解决此问题，提出引入动量参量让正确方向上的优化变得稳定，削弱错误方向的梯度对更新产生的不良影响，从而确保网络参数向正确的方向更新，加速网络的收敛。具体的实现方法是将前一轮训练中的向量的分量添加到当前的向量中，这样本次更新会受到上次更新的影响，更新过程变得有记忆性，即使本次更新由于训练数据等产生了一些问题，在前一轮更新的影响下，改变量也会更加平缓。这里的分量就好比经典物理学中的动量，从山上投出一个球，在下落过程中收集动量，小球的速度不断增加。在模型训练初期，损失函数快速下降，通过此前积累的相同方向下降的梯度分量，参数中梯度方向变化不大的分量便可以加速更新，同时减少梯度方向变化较大分量的更新幅度。在模型网络训练中后期，当损失值在局部最小值来回振荡时，也可以通过积累的梯度分量进行振荡，跳出局部极小值，加快收敛。

后续研究人员还探索了包含自适应梯度优化的算法，并且与动量梯度下降算法相结合以减少模型优化难度。当前成熟的网络优化算法有Adam、SGD（随机梯度下降法）、RMSprop等，这些优化算法已经成为人工智能训练的必备工具。

通过引入数据的预处理和增强操作，采用合适的网络结构对数据分布进行建模，并选取合适的损失函数作为优化目标，深度学习得到了迅速的发展。传统机器学习方法主要通过限定一系列的人工规则，这在小批量数据上能取得很好的结果，但不适用于如今充斥着海量数据的时代。而深度学习仅依靠规定优化目标，以及灵活的梯度更新方式，从数据分布本身角度出发，依靠强大且多样的神经元组合方式，去学习数据的分布。它强大的泛化能力和鲁棒性使得深度学习相关的方法全面超越了机器学习的方法，成为当今人工智能研究领域的主流。

2.1.3 人工智能的开发过程

（1）开发生命周期

从前面章节可以看出，人工智能的开发过程和软件开发过程有本质的区别，因此人工智能也有自身的开发生命周期。由于人工智能技术在不断演变，开发生命周期尚无定论，没有哪一种开发生命周期被证明是最优的。

田奇和白小龙在《ModelArts人工智能应用开发指南》中分享了基于华为AI开发平台ModelArts的开发实践，将人工智能应用的开发生命周期，拆解为六个阶段，如图2-4所示，分别是数据准备，算法选择和开发，模型训练，模型评估和调优，应用生成、评估和发布，应用维护。

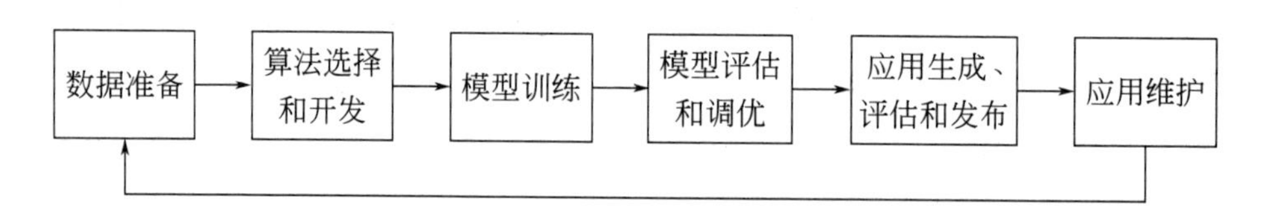

图2-4 人工智能的开发生命周期

如果将整个开发生命周期进行三个方面的细化：引入资产，将过程拆解到流程模块，以及按照交付物流向来构建流程关系，就可以得到如图2-5所示更详细的开发过程。

数据源、算法库、数据集、模型库和应用库等资产在开发生命周期中处于非常重要的位置。在开发过程中，数据源是数据准备阶段的发起点，也一般是人工智能开发过程的发起点。数据准备阶段的产物是数据集，也是后续模型工作的起点。算法库可以看成是一个工具库，包含了各类算法的定义、能力评估

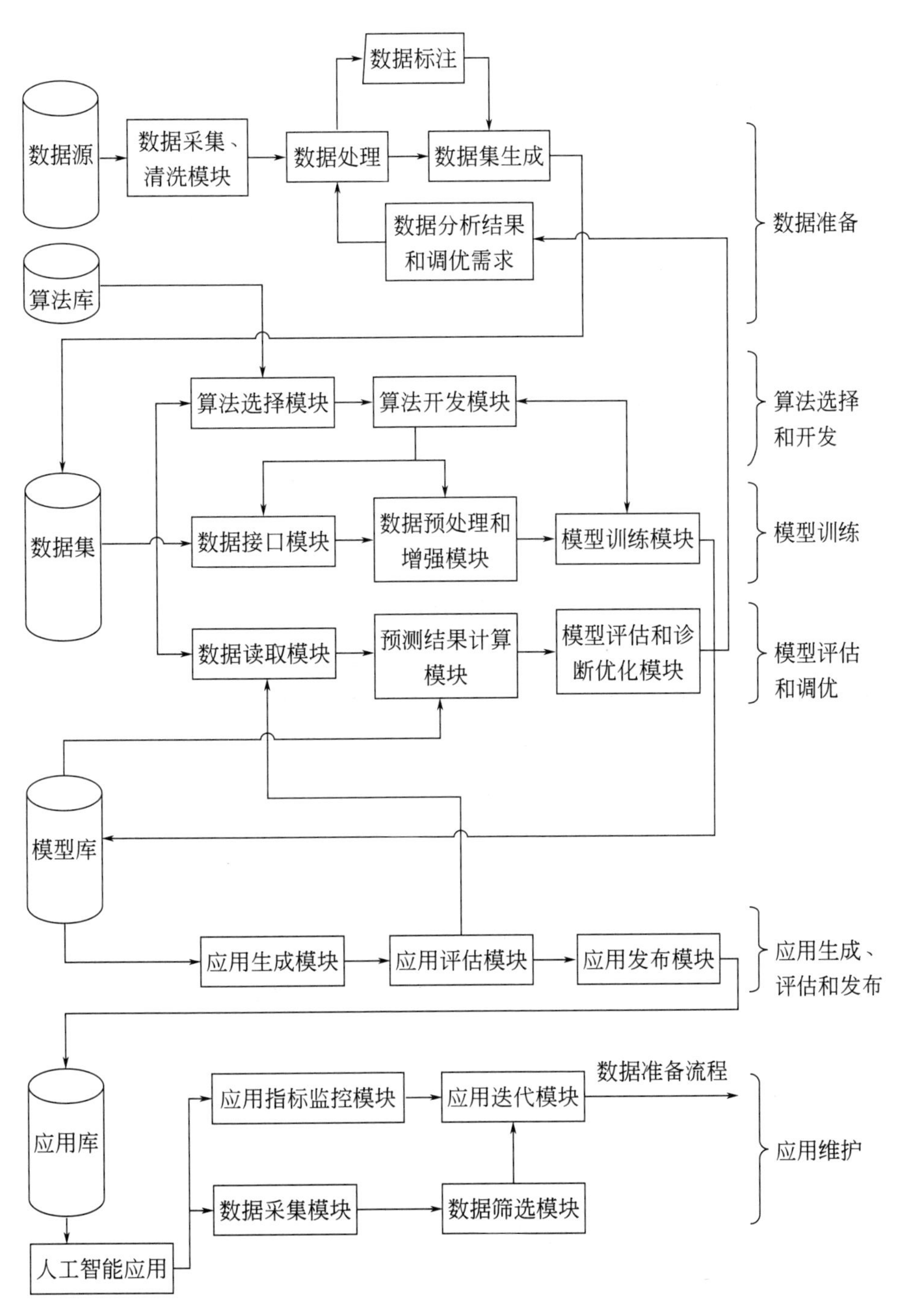

图2-5　人工智能的开发生命周期细化

和应用方法。算法选择和开发阶段使用算法库和数据集，编写算法模型的代码，为训练阶段做准备。模型训练阶段的产物是模型，这些模型被模型库统一管理。模型库中的模型会进入模型评估和调优阶段，进行反复的优化。优化后的模型，进入应用生成、评估和发布阶段，与具备交互能力的软硬件进行集成，集成后的产品进入应用库。应用维护阶段中，应用的运行情况被搜集和反馈，用来优化用户的体验。

人工智能的开发过程，在各个阶段中都有大量的反馈，也决定了活动和活动之间有丰富的依赖关系。理解人工智能的开发生命周期，对进度管理和质量管理都有非常重要的意义。

一个人工智能项目会包含多个人工智能任务，每类任务解决的问题不同，使用的算法也不同。算法库包含算法定义、描述、使用方法、应用条件、性能指标等信息，是项目组的重要资产。而且随着行业技术的进展，还需要维护和更新算法库。表2-1列举了部分任务和算法库。

表2-1 部分任务和算法库

分类依据	列表	细类	具体算法举例
从基础角度分类	分类任务	逻辑回归	
		支持向量机	
		KNN	
		度量学习	
		决策树	随机森林
		概率图模型	朴素贝叶斯
		深度学习方法	
	时序预测任务	ARMA模型	
		概率图模型	HMM
		深度学习方法	Transformer
	聚类任务	低维度聚类	K-Means、LDA
		高维度聚类	
		深度学习聚类	

续表

分类依据	列表	细类	具体算法举例
从基础角度分类	其他任务	回归任务	
		降维任务	PCA
		异常检测	One Class SVM
		个性化推荐	Deep FM
		关联规则分析	Apriori
	强化学习	学习模型	PILCO、I2A
		给定模型	Alpha Zero
		基于价值函数	SARSA
		基于策略梯度	Policy Gradient
从应用角度分类	计算机视觉	图像分类	ResNet
		目标检测	R-CNN
		图像分割	FCN、U-NET
		其他任务	目标跟踪、图像生成等
	自然语言处理	文本分类	Text CNN
		序列标注	BI-LSTM-CRF
		机器翻译	Seq2Seq
		其他任务	文本摘要、语音识别等

（2）算法工程化

除了在之前章节中介绍的机器学习和深度学习概念外，在项目实践中，为了进一步提高人工智能产品的交付效率和智能，机器学习工程化的方法被大量使用。它将机器学习（Machine Learning，ML）的开发与系统运维（Operations，Ops）结合起来，被称为机器学习运维（Machine Learning Operations，MLOps）。MLOps提倡将ML系统构建的关键步骤自动化，为快速可靠地构建、部署和运维人工智能系统提供了一套标准化过程和技术能力。

MLOps正处于快速的发展中，尚无一个完全统一和最优的方法论。在Google的一个白皮书中，定义MLOps的生命周期包含七个阶段，如图2-6所示。

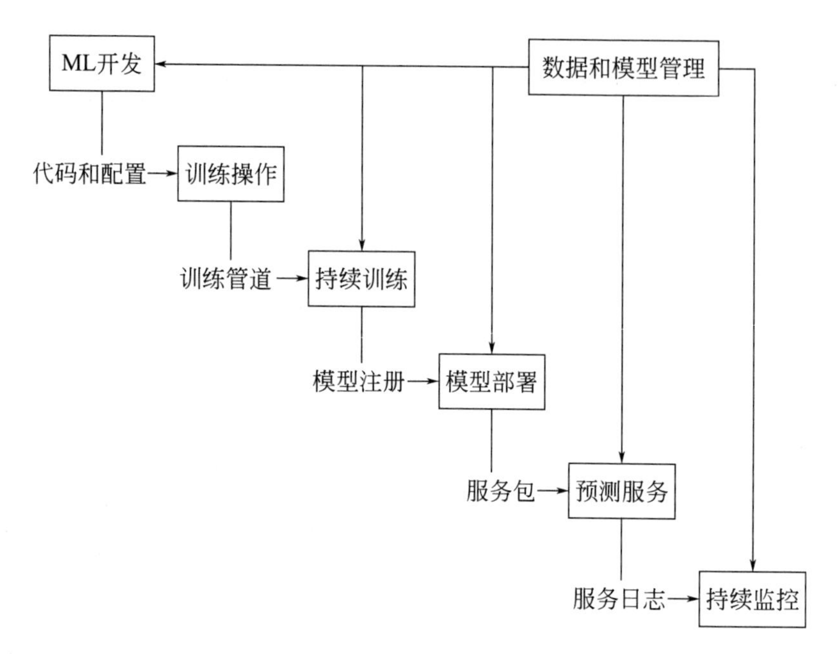

图2-6 机器学习运维的端到端流程

ML开发：涉及实验和开发一个“健壮”且可重复的模型训练过程（训练流程代码），该过程包括从数据准备和转换到模型训练及评估的多个任务。ML开发阶段的核心是实验。当数据科学家和ML研究人员原型化模型架构及训练例程时，他们创建数据集，并使用特征和其他可复用的ML过程，包括数据管理和模型管理。这个过程的主要输出是一个形式化的训练过程，包括数据预处理、模型架构和模型训练设置。

训练操作：涉及打包、测试和部署可重复且可靠的训练流程这一过程自动化。

持续训练：涉及重复执行训练流程以响应新数据或代码更改或按计划执行，可能带有新的训练设置。如果ML系统需要持续训练，则需要一个持续集成和持续交付的过程，以便于在目标执行环境中构建、测试和部署这套流程。

模型部署：涉及将模型打包、测试和部署到服务环境，以进行在线实验和生产服务。

预测服务：指为生产中部署的模型提供推理服务。

持续监控：指的是监控已部署模型的有效性指标、效率指标和效果指标。

数据和模型管理：指管理数据和模型，以支持可审计性、可追溯性和合规性的交叉功能。数据和模型管理还可以促进机器学习资产的共享性、可重用性和可发现性。

2.2　人工智能项目

人工智能项目是团队为了实现有认知能力的产品而开展的临时性工作。随着人工智能逐渐被越来越多的行业所了解和接受，各行业的数字化转型中经常出现人工智能的身影。人工智能的算法科学家和算法工程师、跨领域参与到人工智能项目的其他专业人才越来越多，政府相关部门针对人工智能的数据、成果和过程也给予越来越多的指导、建议和监管，各个产业的参与者都希望通过人工智能的红利在市场上占据有利位置。

一个人工智能项目兴起的标志是，各行各业都在提“AI+”和“+AI”。一般认为，“AI+”的项目是以AI为主导创造的项目，如自动驾驶、语音识别等，而“+AI”则是传统行业利用AI技术的一些优势来辅助和推动行业发展。新智能产品研发项目，是典型的“AI+”项目，而传统产业的数字化转型项目，通常是“+AI”项目。很多情况下，项目既需要推进传统产业的发展，也需要人工智能技术的适配，很难区分谁在前谁在后了。

为了开展人工智能项目，项目经理对自己管理的项目，应当有几个基础的认知：我在做的人工智能项目属于哪一类？项目的特点是什么？哪些是和过去项目所不同的？项目中常见的问题是什么？我们应该如何解决？

2.2.1　人工智能项目的分类

人工智能所包含的内容非常广阔，但是如果聚焦到项目管理的范畴上，将那些对项目管理影响很大的维度抽取出来，就可以按维度来分类项目。表2-2提供了分类的10种维度，可以作为人工智能项目分类的参考。

表2-2 人工智能项目分类维度

序号	分类维度	具体类别	维度敏感的相关方
1	开展项目的主体和甲方	政府机构项目、科研机构项目、央企项目、互联网公司项目、传统产业项目、中小企业项目、个人项目	项目负责人
2	合规	有合规和分级需求项目、无合规和分级需求项目	行业专家
3	社会价值	新智能产品研发项目、公共服务项目、研究型项目、数字化转型项目、公益项目	产品经理 行业专家
4	产业层级	基础层项目（主要指芯片）、技术层项目（技术平台和人工智能框架）和应用层项目（行业解决方案和产品）	产业架构师 算法架构师
5	交付的形态	纯算法项目、包含算法模型的软件项目、软硬件一体项目、平台类项目	产品经理 行业专家 算法架构师
6	算法技术	深度学习项目、传统算法项目、混合算法项目	算法架构师
7	感知	视觉项目、语音项目、自然语言项目、多感知模态项目	产品经理
8	模型的规模	边缘计算模型项目、小模型项目、大模型项目	算法架构师
9	算法特征	监督学习项目、无监督学习项目、强化学习项目、迁移学习项目	算法架构师
10	数据	标注数据项目、非标注数据项目、混合型项目	数据管理负责人

其中第1～5维度是更加宏观的维度，几乎会影响到项目的方方面面，第6～10维度则是偏向技术和实现层面，重点影响到进度、成本和质量等具体的领域。处于不同类别的项目，规划和执行会有很大的不同。在项目启动和规划阶段，应当与对该维度敏感的相关方紧密沟通，整理需求，形成项目的有效需求输入。

本书中介绍的人工智能项目的管理，主要是面向企业自主开展的、以软件为最终主要交付形态的应用级人工智能产品的项目。这一类项目，在市场上是最多的，也是最为活跃的，具备最强的代表性。当然，其他人工智能项目同样可以借鉴本书的方法和技巧。

2.2.2 人工智能项目的共性

人工智能项目管理是项目管理的一个重要分支，在各个产业的数字化转型和赋能中扮演重要的角色。PMI从成立到整理出PMBOK经历了二十多年，人工智能项目管理的实践从摸索到形成体系，也需要一个漫长而发展的过程，现在正处于比较早期的状态。

了解人工智能项目的共性，对优化项目管理会带来帮助。人工智能项目有五类共性，图2-7将人工智能的这些共性串接在一起。

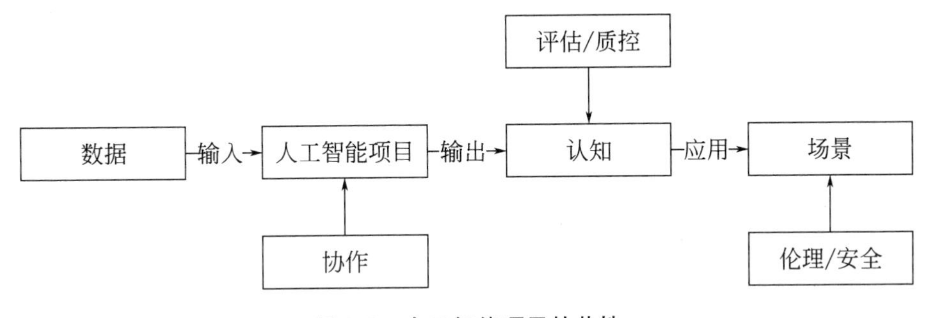

图2-7　人工智能项目的共性

（1）输入是数据

数据作为一种生产资源，数量和质量对于模型最终的效能影响很大。除此之外，组织为了获得数据，需要付出一定的采购费用和加工成本及合规成本。在机器学习和深度学习中，有大量工作是为了应对数据不足而发展出来的。我们可以认为，在人工项目中，数据不足是绝对的。

（2）输出是认知

项目范围中包含的产品，是认知能力，不是硬件，也不是交互的软件，因此需求描述的方法完全与其他项目不同。人工智能项目的需求管理不能通过传统的交互软件需求描述方法来完成，需要一系列的数据、指标和伦理来表达。

认知的生成中，经常需要包含实验环节，这些环节不确定性高，增加了项目管理的难度。

（3）协作是关键

项目相关方的协作需要更加紧密，甚至需要对跨领域知识有一定的了解。人工智能项目中，需求难以用直观的方式来表达，例如，要生产一款能和孩子聊天的机器人，而如何衡量“能和孩子聊天”，很难用有限的需求文档来描述。再加上人工智能模型的结果并不容易解释，使得项目的参与者们的沟通容易出现障碍。很多人工智能项目是产学研结合的项目，如何平衡研究和产品，需要各个相关方更多的协同。

（4）评估是难点，质控不可少

人工智能项目中经常涉及新模型的研究，加上数据的质量很难在一开始就有准确的评估，因此人工智能项目的进度和成本常常不容易准确预估。即便使用敏捷模式，也经常超期和超预算。在迭代中提升质量时，需要新的方法来管控质量。设定合理的指标，管控整个开发生命周期的质量，显得非常重要。

（5）伦理/安全不忽视

软件项目中，很少会单独提及伦理问题。但如果项目交付的是一种认知能力，伦理问题就被提上了议事日程，尤其是在公共服务、医疗健康、智能家居等领域的人工智能，伦理已经成为项目中不可分割的一部分。

汇总在一起，就是输入是数据、输出是认知、协作是关键、质控不可少、伦理不忽视，这就是人工智能项目的共性。因此，本书在后面的章节中，会重点介绍相关方、伦理、进度管理和质量管理等内容。

2.2.3 常见的7类问题

人工智能项目开展的时间不长，各个组织都在“摸石头过河”。在整个项目过程中，经常会出现各类不同的问题，比如模型指标问题、人员紧缺问题、进度缓慢问题等。我们将这些问题按照项目管理视角进行初步分类，将这些问题归入质量、进度、范围、治理、资源、风险和相关方等各分类中。虽然有一些问题跨越了多个领域，但为了简单起见，将它们都归入了单一分类。在本书后续的章节会给出解决这些问题的一些参考观点。

【问题1】为什么算法人员兼任项目经理之后，会出现最终交付产品和预期差别比较大的现象？数据前处理的工作应该是机器学习人员来做，还是应该由专职数据人员来处理？

【简析1】和人相关的问题，都可以归入项目治理的范畴中。项目治理需要理顺职责和协作。如果无法理顺，就像一个人免疫力缺乏，全身各种奇怪的病都会出现，而不仅仅是一些局部的问题。项目治理的方法在第3章3.1节进行介绍。

【问题2】企业和高校合作，但是效果不佳，双方的目标又总是不能协同在一起。

【简析2】这很有可能是相关方沟通问题。人工智能项目中，需要首先识别相关方，然后管理相关方，对于不同的相关方有不同的策略，在第3章中有具体的管理办法。

【问题3】人员流失很严重，大家都抱怨自己干了很多，但是挫败感强。

【简析3】项目经理在没有权限的情况下，如何管理和影响团队，需要软实力、领导力和一些具体的方法，如破冰、目标导向等。这些方法在第3章中介绍。

【问题4】上线到客户环境之后要做一些迭代，但是迭代速度越来越慢，总是有新增加的工作，为什么？

【简析4】在规划范围的时候，上线环节中要做的工作包经常会有遗漏，导致这些类工作到开展的时候才开始弥补，肯定会越来越慢。提前做好完备的范围管理，是解决这类问题的主要办法，在第4章中有涉及。

【问题5】我们公司已经有了项目管理工具，为什么人工智能项目的进展总是不可控?

【简析5】项目管理工具不能替代一种良好的进度管理方法，项目经理也不能把甘特图当作项目进度的全部进行管理，更不能等着每个项目组的成员自觉地执行计划。在第5章中会全面介绍人工智能项目的进度管理的方法。

【问题6】算法的人员创作了一个模型，刚取得效果，又来了一个新项目。只有一个项目的时候，还有时间做技术上的沉淀，现在项目太多了，怎么办?

【简析6】这是一个项目中资源管理的问题。有限的资源如何获得，如何管理，都是非常需要注意的问题；如果使用这些资源的活动并且其他活动又相互依赖，那么问题就会变得更复杂。第5章中的进度管理和资源管理提供了一些方法。

【问题7】项目的模型指标不好定，先“跑”几个模型再说。人工智能模型训练的时间长度，有没有办法进行评估?

【简析7】人工智能项目的指标体系比一般项目更复杂，建立指标体系是质量可控的基础工作。在第6章中，详述了人工智能指标体系建立的过程，可以用来作为参考。

2.3 人工智能产业

如果希望将一个项目做好，视野就不能仅仅聚焦在当前的项目中，整个项目组对人工智能产业有一个全面的了解是有必要的。一来是可以从其他的人工智能产业中获得借鉴，无论是灵感还是经验；二来是有助于了解客户的全方位需求，而不仅仅限于当前的项目。

2016年10月，美国发布了《为人工智能的未来做好准备》的报告。同年，一批美国专家发布了《2016美国机器人发展路线图：从互联网到机器人》，指明了美国人工智能和机器人的发展路线，同时，欧盟、日本等也出台了相应的战略。我国则在2017年发布了《新一代人工智能发展规划》战略，阐述了我国人工智能发展的规划。我国的规划重点是在基础理论、核心算法、关键设备、高端芯片、元器件等领域中取得重大创新。我国的人工智能规划比较强调技术的实用性，和我国当前的发展水平相适应。

理解人工智能的产业可以从两个方面入手：首先是了解人工智能产业中包含哪些不同类型的事情，这也就是人工智能实现的生态问题；其次是了解包含哪些垂直的产业。另外，人工智能产业所面临的伦理问题，也是这个产业的独特面。这些正是下面所要展开的内容。

2.3.1　人工智能生态的层次

我们每天之所以能够在城市里开展工作，是因为我们依赖了城市的大量的基础设施。以居住为例，我们生活需要依赖房屋、小区管理、附近的超市等多个基础板块。房屋板块中又包含了水、电、气、垃圾清运等多种基础服务。而水的基础服务又完全依赖自来水产业中的各个企业提供的服务能力。

做人工智能项目也是一样，项目组利用了各类社会和企业的基础服务，才能以最快、最经济的办法实现人工智能的服务，完全从零开始而做成的项目是不存在的。这些相互依赖的服务放在一起，形成了生态。

在《人工智能：国家人工智能战略行动抓手》一书中，将人工智能生态分成五个层，分别是硬件层、算法选择层、感知层、任务层和认知层，如图2-8所示。

所有的人工智能都首先依赖于最底层的硬件，这包括基础的大数据存储和计算能力、图形处理器（GPU）的发展。在最近几年，全球大数据以每年50%以上的增速不断增加，没有大数据存储和计算能力，人工智能就处于无数据可

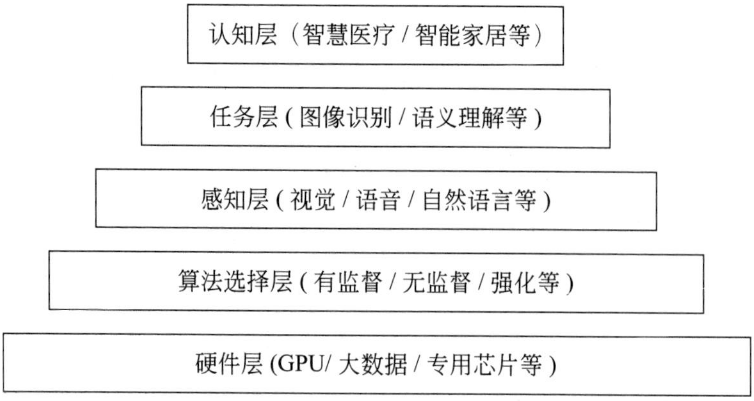

认知层（智慧医疗 / 智能家居等）

任务层 (图像识别 / 语义理解等)

感知层 (视觉 / 语音 / 自然语言等)

算法选择层 (有监督 / 无监督 / 强化等)

硬件层 (GPU/ 大数据 / 专用芯片等)

图 2-8 人工智能生态的层次结构

用的状态。擅长并行计算的GPU，能够在更小的功耗下，提供强大的计算能力，因此成为支持人工智能的硬件基础。底层的硬件通常是采购管理和资产管理的对象，例如，如何选择合适的硬件，是采购还是租赁等。

算法包含有监督学习、无监督学习、强化学习等几大分类。按照是否是深度学习算法，算法层面则包含深度学习算法和浅层学习算法，如决策树、支持向量机等。算法层在项目中对应于技术架构考虑，通常由算法架构师来根据需求和当前算法现状提供建议。在项目规划阶段中，需要重点考虑算法层面，不同的算法选择对于团队人员和数据的需求差异很大。

感知层包括计算机视觉、语音技术、自然语言处理等。可以理解为，人工智能所需要处理的问题大类。感知层面通常在项目章程和范围管理中需要明确阐述。

任务层包括图像识别、图像理解、语义理解、语义识别、情感分析、语音识别等，指的是人工智能的每个模型都要具体解决的一个个问题。任务对应于项目管理中的工作包和活动，在进度管理中处于非常重要的位置。

在最顶层是人工智能项目贡献出来的行业价值，也就是认知层，比如为智慧医疗、智慧金融、自动驾驶等领域提供可落地的服务价值。价值层次和需求直接相关，对整个项目的开发生命周期都产生影响，尤其是在项目的启动和规划阶段。

2.3.2　典型的人工智能项目场景

人工智能不只是一种技术，人工智能也是一个体系，几乎能为所有行业赋能，应用场景非常丰富。我们以自动驾驶、智能家居、智慧医疗、智慧金融、智能制造、无人机为例，介绍人工智能的应用场景。

（1）自动驾驶

自从1885年人类发明了汽车，汽车就在人们生活中开始扮演越来越重要的角色。人们可以驾驶着汽车去往自己想去的地方，而汽车的驾驶也成为人类所需要掌握的非常复杂的技能之一。正是因为驾驶需要人来完成，也给汽车的发展带来了限制。比如，出差在外地，会经常打不到车，因为没有足够的司机；有私家车的人，每天必须把车开回家，车辆停在附近的停车场中，人类城市土地的利用率因为车辆的使用而下降；虽然有交通规则，但开车中人们的沟通还是经常不通畅，“路怒症”就是其典型表现。

而自动驾驶，将做到彻底的人车分离，进一步解放车辆所能带来的生产力。自动驾驶可以应用在众多的场景中，比如物流领域。物流中各种车辆工具的调度，车辆运输环节的核心是安全和成本。借助自动驾驶技术，装卸、运输、收货、仓储等物流工作将逐渐实现无人化和机器化，促使物流领域降本增效，推动物流产业的革新升级。

共享汽车出行，已经在我们的生活中落地，人们也享受到了共享出行带来的便利和成本下降，但在实际中还存在诸多痛点，比如服务质量不均一、定位困难、热门时段无车可叫、司机容易疲劳驾驶、共享出行的安全突出等问题。自动驾驶技术不仅能够解决这些痛点，还能从人找车、人找位，变成车找人、车找位，而且安全性和舒适性都大大提升。

在公共交通领域，车速慢、线路固定、使用专用行驶路线，促使公共交通要更快实现自动驾驶。在公共汽车的自动驾驶场景中，能快速应对各类安全问题，这不仅包括车与车之间的安全问题，还包括车载的乘客的安全问题。同时自动驾驶的公共汽车，可以完成减速避让、紧急停车、障碍物绕行变道、自动按站停靠等。自动驾驶使得整个公共交通的可预测性和服务一致性得到进一步提升。

我们经常会看到清晨的环卫车在繁忙地作业，而这个行业经常会出现成本高、过程乱、质量差的问题。自动驾驶的环卫车能够通过自主识别环境，规划路线并自动清洁，实现全自动、全工况、精细化、高效率的清洁作业，使其行业痛点得以克服。

在各大港口，每年都要完成大量的集装箱和货物吞吐，对卡车司机的需求量很大。自动驾驶技术在港口码头场景的转化应用，可有效解决传统人工驾驶时存在的行驶线路不精准、转弯造成视线盲区、司机疲劳驾驶等问题，节约人工成本。

自动驾驶和零售行业结合在一起，也有无限的想象力，这种结合直接打破线下有形场景与线上无形场景的边界，实现零售业态的全面升级。

可见，自动驾驶场景是一个渗透力非常强的场景，它能和各个垂直领域结合在一起，进一步释放车辆带来的效能。

（2）智能家居

智能家居是指将家中的各种设备，如照明、音响、空调、报警、窗帘等，用专用网络连接起来，通过应用程序，实现智能化的自动或者远程控制，提升家居生活的便利性、舒适性和安全性。智能家居和每个人的生活紧密相关，人工智能的场景也十分丰富。

用智能开关直接替换传统开关，实现对家里的灯光进行各种控制，可以让生活更有品位、节能、方便。智能化的电气控制主要针对传统的电气进行智能控制，比如家用的空调、热水器、饮水机、电视以及电动窗帘等设备进行控制，可以融合灯光系统成为更全的智能家居系统，可以通过手机或者计算机进行远程控制，或者是定时控制。

在家居中，防盗、防火以及防煤气泄漏功能是“刚需”，智能家居可以设置离家报警与在家报警。当设置离家报警时，若风险出现，智能家居系统可以进行本地报警、手机报警；在家报警的情况下，主人是可以在室内活动的，终端设备带有方向识别功能，可以分辨出人体是进还是出，以防止小偷有可乘之机。当家里出现火灾或者煤气泄漏时，人工智能会自动联系主人，并且通过传感器自动将水路、气路和电路的总阀门关闭。

对喜欢音乐的人来说，智能音乐系统可以自动调节音量，将音源输出给多个播放器，且通过遥控器控制播放器切换不同的音源（比如DVD、FM、计算机等）；另外还可实现定时音乐功能，并在不同的生活场景中播放不同的音乐。拥有智能音箱的家庭越来越多，人们会发现，智能音箱实际上成为生活服务机器人的承载者。人们可以通过和智能音箱对话，了解天气预报、听故事、查询信息，甚至能够和智能音箱开展有情感的对话。

各类家用机器人，如扫地机器人、擦窗机器人，能够帮助人完成重复性和有风险的工作，它们完成工作的质量可能比人更出色。

智能电子秤，能够记录人的体重信息。智能马桶，则可以从人的尿液和排泄物中检测人的患病风险。这些健康终端可以让你的私人医生快速发现你的身体健康隐患。

智能家居是一套整体的体系，智能照明、远程控制、安防、音乐、家务、健康、智能语音终端等多种方面的设备，通过物联网进行互联，形成一个整体，提高居家生活的质量和品质。

（3）智慧医疗

医疗和每个人都紧密相关，因为生老病死是每个人都无法逃避的过程。可以说，无论经济好与坏，医疗都是人类的“刚需”。医疗服务质量的好与坏，直接影响到居民的生活指数。但在21世纪，医疗系统面临着很多挑战。人口老龄化、慢性病和代谢性疾病发病率上升、医疗资源不均衡、医疗技术人才缺失、各类公共卫生事件层出不穷，都严重影响人们的健康体验。

智慧医疗按照受众，可以分成三类服务：面向患者的智慧医疗，面向医院的智慧医疗，面向医生的智慧医疗。这些服务合在一起，为解决医疗总体问题提供了新的工具和方法。

我们在居家生活中，会通过智能手表、智能心电仪、智能体重秤、智能血压计、智能马桶等装置来监测我们的健康数据，这些健康数据既是智能家居的一部分，也是智慧医疗的数据输入。这些智能程序可以通过算法给使用者提出建议，也可以将数据汇总到一起，成为真实世界研究的一部分，成为医疗决策所依赖的数据。

最近几年，新冠疫情导致人的流动受限，预约挂号机器人、在线问诊机器人、医疗客服机器人、互联网医院客服机器人等智能化应用，大大缓解了这种压力。大多数疾病患者足不出户，就可以了解自身问题，预约线下就诊。一些内科疾病，甚至能做到线上复诊，患者在家就可以收到药品，进行治疗。

在医院中，信息化建设同样也越来越智能。智慧化的病房，通过传感器和摄像头了解病房内的情况，这些信息立刻和医生工作站、护士工作站同步，能对各种突发情况做到监控，并提升床位利用率。智慧化的手术室中，手术医生和器械护士的需求被快速满足，病人的交接、值班护士的轮换都进一步加快。手术室中，消毒机器人和耗材配送机器人，能够帮助医护人员完成重复性的工作。

医院是一个数据密集的场所，每个患者每天都会产生各种类别的数据。除了存储外，医疗数据管理工作任务繁重，人工智能能够在自然语言处理、影像处理、模式识别上提供帮助，持续提升医疗数据管理的效率，把数据这个“金矿”给建设好。

快捷的医院就医流程，离不开完善的信息化系统。经过多年发展，我国医院信息化建设已经初具规模，住院电子病历基本普及。但病历的录入过程烦琐，错误率高，人工智能技术不仅可以拍照录入，还可以自动纠错，更可以通过自然语言处理技术，将病历进行结构化，以便于快速检索和病历分类。

患者在就医时，患者的基础信息、影像学检查、病理检查、实验室检查都被汇总在一起，由人工智能程序进行判读，程序能在非常短的时间内提供结果，让医生进行复核和签字。人工智能辅助诊断减少了医生的重复性劳动，提升了医疗供给的总量。

医疗影像在被医生看到之前，经过了一个多步骤的重建过程。这个重建过程是将人类无法看懂的信号，经过运算变成可视化的灰度图像。在重建中，人工智能可以采集更少的信号，得到和过去相同的图像质量，还可以降低CT和

PET的辐射剂量。

人工智能已经比较多地应用在辅助诊断上。其中，智能辅助诊断肺部疾病是国内应用最为成熟的领域。在肺结节的识别上，人工智能程序能够有效识别易漏诊结节，且准确率超过90%，还能提供结节位置、大小、密度和性质等信息。人工智能也能筛查肺结核、气胸、肺癌等肺部疾病。智能辅助诊断眼底疾病，目前应用比较广泛的是筛查糖网病，其他的智能辅助诊断还包括脑部疾病、神经系统疾病、心血管疾病等。几乎所有依赖影像进行诊断的病种，都有人工智能辅助诊断的身影。

人工智能影像还能应用在治疗辅助上。目前，放疗是肿瘤病人的主要治疗方式之一，而病变器官的正确定位及精准勾画是放疗的基础和关键技术。因此，在放疗之前首先需要对CT图像上的器官、肿瘤位置进行标注，按照传统方法，一般需要耗费医生3 ～ 5小时。通过应用人工智能技术可大幅提升效率，人工智能勾画靶区的高准确率能够很大程度避免由于靶区勾画的不准确导致的无效治疗。目前，“AI+靶区”勾画已经成功运用在治疗肺癌、乳腺癌、鼻咽癌、肝癌、前列腺癌、食管癌和皮肤癌上。

病理切片的判断往往需要医生具有非常丰富的专业知识和经验，而且容易忽略不易察觉的细节，从而导致诊断的偏差。将人工智能引入病理切片的研究，通过学习病理切片细胞层面的特征，不断完善病理诊断的知识体系，是解决病理读片效率以及诊断准确率的好办法。

手术机器人可以根据医疗影像信息、患者病历信息，帮医生做好手术规划。在手术中，手术机器人为医生提供更多的视野和辅助能力，在一些操作上，手术机器人的操作精度比最好的医生的操作精度还要高，更稳定。上级医院医生还可以通过手术机器人，远程指导基层医院医生，让优质医疗资源能够下沉。

在医生的日常工作中，病历整理、科研数据挖掘、科研队列管理等工作都要占据医生宝贵的时间，人工智能辅助的科研管理、病人管理，则能够把医生从这些工作中解放出来，为医生在临床和科研中提供数据及决策支持。

（4）智慧金融

金融借助人工智能技术将变得更加智慧。人工智能的快速发展，使程序能够在很大程度上模拟人的功能，更个性化地服务客户，对于身处服务价值链高端的金融，将带来深刻影响。在支付、信贷、财富管理、资产管理等几个领域，人工智能率先发挥了威力。

作为与消费者连接最紧密的环节，智慧金融对广大用户的支付需求影响得最早。随着智能技术的进一步成熟，支付将进入“万物皆可支付”的阶段。以人脸识别、声纹识别、虹膜识别等为代表的生物识别支付技术，正在极大地简化支付流程。

针对不同类型的客户，开发适合他们的信贷产品、提升客户体验，是智慧金融的努力方向。从智能获客到智能反欺诈，再到大数据风控，全链条智能化的技术能力将成为新的竞争力。通过智能获客，在获取具有信贷需求的客户基础上，借助智能技术构建强有力的风控体系，准确评估客户信用风险，成为促进信贷健康发展的重要环节。

在贸易融资、供应链金融、企业信用贷款等对公信贷业务方面，智慧金融将起到完善企业信用体系、补充企业经营状况信息和降低放贷难度的作用。

智能技术在投资偏好洞察和投资资产匹配环节能极大降本提效，使财富管理逐渐走出高费率、高门槛，走向中低净值人群，实现高效、低费、覆盖更广泛的目标。互联网多维的行为特征大数据，在人工智能的加持下，可低成本、深刻理解用户投资需求，立体刻画用户特征，包括人生阶段、消费能力、风险偏好等。

资管市场产品多样，结构复杂，资产方面、资金方面具有较多痛点。智能技术将解决跨期资源配置中的信息不对称问题，全面提升资金和资产流通效率。传统尽调方式尚难穿透资产包识别风险，而智慧金融通过反欺诈、大数据风控能力的积累，可穿透到资产，提供详尽实时的资产信息和资产评估。

在投资决策领域，人工智能技术能够赋能资产管理机构。基于文字“自动识别+自然语言”处理技术的智能研报读取工具，能够替代人工进行金融信息的收集与整合，大幅提升投研效率。

智能技术在保险业中的应用不断深化，逐渐涉足核心的产品设计和精算定价领域，真正开启保险业的全面变革。物联网技术的应用和普及，也拓展了保险公司的数据广度和厚度，更多基于用户数据的保险产品创新成为可能。智能技术能精确识别客户风险，基于风险进行个性化定价和动态定价，更好地服务消费者。智能核保基于大规模数据训练，以图像识别技术作为驱动，可智能分类并自动化评估，最终输出定损报告。一键式的自动化操作流程，大大节约了用户的时间和沟通成本。

（5）智能制造

智能制造是人工智能中非常重要的应用领域，在这个领域中，有智能分拣、设备健康管理、基于视觉的表面缺陷检测、基于声纹的产品质量检测等具体场景。

制造业中有许多需要分拣的作业，如果采用人工作业，速度缓慢且成本高，而且需要提供适宜的工作温度环境。如果采用工业机器人进行智能分拣，可以大幅降低成本，提高速度。

在设备的实时监测中，可以利用机器学习技术，在事故发生前进行设备的故障预测，减少非计划性停机。还可以在设备突发故障时，迅速进行故障诊断、定位故障原因并提供相应的解决方案。这些应用在化工、重型设备、五金加工等行业中非常广泛。

使用机器视觉检测表面缺陷在制造业中已经较为常见。机器视觉可以在环境频繁变化的条件下，以毫秒为单位快速识别出产品表面更微小、更复杂的产品缺陷，并进行分类，如检测产品表面是否有污染物、表面损伤、裂缝等。目前已有工业智能企业将深度学习与3D显微镜结合，将缺陷检测精度提高到纳米级。对于检测出的有缺陷的产品，系统可以自动做可修复判定，并规划修复路径及方法，再由设备执行修复动作。

利用声纹识别技术可以在产品检测中发现异音，从而定位不良品，并比对声纹数据库进行故障判断，检测效率及准确性远超传统人工检测。

（6）无人机

无人机是指利用无线电遥控设备和程序控制的不载人飞行器，包括无人直升机、固定翼机、多旋翼飞行器、无人飞艇、无人伞翼机等。

无人机目前主要还是偏重在军用领域，但民用无人机呈现出高速发展的趋势。民用无人机主要分为消费级和专业级两类，消费级无人机可以比较多地使用在拍摄、气氛营造、活动演出中；而专业级无人机的重要应用领域之一是农业，无人机可以很好地完成农药和化肥的喷洒，并快速监控农作物的生长和健康状况。在石油、天然气和输电线路的监控上，无人机也能够替代人工在复杂、危险和偏远的场所出色地完成任务。除此之外，在航空拍摄、航空摄影、地质地貌勘探、森林防火、地震调查、高空巡逻、应急救灾、环境检测等场景中，民用无人机都会发挥很大的作用。

2.3.3 人工智能的伦理问题

要不要让患者参与到一种未完全验证的药物的临床试验中，能否克隆人类的器官为其他人所用，能否修改胎儿的基因来避免遗传问题，这些伦理问题在医学和生命科学领域经常遇到。这些门类的科学本身就和人打交道，伦理问题自然不能回避。

虽然在文学和影视作品中，人工智能的伦理问题很早就被拿出来讨论过，但从第一台计算机于1946年诞生到现在，与计算相关的技术从来没有像医学和生命科学那样面临着诸多的伦理问题。不过随着人工智能的逐步广泛应用，具备一定认知能力的人工智能产品出现在各行各业，这些程序的伦理问题逐渐引发关注。例如，如何评价一个智能对话程序的道德水平？我们可以准确率和召回率来评价一个智能搜索的结果，但是评价一个程序的道德水平，却是完全不同的事情。

人工智能产业化的过程，伦理问题是无法回避的。在具体的操作中，项目所在的组织会提供一些帮助，提供公共的伦理服务。项目组形成伦理意识，对风险管控和项目成果取得高的满意度来说，都是很重要的。如果这些环节都被忽略，项目交付后的风险会增加，甚至使得项目最终的交付成果失去实用价值。伦理问题的分析，已经成为项目不可缺少的工作之一。

David Carmona在《AI重新定义企业：从微软等真实案例中学习》中，探讨了几类人工智能伦理的维度。在图2-9中对这些伦理维度进行了概括。

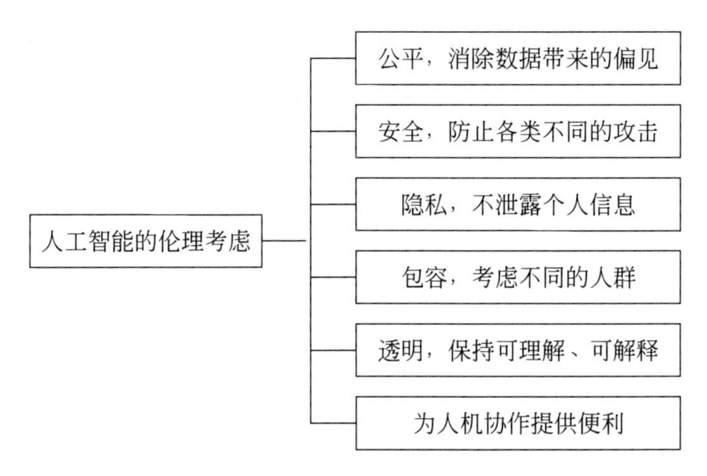

图2-9　人工智能的伦理考虑

（1）公平

人工智能由人类设计并使用来自真实世界的数据进行训练，但是我们并没有一个很好的办法来衡量这些来自真实世界的数据是完全没有问题的。举个例子，我们做一个识别英俊的男性的智能程序，那么输入的数据中什么样的人被标注为“英俊”，最终的智能程序就会学习这种见解。如果在一个贷款申请者的资质评估程序的训练数据中，只包含了已经累积财富的人群，而少了刚刚毕业的社会新人的数据，最终的人工智能模型自然就会带有一种不公平的特性。

在很多时候，偏见是无法被绝对消除的。如果项目要生成一个使用CT判断新冠肺炎的辅助诊断程序，为了赶时间和兼顾实用性，训练数据来自国内的人群，那么这个程序对于国外的患者人群就很有可能带有某种偏见。因为主观或者客观的原因，数据中包含偏见，最终的人工智能就会不公平。

有些时候，一些约定俗成的说法藏有偏见。比如在自然语言处理中，当文字提到医生的时候，多数文章代词是“他”；当提到护士的时候，多数代词是“她”。这样的语料训练出来的模型，在没有上下文的时候，会自然认为医生是男性，护士是女性。

领域专家是最有能力检测和理解数据中包含的偏见性的。比如，医学伦理专家应该参与医疗人工智能的设计过程，而信用专家应该参与信用人工智能的设计过程。也有工具可以帮助检测偏见，如Google的 Model Card Toolkit、

Microsoft的Responsible Innovation Toolkit和Fairlearn、IBM的AI Fairness 360等工具。

Terrence Sejnowski在《深度学习》中举了一个例子。基于淋巴结活检切片的转移性乳腺癌识别，深度学习网络能达到92.5%的准确率，人类专家单独工作能够达到96.6%的准确率，如果人机结合在一起工作，则能达到99.5%的准确率。所以，人机结合在一些场景中也能在一定程度上克服偏见。

（2）安全

人工智能程序的可靠性和效果都与安全相关。人工智能应用的发布首先需要一系列的验证测试。例如，无人机这样的软硬件一体的产品，既要对主要飞行参数进行检测，也要符合行业规范，如无人机强度、刚度和通信干扰规范的要求。自动驾驶汽车在取得里程上的突破时，也不断有事故出现，有人在事故中丧生。确保人工智能产品面对意外和不正确操作的时候均能正常运行，是非常重要的。

为了降低事故成本，很多人工智能产品需要在虚拟环境下进行高仿真的测试。而且在新品上市之后，保持持续的测试也非常重要，因为很多人工智能产品随着环境的变化，模型的性能会发生变化。新冠肺炎的辅助诊断程序就很容易受到时间推移的影响，因为病毒毒株的变异会带来人工智能程序的效能下降。

仅仅2019年一年，全球就有几百个医疗影像系统被攻破，大量患者的个人信息遭到泄露。而人工智能的程序包含真实敏感数据，因此这类程序应当有非常严格的网络安全规范来进行检测。

核心算法大多基于公开算法框架模型构建，如Tensorflow、Caffe、Pytorch等，这些公开算法框架模型可能存在的安全漏洞也是考虑因素之一，主要应对策略是关注框架更新，及时做好补丁。

人工智能程序还成为数据攻击的目标。不少人工智能程序都是边为客户服务，边从客户反馈的数据中学习，例如通过客户与智能音箱的对话获取语料，不断优化模型。恶意客户就有机会来提供有偏见的语料，进而改变智能音箱的“人格”，就形成了数据攻击。

在人工智能项目中，引入安全专家，加强对各类安全规章和规范的遵守，能够降低这些风险。

（3）隐私

2018年，美国脸书公司未经用户许可，使用了5000万人的个人资料，成为21世纪最大的个人隐私滥用的案例。

人工智能需要数据，数据中经常包含隐私。因此数据的搜集过程，很有可能会触犯相关的法律和规定，比如《中华人民共和国个人信息保护法》。这类数据经常包括用户基础信息、交易数据、诊疗数据、信用数据等。数据在存储中出现泄露，也同样是违法行为。

对于隐私的保护，需要人工智能项目在数据处理工作中增加隐私处理任务，并在质控环节中对已经处理的数据进行验证。哪些数据信息需要被匿名化，可以根据各类法律法规来界定。

（4）包容

人工智能正在重新定义整个社会的交互方式，这时就需要兼顾身体有缺陷的人群。就像路上的盲道、地铁扶手上的盲文、轮椅升降梯一样，人工智能程序需要为身体有缺陷人群的使用提供便利。

包容性高的人工智能程序，不仅仅包含无障碍的交互界面，而且要对所有人都开放和可用。人工智能产品服务的人群越多，就越要考虑类似方面的问题。人工智能项目团队需要考虑主场景之外的那些长尾场景，理解更多元化的文化，建立对少数弱势人群的同理心。

（5）透明

在传统的程序中，解释一个程序的结果是相对比较容易的，但人工智能程序则不是这样。在项目中，经常会出现算法模型无法解释，领域专家无法弄清楚异常结果的由来，这不利于模型的诊断和优化。

行业专家作为相关方，应当从自己的角度确认系统是可靠的。项目团队应当承担起让行业专家能够基本理解模型是如何运作的责任。行业专家对各类业务指标都有着职业的敏感性，例如采集过程中，哪些指标更重要，哪些样本应当纳入训练和验证当中，行业专家有更丰富的经验。

随着人工智能在生活中越发普及，由人工智能做出的决策，也需要经得起普通用户的挑战。这也决定了，项目组需要让模型尽可能变得透明，至少需要将可解释的部分表达出来，增进和最终用户的相互了解。

（6）为人机协作提供便利

人工智能程序经常犯下“幸存者偏差”的错误。训练的数据中包含什么，最终的结果中就体现什么。人工智能程序常常只了解事物的一面，而忽略另一面。如果训练的是病人数据，那么人工智能就无法理解什么是健康，因此人工智能还不能给出综合性的健康建议。如果想要人工智能理解健康，则需要人和程序的协作。

项目组在需求中，应当考虑人机协作的需求，让使用者和人工智能都可以方便地参与到决策中，或者至少有能力融合人和程序的决策结果，而不只是输出纯粹由机器得到的结果。

2.4 案例：抗疫场景的人工智能项目

本章已经介绍了人工智能技术、项目和产业，帮助读者了解人工智能生态的各个部分。上海市人工智能行业协会2021年推出了《AI加速键：上海人工智能创新发展探索与实践案例集》，介绍了一批有代表性的人工智能案例。本书节选了其中与新冠肺炎相关的人工智能应用，并做了简化，帮助读者了解人工智能可以从不同角度解决同一个社会问题。

新冠肺炎的流行，给医疗系统和全社会带来压力，对各行业抗疫人员的调动、响应速度、安全都提出了挑战。为了应对新冠肺炎疫情，我国出台了很多政策，从卫生防疫、生活保障、复工复产等多个方面来保障疫情之下的生产和生活秩序。

在这样的背景下，人工智能被广泛引入抗疫前线，大幅度提升人员效率，弥补工作人员不足的问题。在一定程度上能够替代相关人员，减少感染风险。人工智能项目还能减缓疫情对各个行业带来的损害。

2.4.1 新冠肺炎诊断人工智能项目

去医院做过检查的人会了解常见的医疗影像有X光片、CT（Computed Tomography，计算机断层扫描）、MRI（Magnetic Resonance Imaging，核磁共振）和超声等几类。

新冠肺炎和其他肺炎一样，都会在肺部产生病理改变，这些改变可以被医疗影像设备所检测到。2020年2月，国家卫生健康委员会发布了新冠肺炎的诊疗方案，并指出疑似病例可以进一步检查影像学特征，来帮助医生进行诊断。在所涉及的几类影像学检查中，CT是首先被推荐的。CT具有一定的优势，如CT获得的信息比X光片多，检查的时间明显少于MRI。

CT是一种断层扫描技术，通俗地说，就是像切片面包一样，对于人体每间隔若干毫米，就生成一张扫描图片，因此一个患者做一个CT扫描，会获得上百张的影像图片，医生需要在这么多的影像片子中找出可疑病灶，并指出是什么类型的疾病。如果一个医院同时来的新冠肺炎疑似患者很多，医生阅读片子的数量就会很惊人。在大量的阅片工作中，医生的工作效能因为疲劳会出现下降，难以持续保证高的准确性，因而使用人工智能来辅助医生开展诊断，具有很直接的应用价值。

在这样的人工智能项目中，需要医学专家和算法专家的紧密配合，医学专家提供医学知识，算法人员来构建模型。项目要交付的产品是一个软件，当向该软件输入一个患者的医疗影像序列之后，软件会调用算法模型，通过影像上的各种征象，来预测患者的疾病情况。医生只需要在软件的结果上进行确认和少量调整，即可生成最终可打印的报告。在人工智能的辅助下，医生可以具备一分钟出报告的能力。

医生的知识可以通过三个方面对项目产生影响。首先，医学专家会培训算法专家关于新冠肺炎的诊疗过程和指标，让项目团队对需求和业务过程有所了解。其次，医学专家会指导一些专业人员整理一批CT影像数据，在特定的标注工具中，将病灶等信息标注在影像的对应位置，这些数据会成为有监督学习的训练和测试数据。另外，医学专家对诊疗逻辑进行一定程度的概括和抽象，给模型结构和软件设计带来帮助。在这类项目中，医学专家是最关键的相关方。

在这类项目中，会涉及大量的医学数据。因为医学数据存在于医院的信息化系统中，数据的获取、分析和使用，有非常多的挑战，既要符合国家各类法律和医院的相关规定，又要分布合理，标注正确，避免形成算法上的偏见。

2.4.2 抗疫服务机器人项目

在新冠疫情（以下简称“疫情”）防控中，环境消杀是一个重要的环节，不仅包括公共区域、办公区域等，对防范区和管控区也要重点加强消杀。人工消杀中比较多的是用次氯酸消毒剂溶液喷雾。次氯酸消毒剂的主要成分是次氯酸。微生物的细胞膜表面是带有负电荷的，次氯酸是中性小分子，可以穿透细胞膜进入细胞内部，并与其内部的DNA和线粒体发生反应，使其死亡。

在疫情防控任务非常密集的区域，比如医院和火车站，人流量大，消杀任务繁重，而且人工消杀的覆盖度和均匀程度不易检测。消杀机器人的存在避免了很多感染风险，而且能做到配备紫外线照射、等离子空气过滤等多种消杀方式，做到长时间、大面积、无死角的多模式消杀。

机器人也可以用在高值耗材的配送过程中，替代医护人员进行手术和治疗相关的耗材配送，让医护人员聚焦于本职工作，提高手术的效率，减少出错率。在疫情期间，一定程度上能缓解人手空缺问题。

消杀和配送机器人都属于抗疫服务机器人，疫情持续发展为这类机器人项目提供了非常大的发展空间。这类项目的交付内容，是一个能够根据设定路线或者设定任务寻找路线的机器人，并在路线上开展部分工作。

服务机器人项目包含三类核心技术：第一，视觉技术在服务机器人中占据重要的位置，摄像头和雷达可以认为是机器人的眼睛；第二是地图和定位，对于在室内进行配送和消杀的机器人来说，室内定位技术是关键；第三是决策技术，识别特定的场景并做出适当的决策。这类项目中所需的数据集，主要是目标检测数据集、室内定位数据集、仿真数据集等。

服务器机器人项目的质控分为硬件和软件两个部分。硬件指标主要包括运行速度、工作负载、重复精度等指标。在软件和智能化方面，通常是在一定的设定场景下，评测机器人的运行范围、性能表现、交互能力和风险控制。

2.4.3　疫情社区服务机器人项目

在整个疫情防控过程中，各个社区的工作人员发挥了很大的作用，他们的工作除了宣导政策、组织接种疫苗、协调核酸检测外，还花了大量时间进行线下回访和排查工作。传统的社区工作，都是张贴信息或者群发信息来宣导政策，但社区居民经常无法及时看到。社区居民有不清晰的事情想要询问社区的时候，却发现社区的热线电话会经常占线。

社区服务机器人项目正好能解决这种问题。项目会交付一种在线聊天机器人，这种在线聊天机器人可以和居民随时对话，回答居民提出的各类问题，并可以推送被标记为重要的通知信息。这类机器人的上线，极大缓解了社区工作人员的压力，为广大居民及时提供了疫情通知、信息采集、接待咨询、返岗人员调研、核酸检测、愈后回访等服务。

社区服务机器人项目所采用的技术包括情感计算、自然语言处理、深度学习、知识工程、文本处理。项目的相关方包括普通居民、社区工作人员、疫情防控部门、医疗机构、第三方检验机构等。项目中所需的数据，则包括大规模自然语言对话、疫情相关各类官方文档、医疗和健康知识、对话意图识别数据等。

2.4.4　疾控智能分析项目

在疫情防控中，最重要的措施之一是控制区域人员的流动情况。在大型城市，即便是某个区域中，人员在空间中的流动都会产生海量数据。如果能利用这些海量数据分析疫情，就有希望做到精准疫情防控。

疾控智能分析项目正是这样的一类项目。这类项目交付的范围包括辖区内的风险区域预警能力、潜在风险人群预测能力、病源扩散跟踪能力。人工智能可以分析辖区内确诊病例的传播轨迹，圈定高危风险区域，提前识别高风险人群，并绘制疫区人流的扩散热力图。

疾控智能分析项目利用空间大数据和位置智能技术，寻找密切接触人群，预测高危传播区域。项目的相关方主要包括城市决策机构、市政数据提供商、公安部门、疫情防控部门、地理信息提供商等。

2.4.5　复工指数预测项目

疫情对投资、消费、出口冲击明显，短期带来了失业上升和物价上涨。餐饮、旅游、电影、交通运输、教育培训等行业受到的影响更显著，这些企业的日常运营面临着需求订单下降和生产开工不足的状况。

企业耗电量的变化，是企业复工的一个重要参考指标。但是如果只依赖某个时间段的耗电量来预测企业复工情况，会有比较大的误差。人工智能的耗电模型，依据时间序列和深度学习模型，结合企业上下游企业的耗电情况，能取得更准确的预测结果。复工指数可以按照具体的地域网格，也可以按照所处的行业进行细分，对城市决策机构开展疫情精准布控提供了依据。

企业复工指数预测项目所需的数据包括各企业历史耗电情况、复工期间耗电情况、疫情历史数据、企业上下游关系数据、企业基础信息。项目的相关方则包括城市决策机构、电力运营机构、市政管理单位、城市发改委、卫生疫情防控管理机构等。

2.4.6　人工智能在线课堂项目

在疫情中，学校的授课也受到了很大的影响，各地因为疫情而安排学生在家上网课的情况已经越来越多。疫情无意间促进了在线课堂的发展。几乎所有师生，都有了在家通过互联网平台上网课的经验。

互联网平台提供的功能通常包括在线沟通、在线课堂、作业布置和回收、答题卡、签到等功能，能够起到基础的在线教育能力。线上课堂中，学生和教师隔着屏幕，很多隐含信息无法被教师捕获，学生的学习状况只能通过作业来跟踪。教师的经验表明，线上授课一段时间后，学生掌握知识的效果通常会下降。

人工智能在线课堂项目，主要包括交付一套能够以学生为中心的智能化、个性化教育软件平台。这类平台检测每个学生知识掌握的薄弱点，提高学习效率，给孩子指出一条恰当的学习路径。通过孩子在线上课堂提升薄弱知识点，逐步带来成就感和兴趣，从而达到提升学习效率的目的。

这类项目的主要相关方除了学生、专业教师外，还包括教育主管部门。专业教师需要参与个性化学案的制定，并对知识点数据库、题库、学案库的建设提出指导意见。教育主管部门则需要对项目的合规性进行确认。

人工智能在线课堂项目的核心技术主要包括智能题目识别、学生兴趣画像评估、个性化学案。评价指标可以包括识别能力的识别率和识别速度；兴趣画像的完整性、均一性；个性化学案推荐的准确率和召回率等。

Artificial

Intelligence

Project Management

Methods, Techniques and Case Studies

第3章 项目的环境和团队

通过本章的内容，
读者可以学习到：

- 项目经理有哪些资源可利用；
- 项目经理应该以什么心态来开展工作；
- 哪些软技能对项目工作会非常有帮助；
- 跨领域项目工作的原则和方法。

到目前为止，我们已经了解到项目管理的生命周期、知识领域和过程，也学习了人工智能技术、项目和产业。人工智能项目是一类新兴的项目，交付的产品比较抽象，不太容易用直观的语言说清楚，因此与传统的实物和软件交付项目相比，参与人的协作程度对最终的结果影响更大。

本章重点对项目的人、团队和所在的环境进行分析，作为后续项目管理的规划以及进度管理、质量管理的基础。本章包括三部分内容：第一部分重点关注项目开展的环境；第二部分对项目经理这个岗位所需的技能进行分解；第三部分介绍项目管理的十个知识领域之一——相关方管理。需要注意的是，在本书中，项目经理（Project Manager）指的不是一个职业，而是在项目中承担项目目标，负责实际组织和协同工作的那个岗位或者具体的人。

3.1 环境：项目经理的资源

3.1.1 冲突：项目经理的挑战

虽然人工智能技术具有相当的复杂度，但从项目经理的角度来看，人工智能项目的挑战来自需求、指标、伦理等方面。人工智能项目的需求是不容易表达的，比如我们要表达“把一个影像中所有肺结节都找出来”这种能力，不能用一个原型图来表达，也很难用一个用户故事来说明。为了表达这个需求，可能需要结合多种方法，包括原型、用户故事、场景、数据范围、输入影像类型、如何在影像上圈出来、肺结节分型等。

人工智能项目的质量指标也不容易确定，如果要衡量“把一个影像中所有肺结节都找出来”，要涉及测试指标、影像质量问题、覆盖各类肺结节、影像来源问题、影像拍摄参数、影像分布等。为了确定效果指标，通常还要与人进行对比，甚至还要做一些实验，把实验结果作为指标。在进度、质量和成本的评估中，因为模型通常具有一定的不可解释性，当遇到问题时，算法专家、临床专家、项目经理、职能部门之间就产生了冲突，各执己见。2016年，围棋机器人AlphaGo击败人类最优秀的棋手之后，围棋高手们开始不断研究AlphaGo的落子思路，发现这是人类无法走出来的妙手。这些妙手在过去人类上千年的棋谱中从未出现过，如果不是人工智能已经击败了人类的事实确凿，围棋高手们是很难认可这些超越人类大脑的下法。在当前的人工智能中，程序所表现的智能经常只能在局部优于人类专家，无法做到全面碾压，人类专家就很难相信人工智能难以解释的模型输出，这其中还要加上伦理挑战，这在之前的章节中已做过介绍。

为了应对这样的挑战，只能依靠来自不同专业领域的人才的协作。将协作问题做一些细分，项目经理可以思考这三个问题：哪里可以找到不同领域的顶尖人才？协作是否有分工？遇到协作冲突时，如何解决？

除了项目团队专职人员外，可利用的人才通常被组织在各类委员会中。人员分工的智慧，一部分凝结在项目管理部（Project Management Office，PMO）的流程文档、模板和工具中，一部分是在各种流程制度中，还有一些则是存在于有经验的过来人的头脑当中。遇到冲突如何解决，则是项目治理要考虑的重点问题。这些所有问题的解决办法，都在项目组之外，也就是要在环境中找寻。

如果说项目是一株能够生长的植物，那么这个植物的土壤，就是项目所在的环境。《晏子使楚》中，提出了一个观点“橘生淮南则为橘，橘生淮北则为枳”，意思是，同样的种子在不同的土壤中，结出的果实会完全不同，强调项目外部环境对项目的影响。

项目经理想要应对挑战，提高项目成功率，就要充分了解组织内的环境，趋利避害。在图3-1中给出一个简单的环境模型，项目治理结构是基础，委员会及PMO提供人才及协作流程的支撑。

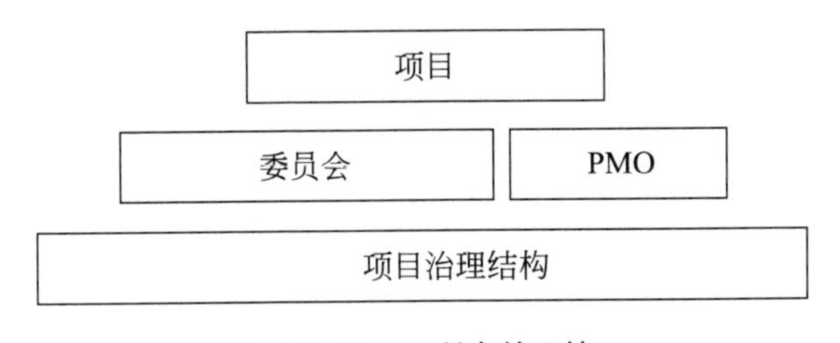

图3-1　项目所在的环境

3.1.2 项目治理：协作和结构

治理（Governance）这个词来源于国家治理，简单地讲是权力如何分配。在组织层面的治理指的是保证股东的权利，并对管理人员进行有效监督。总体来说，治理是一个关于权力分配的事情。

在本书中，项目治理指的是用于指导项目管理活动的权力分配。项目本身就是临时性的组织，所以权力并不集中在某个人手上，而真正有权力的是支持和发起项目的组织。因此，当项目经理寻求解决问题的办法时，常常需要求助于组织的权力。

（1）项目中的协作

项目的各类问题中，最值得重视的是协作问题。

公民在法律面前一律平等，但在组织内因分工不同，人的权力又是不平等的。在组织内，有人负责决策，但不用执行，而有的人却需要执行，但不能决策。上下级之间有分工，平级之间也有分工。

项目的各个角色的分工，在不同类型的项目中各有所不同。制造业的项目中，每个环节都有严格的质控度量，已经形成了完善的交付物的度量，那么在两个角色之间的交接就是一个非常清晰的实物。有很多工作环节是一个人独立开展的，甚至是机械臂在替代人工开展，这种上下游交付物清晰的协作是相对容易管理的。

人工智能项目中，协作情况则不大相同，常见情况有以下三类。第一类情况是缺失责任人。比如算法专家负责训练模型，数据处理人员负责准备和处理数据。数据处理人员把数据处理完后，给算法专家之前，谁来确定数据质量是合格的？工作事项分配给谁的争议，在新型项目中会经常遇到。第二类情况是复用资源的冲突。在人工智能项目中，有一部分资源是稀缺的，比如算力资源、专家资源，你用了他就没有了。还经常会出现，A项目组维护的专家，B项目组要使用，但是并不负责维护。A项目组付出了成本，但是没有回报，久而久之就会为这种共享设置障碍。有时，公共资源服务于过多的项目，导致项目之间的激烈的争抢。第三类情况是需跨领域合作的事项。为了确定一个算法是否能满足项目的需求，经常需要做实验。在实验方案的选择上，是由算法人员单独确定，还是需要客户、行业专家一起参与开展。人工智能项目中，经常需要跨领域方案的讨论，谁参与与否，对方案的最终质量影响很大。

面对这三类情况，项目经理很有可能并无职权来直接指派任务，但是他不能坐视不管。项目经理需要向环境去寻找答案，可以首先向项目负责人或者更高级管理者了解，遇到类似的问题，应当遵循什么样的流程或者惯例来处理。

（2）项目结构

在一个项目的开展过程中，生命周期、关口、开发生命周期，都是最基本的结构。这些结构很像一个建筑工地的脚手架，将整个建筑工程的骨架搭建起来。回顾第1章提到的IPD，IPD是项目管理的底层平台，它规范了很多协作的流程，使得项目经理更加聚焦在项目的个性化的部分。在IPD中，会完善地规定项目所需要遵循的结构。

在一些人工智能项目的实践中，因为各种原因，项目的结构是不完整的。例如，将启动和规划阶段完全合在一起；生命周期的阶段之间没有交付物和评审；没有确定哪些是必需的审查关口；对于人工智能开发生命周期界定模糊；哪些工作会议是必须要开的等。

如果没有组织的支持，项目经理是无法一个人设定项目结构的。所以他需要借助组织的力量，规定哪些过程、行动和文档是必须要有的。

（3）项目治理地图

对于协作和项目结构两大类问题，我们都可以通过如下几个步骤来解决。

第一步，辨明冲突的类型，是协作问题，还是项目结构问题。

第二步，确定项目的相关方中，谁拥有最终决策的权力。

第三步，对于这类冲突，寻找合适的处理流程。这个流程，可能是以文档形式写下的，可能存在于项目管理部的模板中，也可能是一些历史项目的处理惯例。

第四步，记录下最终的处理办法，或者记录下处理的原则。例如，对于非常复杂的任务，谁在这个工作中掌握的信息比较多，谁负责处理；谁做这个事情的投入产出比更高，谁负责处理。但是需要避免：谁能做谁做，谁会做谁做，谁愿意做谁做这样的原则。

将这几个步骤整合在一个表格里，如表3-1项目治理检查表所示。该表遵循“Who-How-What”的顺序，也就是为每个问题指明：谁来决策（Who）、怎么决策（How）和具体解决办法是什么（What）。如果没有这样的表格，项目经理有可能在各类协作冲突中，眉毛胡子一把抓，却不知道组织已经在这类问题上有流程和经验，就像溺水的人无视不断漂过的救生圈，却不断在水中挣扎一样。

表3-1 项目治理检查表

分类	待解决问题	谁来决策（Who）	怎么决策（How）	具体解决办法（What）
项目内分工协作	数据任务			
	模型开发任务			
	质量任务			
	安全/伦理审查任务			
项目间分工协作	资源协作			
	公共资源管理			
项目结构	生命周期			
	审查关口			
	基线审批机制			
	开发生命周期			
	质量保证			
	风险控制			

3.1.3 委员会：哪里找高端人才

遇到冲突的问题，要借助组织和项目的治理结构；而遇到专业的问题，各类委员会应该是项目经理首先需要想到的。在人工智能组织中，有几类委员会是重要的：伦理委员会、安全委员会、业务专业委员会、需求和市场委员会等（图3-2）。它们有可能是一个常设机构，也有可能是一个虚拟机构，根据需要来召集。

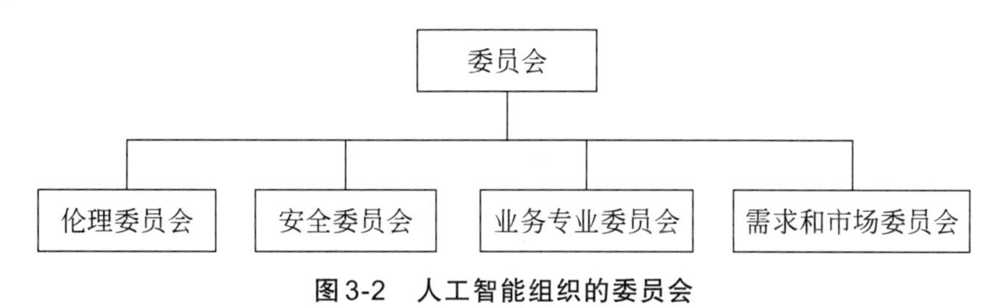

图3-2　人工智能组织的委员会

委员会的作用是为了给众多并行项目提供公共的基础服务，提高尖端人才的使用效率。委员会是一个开放的组织，它可以持续从经验和教训中学习，总结最佳实践，为各个项目提供智力支持。

例如，人工智能项目的伦理要求中包含公平、安全、隐私、包容、透明、人机协作，项目团队可能具备伦理的意识，但是在具体的工作上，会因为精力不足，在需求、数据、交付等环节忽略伦理的考虑，这将给产品部署之后带来风险。伦理委员会则正好使用其专业性，帮助项目团队在理念、行为和质控上关注伦理问题。表3-2中总结了四类委员会的主要职能。

表3-2　人工智能各委员会的职能

委员会	主要职能
伦理委员会	① 委员会包括行业专家、伦理专家和管理层 ② 遵从与伦理相关的法律、法规、行业约定；维护组织可能遇到的伦理问题的实践经验 ③ 在项目的规划阶段对与伦理相关的工作进行评审；在成果交付阶段对与伦理相关的工作进行评估 ④ 对伦理的冲突进行判断，确定伦理工作的方向 ⑤ 对项目需准备的第三方伦理文件提供指导
安全委员会	① 委员会包括行业专家、安全专家和管理层 ② 遵从与安全相关的法律、法规、行业约定；维护安全问题的实践经验 ③ 在项目的规划阶段对与安全相关的工作进行评审；在成果交付阶段对与安全相关的工作进行评估；对安全报告进行审核 ④ 对安全的冲突进行判断，确定与安全相关的工作的方向 ⑤ 对项目需准备的第三方安全文件提供指导

续表

委员会	主要职能
业务专业委员会	① 指导具体业务的工作方向 ② 对业务中待解决的问题提出解决方法建议 ③ 组织储备性的技术研究 ④ 保持业务理解过程中的一致性，推行组织内标准化
需求和市场委员会	① 设立需求和市场评估的流程 ② 对项目立项过程进行评审，以通过项目章程 ③ 对项目主要关口的交付物进行价值评审 ④ 总结已经结束的项目，形成需求和市场的经验

当然除了这几类常规的委员会之外，特定的组织还可能需要其他委员会的支持，比如任何有合规性需求的行业，都很有可能设定相应的委员会，如自动驾驶的评级、药物的注册等。

项目经理需要对委员会进行反向管理，也就是把委员会纳入相关方管理和沟通管理中。委员会是项目组的资源，所以各个项目组都在竞争这个资源，主动做好委员会的常态化管理，可以帮助项目组控制风险。例如，在项目的主要关口，可以主动借助委员会的工作，来把控方向是否有偏差。

3.1.4　项目管理办公室：方法和模板库

项目管理办公室（PMO）是对项目管理过程进行标准化和规范化，并促进资源、方法、工具和技术共享的一个组织结构。如果组织中有PMO，那么PMO就是项目经理可以依赖的资源。项目经理应当仔细了解PMO有什么样的工具和方法可以使用。

PMO的具体职能之一是建立项目管理的环境与制度，建立流程和文档模板，用项目实践来指导项目的实施过程。在CMMI的第4级中，就提到了将项目管理实践体系化的需求。这就要求PMO把过往的项目进行总结并提炼出做项目的方法论，有标准化的文档就可以为所有项目所用。

PMO可以根据提炼出来的标准，对项目管理人员进行培训。不仅仅是知识领域、过程组、流程、文档等，也包括项目管理的各种软技能。培训的主要目标是教会项目经理或者关键成员在当前组织的治理环境下开展工作。这些培训中，需要有案例，能够让参加培训的项目经理们理解。但在人工智能项目管理领域，完整的案例还在不断累积，项目经理们在组织治理下摸索的工夫会更多一些。

PMO可以根据项目生命周期或者开发生命周期提供指导意见。俗话说，旁观者清，PMO可以协助项目经理发现风险，调整工作方法。

在多个人工项目并行的时候，经常会出现项目之间的资源复用、成果相互依赖、使用资源的冲突等。PMO可以作为一个第三方协同这些项目，或者提升稀缺资源利用率；PMO还可以从全局角度汇总项目的进展，形成总体的项目绩效，向公司管理层汇报。

PMO因为了解公司的各个项目，因此对项目管理中的共性问题会有全面了解，比如人才的使用问题、资金利用率、总体质量程度。在多个项目协同的基础上，PMO可以在项目管理的基础上，对组织提出管理改进的建议，将项目管理视野上升到组织高度。

PMO是一个“金矿”，是项目经理可以快速获取已经“加工好”的经验的地方。项目经理可以对组织的PMO类型进行了解和评估，以确定他能够从PMO获得哪些帮助。

在实际工作中，PMO 的职责范围可大可小，有些组织的PMO只提供项目管理支持服务，而有些组织的PMO会直接管理一个或多个项目。在PMBOK中，就提到了几种PMO的分类，如图3-3所示。

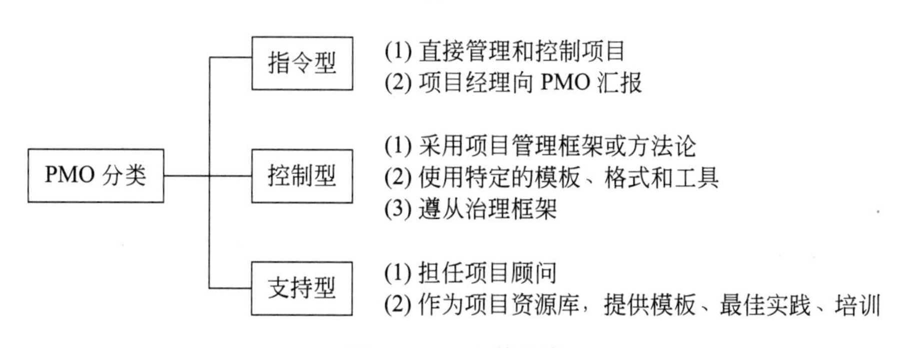

图3-3　PMO的分类

指令型的PMO：项目经理向PMO汇报，而不是向项目负责人汇报；PMO直接管理和控制项目。在关键性的项目上，公司管理层可能兼任PMO的负责人，以加快项目的推进。控制型的PMO：这是最多的一种，这种PMO机构主要确定项目管理框架和方法论，为项目提供模板、格式和工具，并且监督项目运行在治理框架之下。支持型的PMO：这种PMO主要以顾问的形式出现，为项目提供模板、最佳实践和培训，但没有监督的权力。

3.2 核心人物：项目经理

了解了项目经理的环境和可利用的资源，在这节我们将重点放在项目经理这个岗位本身。项目经理是组织中对项目实行质量、安全、进度、成本管理并全面提高管理水平的管理岗位。

这里需要区别项目经理和项目负责人。项目经理负责项目全生命周期的工作开展，而项目负责人通常代表甲方或者股东的权益；项目经理不具备直接决定项目启动或者结束的权利，这些权利通常属于项目负责人。在由组织内发起的交付一个产品的项目，项目负责人通常是组织的管理层；如果是承包合同项目，那么项目负责人是甲方。在一些比较小或者研究型的项目中，项目经理和项目负责人可能是同一个人。

3.2.1 定位：赋能者

项目经理，通常做不到大手一挥，指挥团队去工作；也不能跳进去，事必躬亲。项目经理既需要通过沟通、管理工具和流程来推进团队，又服务于团队。

（1）赋能者

项目经理是一个管理岗位，但是和职能部门的经理不同，对项目组的成员可能没有直接的管辖权。这种情况其实很普遍，例如公司负责团建项目的项目经理，很有可能来自人事和行政部门，没有办法直接调动参加团建项目的绝大多数人。奥运会是一个典型的大项目，在2008年北京奥运会中，共有来自204个国家和地区的10078位运动员参加，参加组织工作的志愿者达到74000名，处于项目管理的核心是奥运会执行委员会（简称执委会）。执委会不可能对这么多人都有直接的管辖权，而且还要协同包括涉外、安保、后勤、竞赛、场馆建设、科技攻关、环保、筹资等在内的各项工作。

项目经理需要把自身变成一个“赋能者”，通过人员和资源的整合，获得稀缺资源，借助从PMO获得的各类工具和模板的使用，使得项目团队运作有章法，然后还要做好团队的服务工作。

新项目经理，或者一些业务能力很强的项目经理，会容易跳出“赋能者”的角色，成为团队规划的决定者。这样产生的规划会因为项目经理自身的领域偏见，欠缺全面的考虑；规范化的项目规划可以不用包含PMBOK全部十个知识领域的规划，但依然需要全面考虑和统筹，依照一个人的力量通常难以完成。替代团队做规划，项目经理已经偏离了本职工作；项目经理要做的事情，是让该参与的人参与进来。

项目经理如何做到赋能？答案是身兼多职，扮演以下多种不同的角色，如图3-4所示。

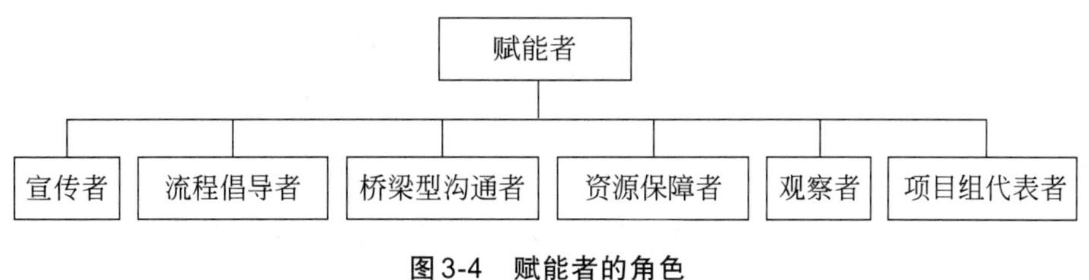

图3-4　赋能者的角色

① 宣传者：宣讲和组织一致的项目愿景，让项目组成员了解他们正在从事的事情的价值；在人工智能项目中，项目经理可以用案例举出项目成果的社会价值。例如，在人脸识别的项目中，项目成果能够让每个人出行减少多少等待时间，减少多少社会冲突；在无人机项目中，无人机可以替代工作人员到比较偏远的地方进行作业，是对从业人员的保护。项目经理可以通过宣讲项目和产品的价值，激励和凝聚项目组成员。

② 流程倡导者：项目经理掌握一定的项目管理知识并灵活运用，向团队成

员宣讲项目工具和流程，让每个人所做的事情变得更简单。项目组当中的多数成员，都没有经过完善的项目管理训练，向他们解释和分发表格，不仅会帮助他们了解流程，掌控自己的工作，还可以促进项目组成员之间的分享。

③ 桥梁型沟通者：项目经理创造沟通机会，让项目内、项目间、组织内外能够顺畅沟通。项目组成员很多是专业人员，对于主动沟通其他岗位，有时会缺少职业习惯。在新项目中，算法专家和行业专家之间的沟通要跨越的专业壁垒很高。这种情况下，项目经理可以通过介绍类似的项目案例文件，来帮助不同的岗位理解对方的诉求。不太明白的术语，可以协助进行翻译和解释。

④ 资源保障者：项目经理为项目的顺利开展争取资源和利益。当项目组成员致力于当前工作的时候，对于未来资源的短缺，不一定能很好地意识到。项目经理则可以了解全局，通过协同沟通，提前准备资源。有很多资源的准备会花费时间很久，甚至有一些资源是非常稀缺的，比如优秀的专家资源、特定规格的数据资源等，这些都值得项目经理未雨绸缪。

⑤ 观察者：项目经理是一个观察者，项目组进度卡壳了，有时会没有很好的方法来解决。项目经理则可以通过项目会议、信息反馈、组织委员会评估等形式来暴露现状，避免问题被隐藏。

⑥ 项目组代表者：项目经理和组织管理者、项目负责人、客户保持密切沟通，向他们反馈项目团队的进展和整体状态。项目经理需要和重要相关方保持联系，将环境的变化反映到项目中来。

项目经理是一个多面手，他无所不在，关心项目的方方面面，并了解每个方面最重要的东西是什么。项目经理是一个“润滑剂”，从更高角度来看待项目中出现的资源、流程、沟通问题，并促进解决。项目经理是一个赋能者，正是因为项目经理的工作，才让整个项目组成员在背景各异的情况下，能够走向一个共同的目标。

（2）项目运作的三个原则

人们常说，在人生的路上选择常常大于努力。在项目当中，更是如此。很多项目一开始就是在时间紧、任务重的情况下开始的，甚至一开始就是“不可能完成的任务”，但是这也符合“项目”这个概念的意义。对于项目，不是做常规意义上的工作，而是要完成一个常规的管理工作无法完成的成果。

因此项目经理需要在资源短缺的情况下，通过项目的运作来达成目标。这种运作中需要遵循三个原则，才能破解这个难题。

第一个原则是创新原则。战争中比比皆是不可能完成的任务。在东汉末年的赤壁之战中，曹操率领号称八十万军队南下，意图统一南方。这个时候，孙权和刘备建立了项目组，目标是在兵力远远低于曹操的情况下，击败对手。在非常不利的情况下，孙刘联军创新性地采用了“苦肉计+火攻”的计策，实现了项目目标。战国时期，秦国地处西方，任用商鞅开始变法，创造了军功制度，解放了生产力。秦国从这个创新开始，走上了大国的道路。人工智能项目通常天然具有创新性，除了产品创新和技术创新外，项目经理可以在研发过程的创新、资源组合的创新上做出贡献。

第二个原则是取舍策略原则。同样以战争为例，项羽放弃了更多的粮草，破釜沉舟，目的是为了获得更高的团队行动能力。这是一个典型的减少资源和质量，来提升进度的案例。元朝末年，各路起义军群雄逐鹿，朱元璋则坚持了“广积粮，高筑墙，缓称王”的策略，降低进度，提高质量，最终取得了最好的效果。在这些战争中，很难说用了什么特别创新的办法，但是取舍决定了最终成败。

在实际的项目中，最终期限、能投入的资金和人员都已经基本上定好了，项目负责人还会要求项目组保质保量完成任务。这个时候，项目经理需要协同项目组成员，在进度、成本、质量等因素之间进行选择。

如图3-5所示，用一个圈圈代表项目所在的状态。如果追求高质量，那么进度会下降（*A*点）。在总成本不变的情况下，如果降低质量，那么进度得到提高（*B*点）。如果想要在质量不变的情况下，提高进度，总体成本需要一定程度上的提高（*C*点）。

应对取舍之前，首先是做好“数学”。项目经理需要认真计算在各种条件下合理的工期、资源投入是多少。如果做的工作很扎实，有理有据，将是很好的沟通基础。“数学”做好之后做“语文”，项目经理和各相关方沟通，为项目争取更多的运作空间。

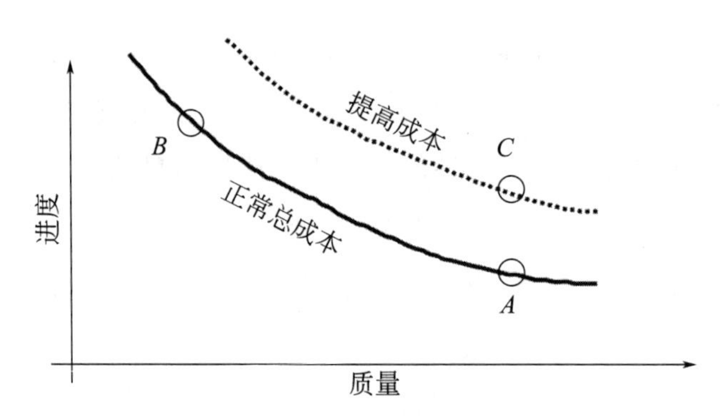

图3-5 进度、质量、成本的平衡

第三个原则是终局思维原则。一场战役的准备阶段，组织工作必然是根据预测的战役开始时间来进行倒推，根据战场的情况来决定要准备的内容。所谓终局思维，就是用明天一定会发生的事，决定马上做什么，然后有行动，有战略，提高效率，出手的时间要快。在项目管理中，项目经理会根据关口和项目交付的需要来倒推，组织项目组开展规划和实施的各项工作。

（3）兼职还是全职

在新的领域，不少人没有受过完整的项目管理培训，就担任了项目经理的角色。担任项目经理岗位的人，可能是研发工程师、测试经理、产品经理等；而在人工智能项目上，有时候还会让算法专家兼职项目经理。管理者会认为，算法专家会比较了解整个价值，而且算法专家所处理的是技术含量最高的部分，因此会有算法专家担任项目经理的想法。华为的IPD就明确反对了技术至上的思路，需要坚持市场和需求第一，这让华为从一个技术公司变成一家有长期价值的公司。

这样的兼职安排，对于小型软件项目来说，风险还可以控制，但在人工智能项目中，弊端是显而易见的。人工智能项目所需的协同非常复杂，随着项目规模的扩大，不确定的事情越来越多。例如，可能昨天还可以用其他项目组名下的服务器资源，今天就被其他项目组给分配走了。又或者，外部支持的专家下周突然无法到岗。由专业人员兼职的项目经理，通常没有足够的时间去做规划和协调，而协调的缺失，让整个项目的一些环节会处于瘫痪的状态。在规模复杂和沟通密集的项目中，项目经理既负责管理项目，又负责处理具体的技术问题，这个项目从一开始就注定要走向失败。

项目经理是一个赋能者，要持续思考创新、策略选择和终局思维的岗位，本身就充满了挑战。因此，建议在人工智能的项目中，项目经理应当是全职经理。

3.2.2　技能：三种武器

人工智能项目，不仅包含所应用的领域知识，还会涉及算法科学、软件工程、人机交互、数据处理、商业产品等知识。管理这样的项目，对项目经理的要求也会更高。项目经理应掌握的知识至少有三类。

为了能够赋能整个项目组，项目经理首先要掌握整个项目业务的价值。项目经理能够向各个相关方阐述项目的价值，能够确定哪些交付是更重要的，能够表述哪些价值满足客户的什么需求。这些方向性的知识，是项目管理的“北极星”。在华为IPD中，反复强调的市场和需求，就是强调这个“北极星”的价值。一般来说，项目经理可以从赋能、商业价值、社会价值和学术价值等不同角度，来了解人工智能项目的价值。

项目经理的第二种知识，是技术管理能力。项目经理需要了解项目管理的各类工具、方法和过程，作为项目推进过程中的“燃料”；项目经理还需要初步了解项目涉及的各个领域的“方言”，也就是各个领域的概念和术语，包括人工智能算法的概念，垂直应用领域的概念，来自政策、监管的概念等；项目经理需要掌握一定的管理能力，比如时间管理、团队管理、绩效管理等；最后，项目经理还需要掌握一定的信息处理和决策的能力，能够在复杂的限制关系中，形成一个决策的方案。有了项目管理科学、领域术语、基础管理和决策科学这些方面的基础知识，项目推进就会便利得多。

缺少职权的项目经理还需要一项利器，这就是领导力。所谓领导力，是一门艺术，即让他人心甘情愿地去做你认为应该做的事情。领导力是项目推进中的“助燃剂”，它是可以通过学习而不断提升的。一个主动承担责任的项目经理，自身就带有领导力的光环；一个具备丰富项目管理知识的项目经理，也具备了一定的领导力。

项目价值、技术管理能力和领导力，是项目经理的三大技能。在人工智能项目中，一个新项目经理会问，我需要了解人工智能的算法吗？答案是“需要，也不需要”。项目经理需要了解的是人工智能的概念和开发生命周期，最好是通过一个案例来生动地了解。但并不需要知道训练模型的过程中，具体是怎么优化参数的，优化的是哪些参数。

有的项目经理会问，是不是有了项目管理专业人士（Project Management Professional，PMP）认证，就可以做好人工智能项目了？回答是，会有帮助，但还不够。在项目管理实践中，获得PMP或者敏捷项目管理专业人士（PMP-Agile Certified Practitioner，PMP-ACP）认证，对于开展项目是一定有帮助的。认证有助于掌握项目管理领域的知识体系和方法。但是，项目的市场价值、术语、基础管理、决策科学和领导力，这都是在PMP认证中所无法学习到的。在表3-3中，举例说明了三类知识中都包含哪些具体的内容。

表3-3 项目经理应掌握的知识技能

技能分类	包含的具体技能
技术管理能力	了解项目成功的关键因素 了解项目的类型 了解项目所涉及的各类术语 项目管理能力、生命周期管理能力 对于项目进度有良好的控制 从财务角度对项目进行管理 管理项目中的各个要素 能够使用工具和方法，提升协作效率
领导力	和各个相关方有人际交往的能力 有领导者的品质和技能，能够影响各个相关方 能够运用各种权力，对项目进行管控 顺利开展跨文化沟通 使用各种办法，为团队争取资源 以身作则，信守承诺 持续激励团队成员
项目价值	能够向相关方解释必要的商业信息 能够以商业价值最大化的方式执行项目 共享项目的愿景，持续传递

3.2.3　领导力：四种方法

项目管理中，领导力所占的“戏份”不小。在大型项目的组织中，如果只靠职权和制度约束来管理，很容易顾此失彼。人工智能项目中更是如此，项目经理的领导力尤为重要。领导力是一种软性素质，我们将这种软性素质分为四种，分别是基础领导力、识别和整合、影响力和谈判能力。

（1）基础领导力

人工智能项目对于大多数项目经理来说，都是新的。即便开展过人工智能项目的项目经理，下一个项目，可能也面临着不同的场景、数据、相关方和团队成员。怎么快速形成自己的领导力？这是项目经理思考的关于领导力的第一个问题。

1927年3月，年轻的毛泽东经过1个月的考察，走访了湘潭、湘山、衡山、临澧和长沙五个地方，写出了《湖南农民运动考察报告》，提出了解决中国民主革命的中心问题，也就是农民问题的理论和政策，实践了“只有调查，才有发言权”的精神。毛泽东的领导力，不体现在会议上的争辩，也不体现在政治能力上，首先体现在对事实了解的程度上。

面对复杂的新事物，要想形成基本的领导力，首先要做到的就是尊重事实。对于不熟悉的项目情况，项目经理可以从倾听和整理入手，从如下方面了解即将开始的项目。

① 了解新项目组中已经参加过类似项目的人的经验。

② 了解新项目的市场需求，能够解决的问题，以及最终能够产生的社会价值。

③ 了解行业专家、伦理专家、算法专家等对这个项目关键点的认识，如果可能，更详细地从进度、质量、成本几个角度了解他们的认识。

④ 了解项目负责人对这个项目的期望。

⑤ 将这个项目按照不同的维度进行分类，了解不同分类带来执行中的差别。

⑥ 如果是新项目经理，向PMO或其他项目经理获取模板和流程，也会带来帮助。

⑦ 和各个职能经理交流，了解他们的期望和目标，以及经常遇到的问题。

⑧ 调研同类项目开展的进度、成本、质量结果。

⑨ 根据信息，提出自己在项目上的认识，并进一步向专业人士求证这些看法。

从倾听和记录入手，采集信息，形成项目经理最基本的领导力。

（2）识别和整合

项目组由多个不同的角色组成，每个角色都有自身的诉求，都会发出自己的声音。如果项目经理有很强的信息甄别的能力，就可以识别和整合这些信息，产生影响力。

在冲突当中，项目经理不是辩论赛的组织者和参赛者，因为辩论赛有输赢，而团队内要避免输赢。项目经理像是团建活动的教练员，让组员带着不全的信息，在设定的题目下，进行共创。

经常有这样的例子，算法专家想要数据团队提供一些已经整理好的数据，数据团队希望业务团队告诉他们什么样的数据、多少数据是最终所需要的，而算法专家认为这些数据需求应该是专业领域的人（比如汽车专业领域）告诉数据团队，包括数量、规格和质量需求，但专业领域的人并不知道算法专家需要什么，他们甚至不知道什么叫作数据的规格和质量，因为业务领域的人，很少和这样精确的数据打交道。这样就产生了一个死循环，在实际的项目中并不少见。

为了解决这个冲突，需要先把事情做一下简化。弄清楚当前现状：算法专家需要一定的数据，但是规格和数量不太清楚；数据团队提供数据的处理，但是规格和数量不太清楚；业务领域团队有最原始的数据，但是数据处理后的规格和数量不太清楚。所以核心是数据的规格和数量。

有人说，算法专家应该定义规格和质量，但是实际中，算法专家应该对领域不了解，所以不知道这个领域的数据，哪些规格和哪些质量指标是重要的。比如刚刚做完无人机领域的算法专家进入自动驾驶领域，将会看到完全不同的数据，不太了解也是正常的。

实际情况是，数据的数量和规格，既会受到数据供给的影响，也会受到算法选择的影响。项目经理可以将三个团队的人组织在一起，通过一个具体的数据的例子，比如路面车辆流量数据，来具体沟通各方的理解。实际上，很多时候坐在一起沟通，就解决了问题的大半。有时，项目经理会发现，一个角色不愿意做某事，是因为不善于沟通，或者没有跨团队沟通的习惯，他们的内心是希望把事情整理清楚的。

遇到更广泛的问题，项目经理可以按照以下步骤来开展。

① 先整理和了解项目此阶段的类似项目的常见风险和历史经验教训，以便避免重蹈覆辙。

② 积极主动地深入团队中去，与团队成员基于这些问题进行沟通。

③ 挑选真正对发现问题有用的信息，这些信息包括：大家关注的是什么问题？都有谁在关注？每个人觉得要解决的问题是什么？每个人都有什么信息？每个人都擅长什么？

④ 启动整合沟通，让各个角色坐在一起，识别各个角色是否讨论的是同一个问题。如果是，就促进共识；如果不是，则要讨论清楚大家要产生共识的问题是什么。

⑤ 站在项目的整体利益角度，解决这个问题，形成共识。

在这个过程中，项目经理是一个"赋能者"，展现了领导力。项目经理可以使用各类工具来帮助整理信息，例如思维导图。在运用思维导图时，对一个问题使用"5W2H"的七问分析法，了解What、Why、Who、When、Where、How和How much，形成对问题的认识。然后，对中心词进行发散。例如中心词是"数据"，在中心词的基础上每个人都有很多的发散，比如"规格""数量""质量""获取""处理""使用"。之后，可以确定不同角色关注的是哪些概念，这样让我们更好了解大家讨论的对象是否一致。

在这样的沟通过程中，项目经理不一定是提出解决方案的那个人，但扮演了信息的识别和整合的角色。这个过程进一步诠释了项目经理作为整合者的定位。

（3）影响力

虽然没有足够的职权，但项目经理实际上还是有很多"软"办法可以运用。Robert B. Cialdini在其著作《影响力》中，给出了一系列如何提升影响力的方法。

第一种影响力是相似性。在和外部人员或者重要的相关方打交道的时候，我们可以通过寻找相似性来拉近双方的距离，比如我们都是来自一个学校的，我们都是这个运动的爱好者，我们都参与某个项目，我们在某个时间段都在同一个城市待过等，相似的经历，对沟通中的破冰会带来帮助。

第二种影响力来自权威性。项目经理引用大量的数据和权威的观点，能够推进他人去做不熟悉或者不愿意做的事情。在实施一个新的过程管理时，如果举例某大公司已经做得很好，过程的实施是营收突破的关键环节之一，这样会减轻项目组成员实施该过程时的抵触心理。

第三种影响力是从众的影响力。例如，当某项目流程开始实施之后，项目经理可以向组内通告，这个流程在公司的实施率已经达到了80%，我们才刚刚开始，我们要尽快达标啊！或者在项目组内，统计流程的完成率，这对于后进的小组或个人，会有明显的促进作用。

第四种影响力来自承诺的力量。人在给出承诺之后，通常会想办法不打破，所以让项目组的人立下小目标，对实施会带来帮助。在项目会议上，项目经理可以借助一些契机，比如其他项目组的进展、外部公司的进展，或者来自客户的鼓励，来促进项目组成员设定自己的目标，如承诺高于项目的预定目标。

第五种是来自稀缺资源的影响力。有些时候，可以利用一些稀缺的窗口来促进工作。例如，下半年有评年终大奖的机会，项目经理可以和实施团队的负责人说："过去我们评奖，一般都是技术团队得奖，这次我们里应外合，让客户给你们点赞，内部的团队给你们好评，我们争取把这个奖项留在实施团队，大家看怎么样？我可以帮助你们准备申报材料。"团队一同争取稀缺资源，对团队凝聚力会带来帮助。

第六种是互惠关系带来的影响力。项目组可以和相关方之间形成互惠，从而构建更稳定的关系。项目组可以和委员会的专家，或者和外部的机构之间，形成互惠。例如为外部领域专家提供人工智能进展的培训，帮助专家开展智能化领域的选题工作等。

（4）谈判能力

在项目工作中，有时候也需要用到谈判技巧。比如，两个项目组争抢计算资源，或者两个项目组都不想承担共性工作的时候，需要使用谈判的技巧。

项目经理可以按照三个步骤来谈判，获得对项目组有利的资源和条件。

第一，需要充分搜集与谈判相关的信息。项目经理需要知道谈判对手是谁，是其他项目经理、公司的某个委员会或者是项目负责人。也需要了解对方的利益诉求是什么，谈判的目标就是为了利益重新分配。项目经理需要不断地去倾听，并向对方反馈，来确认对方的利益诉求是什么。

第二，为对方诉求的利益分类。利益一般有三种：第一种是谈判双方共有的利益，比如两个项目组共同维护的专家；第二种是对方特有的利益；第三种是需要零和博弈的利益，如两个项目的总奖金为定额，两个项目经理来分，我多了，你就少了。

第三，制定避免零和博弈的谈判策略。在了解对方的利益需求之后，项目经理可以将自己的差异性的利益提供给对方。举个例子，两个项目组都在维护同一个专家，但是因为沟通不畅，导致两个项目在接送和协作的时间上总是产生冲突，让专家对组织产生不好的印象。这个时候，可以用共同利益的方法来解决，双方各自承担专家的一部分工作，一起将专家这个“蛋糕”做大；或者采用交换利益的方法，让其他项目组来维护专家，本组提供其他项目组需要的资源作为交换。

在组织内的项目间谈判的时候，很少的情况下会落入零和博弈的终局中。因为，身处一个组织，总能找到共同利益、可替换的利益，或者一些创造性的解决办法。

3.2.4 做决策：四步流程

所有的管理者都需要参与到决策中来，项目经理也是如此。项目中，内外部环境不断变化，通常有以下几类场景是需要进行决策的。

① 应对外部和内部环境发生的变化，如竞争条件和市场条件发生了变化。

② 项目管理在当前项目的适配和定制，哪些过程和模板需要被设定，哪些可以舍去。

③ 在制定指标、工作分解等规划阶段，在多种工作方法之中做出选择。

④ 在一个工作的执行中，有不同的执行方案需要选择。

⑤ 在项目实施阶段，进度、质量和成本发生偏差的时候，需要做出调整。

⑥ 在建立风险管理的机制中，需要大量的决策。

⑦ 协作的角色之间发生冲突，这也包括资源不足的情况。

Peter F. Drucker在管理名著《卓有成效的管理者》中，提出了一个决策的框架。我们将这个决策框架做一些提炼，适配到项目管理工作中，得到项目中决策的四个步骤，如图3-6所示。

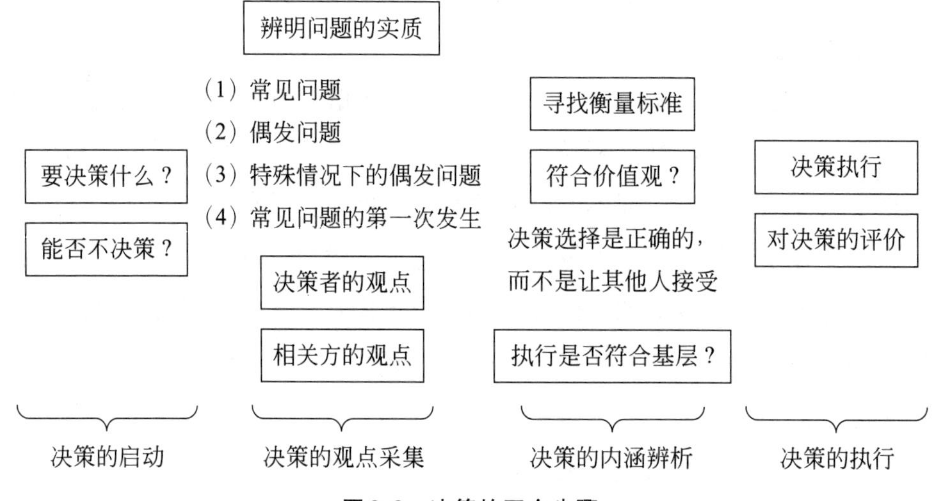

图3-6 决策的四个步骤

第一步，决策的启动。决策启动时，需要确定要决策什么？能否不决策？在项目的执行中，并非遇到每个问题都需要决策。在Scrum的相关章节，我们知道，组织和细胞一样，是自适应的，能够通过自身调整解决一些问题，这样可以节约决策所需的资源。

例如，在项目中需要掌握一个新的数据测试工具，在这个过程中，因为熟练程度不够，为工具提供数据的人和使用工具的人的认识不一样，导致了进度延期。但是这个工具，只用于处理非常特殊的情况，在项目中是一过性地使用。那么这种冲突，就无需处理。但有时候，经过分析，进度一再延期是因为整个团队对产品的理解总是不一致，就很有可能是因为产品工作流程上的缺失，亟须通过决策来改进协作。

第二步，决策的观点采集。在决策的观点采集阶段，需要辨明问题的实质，这类问题是常见问题，还是偶发问题？或者是特殊情况下的偶发问题，还是常见问题的第一次出现，这些问题的回答，有助于项目经理坚定开展后续的决策过程。同时，项目经理还需要问问自己，在需要决策的事情上，自己的观点是什么，相关方的观点是什么。

决策最重要的考量因素是人，因此采集的信息更多是参与者的观点，不仅仅是事实。决策是在观点中进行选择，而并不是搜集完所有事实后进行逻辑推演。

第三步，决策的内涵辨析。在这个阶段中，项目经理和团队需要寻找合适的可量化的衡量标准。只有用指标量化后的决策，才有一定的稳定性和可执行性。亚马逊是一家非常有远见的公司，它的创始人Jeff Bezos为公司的发展设定了一个指标，就是坚持现金流为王，这个决策指导了亚马逊公司二十年的高速增长。没有指标的决策思想不容易传达，决策最终的效果也无法衡量。有了衡量标准后，就可以在采集的观点中进行选择，选择的原则是某个观点在衡量标准上是最优的，而不是要让所有人接受最后的决策结果。

第四步，决策的执行。在这个阶段中，除了按照决策来执行外，还要定期对决策进行评价，以判断决策是否有效，持续对决策进行纠偏。

这里以项目管理中早期推行为例，介绍整个决策过程的应用。在项目流程刚引入的时候，总会因为各种各样的原因，而导致过程无法被执行，文档模板无法被使用。这个时候，要决策的主题是“怎么做流程”。

项目经理提出自己的见解，“每个人都应当拿出时间遵守流程，否则就要处罚”。并搜集整个项目组对于现状的观点，例如各种声音：“我们组现在还承担很多其他的职责”“我们组的新人很多，甚至连业务还不熟悉”“对现在的模板不是很清楚，不知道该怎么填”“我们甚至没有听过项目管理的一个培训，什么是过程都不知道”“我们过去已经运转得很好的，现在反而运转得慢了”……如此等等，一定会听到一些不同的观点。如果再听听管理层的意见，可能得到“在短期内，项目管理是磨刀不误砍柴工的”“可以从其中的部分流程先开始做起”等。如果听到其他相关方的反馈，可能有“每次与我对接的人都发生变化，工作延续性很差”“每次过来问我的都是重复的问题”“你们每次讨论的方向都在变”等。

在听完这些见解后，项目经理的见解可能会发生变化，最终提出“将流程和模板按照重要性，分成几个等级，最高优先级流程模板的使用率先达到80%”这样的决策提议，包含了可行的量化指标建议，也考虑到各团队的观点。如果达成了带有正确内涵的指标，决策就很有可能在项目推进工作中发挥效力。

3.2.5 团队建设：规划与对齐

项目团队建设和职能团队建设有所不同，后者是建设相对同质化的团队，强调专业性，而项目团队建设强调协同和融合。根据赋能者的定位，项目经理是项目团队建设的主要促进者。

看到一个公司的厕所卫生状况，就可以粗略了解公司的管理情况。同样地，了解项目组的各个团队的办公位置，就可以初步了解项目组当前的协作现状。很多时候，项目团队的建设是从办公位置的整合开始的，减少物理上的距离，增加沟通的效率。

和项目一样，团队的建设也有生命周期的概念，这个生命周期分为四个阶段：第一是团队的形成阶段，项目组成员开始相互认识，开始“破冰”；第二是风暴阶段，项目组成员出现焦虑情绪，之间会形成冲突，在这个阶段，项目经理需要直面冲突，解决或者缓解冲突；第三是项目规范阶段，大家逐步形成共识，开始在团队合作中形成一个自我认识；第四是项目执行阶段，项目经理更多起到监控和指导的作用，解决沟通风暴的机会减少。

项目任务是复杂的，人员有进有出，加上迭代的影响，所以四个阶段有时候会反复出现。在项目团队的管理中，有两个事情非常重要，它们是“破冰”和目标一致，做好了整个团队的管理就井井有条。

（1）“破冰”

项目组团队是由不同角色人员组成的，临时组织在一起。因此，每个人通常会优先考虑自身角色的利益，因为他通常还是归属于各个职能团队的。在项目团队建设中，最好的“破冰”的机会，不是专门的团队建设活动，而是大家聚在一起，共同商讨项目各方面的规划。规划中需要汇总大量信息，各个角色自然会就自己了解的信息，参与到讨论中。另外，项目经理可以在规划中准备结构化模板，用来提升沟通的深度，有助于“破冰”。

在很多项目中，虽然有规划阶段，最后也形成了会议纪要，但是大家却没有沟通充分的感觉，之间的认知差异还是很大。这是项目规划中沟通不足所导致的，甚至有些人觉得，规划中争吵得越厉害，就越有效果，这是一种误解。规划中，达成了共识，利益上逐渐一致，才是好的方向。

（2）目标一致

项目中，会经常遇到一些人，只关心自己的工作。比方说，项目组中的某个安全小组，以非常被动的心态来工作，等着其他团队有安全需求时来找他们。在这个情况下，项目经理可以通过目标对齐的方法来进行促进。

创新型组织通常都需要激发工作者的积极性，在这种情况下OKR（目标和关键结果，Objective and Key Results）是一种可行的目标管理工具。OKR源于美国硅谷的公司，Paul R. Niven和Ben Lamorte在《OKR：源于英特尔和谷歌的目标管理利器》中对这种目标管理方法进行了介绍。

图3-7展示了目标和关键结果在整个组织中的位置。组织的使命和愿景处于上层。使命是组织想要解决什么样的问题，愿景是组织最终要成为什么样子，战略则是组织开发核心竞争力、获取竞争优势的一系列综合的行动。目标和关键结果在组织中处于承上启下的关键位置。它上面是使命愿景和战略，下面连接了项目和任务的执行层。“欲穷千里目，更上一层楼”——想要解决项目层级的目标一致问题，往上走一两层，抓住了目标和关键结果，就会很有帮助。

OKR目标管理有如下特点：量化、开放、有挑战性，这些都符合开展人工智能项目的创新型组织。

个人或者团队的OKR必须对他人开放。人工智能项目中核心人员几乎会参与到从数据准备至部署上线的每个环节中去。大家具有开放的目标，会帮助相互的理解和协同。

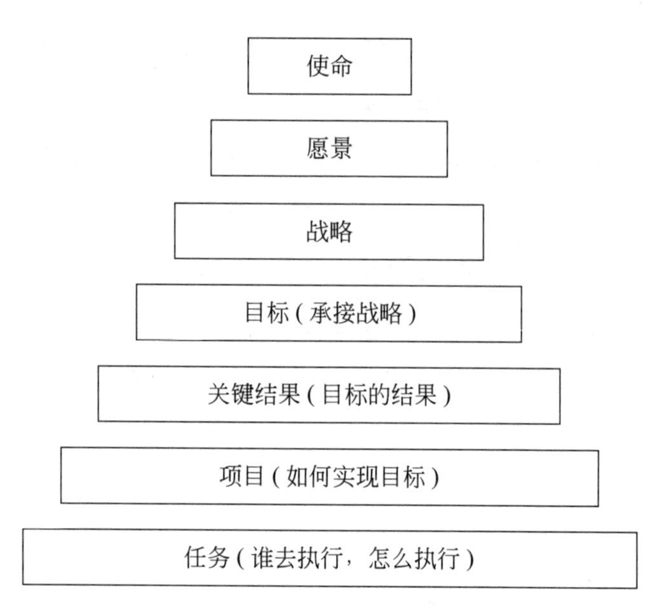

图3-7 目标和关键结果在组织中的位置

OKR的目标要设置得"有野心"，最好一定程度上超出能力范围。一个最后被百分之百完成的OKR几乎没有任何推动作用，而一个尽全力只能达到70%的OKR却近乎完美——它能让你知道这一阶段团队的极限在哪里，才有更多的上升空间。与人工智能相关的项目对好的模型效果和客户的美誉的追求是主要的源动力。设定高一些的目标，有助于激发团队的工作动力。

OKR对于创新型组织而言，比常用的KPI（Key Performance Indicator，关键绩效指标）更合适作为目标管理的体系。如果说KPI像是秒表，重在计量，那么OKR像是指南针，重在共享方向。KPI强调完成指标，目的在于提升生产率；OKR要求的是如何达成一个有挑战性的目标，激励创新。表3-4中总结了OKR和KPI在目标管理上的差异。

OKR在执行过程中，最重要的事情是"对齐"。协作者之间，你中有我，我中有你，目标形成共享。组织的上下级之间，下级除了会分解和承接上级的目标和关键结果外，还可以在上级的基础上进行创新和发扬。对齐了的OKR网络，才能适应人工智能组织的创新生态。可以从表3-5所示的六个方面来考察对齐的情况，帮助所有人的OKR形成关联。

表3-4　OKR与KPI在目标管理上的差异

差异点	KPI	OKR
产生过程	层层分解的战略目标	个人与组织的目标对齐
实质	绩效考核工具	目标管理工具
本质	要我做的事情	我要做的事情
适用对象	被动激励型员工	自我驱动型员工
沟通方式	上下沟通，严格保密	上下左右公开透明
关注点	强制结果，失败与否明确	弹性结果，失败与否并不明确
考核点	必须有指标，与员工绩效强挂钩	可以不含指标，与员工绩效没有直接关系
制定方式	自上而下	自上而下和自下而上
导向性	结果导向	过程导向
反馈机制	月度/季度/年度的固定反馈	短期/长期的目标循环

表3-5　OKR的对齐

检查点	具体内容
战略对齐	检查项目的章程中界定的目标，是否和管理层的目标相一致
团队对齐	检查项目的范围中所描述的交付目标，是否在各个业务负责人的目标中有体现，同时目标是否高于项目额定的交付目标
上下游依赖	确保项目组的各个关键业务的负责人在上下游之间的协作上保持目标的对齐，相互体现对其他角色的协助和支持
基础服务依赖检查	检查依赖的支持部门的目标中是否包含对于自己项目的支持
资源可用性	检查各个业务负责人的目标当中是否有非项目内的目标，这对于预判项目的资源分配，会带来帮助
项目群角度	了解项目群中的其他项目的目标，以了解相互可以共享或者冲突的资源的情况

（3）团队能力矩阵

项目经理可以使用团队能力矩阵来对项目组的能力进行评估，以便了解项目组的能力边界。

Snehanshu Mitra等在*Playbook for Project Management in DS/AI Projects*中提出表3-6所列的评估矩阵，将团队能力按照业务理解、数据、建模、实现、交

付这几个维度来分解，而团队技术能力和问题解决能力是贯穿在所有环节中的，风险管理和质量管理是项目能稳定推进的基础。项目经理可以根据实际情况进行定制和改造，使之成为适合于项目的能力评估矩阵。

表 3-6 人工智能项目团队的能力评估矩阵

<table>
<tr><td>业务理解</td><td>数据</td><td>建模</td><td>实现</td><td>交付</td><td rowspan="10">团队技术能力</td><td rowspan="10">问题解决能力</td></tr>
<tr><td>项目范围、目标、优先级</td><td>数据定义</td><td>新技术调研</td><td>用户验证测试</td><td>成功指标度量
价值开发</td></tr>
<tr><td>相关方、领导力、沟通管理</td><td>数据获取</td><td>模型开发</td><td>持续交付
机器学习运维</td><td>项目汇报
项目反馈</td></tr>
<tr><td>领域理解</td><td>数据预处理</td><td>模型验证和测试</td><td>产品转交开发</td><td>知识管理</td></tr>
<tr><td>业务开发</td><td>数据清理</td><td></td><td>运行态高性能</td><td></td></tr>
<tr><td>沟通</td><td>数据评审</td><td></td><td></td><td></td></tr>
<tr><td>价值开发</td><td>数据准备</td><td></td><td></td><td></td></tr>
<tr><td></td><td>数据分析</td><td></td><td></td><td></td></tr>
<tr><td></td><td>安全性和隐私</td><td></td><td></td><td></td></tr>
<tr></tr>
<tr><td colspan="7">风险管理</td></tr>
<tr><td colspan="7">质量管理</td></tr>
</table>

3.3 相关方管理

我们将受到项目影响的人，影响项目的人，和项目组的成员，合在一起，称为相关方。项目越复杂，相关方的种类就越多，管理的复杂度就更高，沟通也就更难。在人工智能项目中，相关方的管理值得重点考虑，非常依赖项目经理的策略和成员的努力。

相关方管理之所以重要，与项目组需要赢取的资源有关。项目要取得成功，需要得到项目组之外的大力支持，这包括：资源支持、财力支持、人员支持、智力支持、制度支持等，这些支持集中体现在与各个相关方的沟通协作上。另外，应与项目组之外的相关方建设良好的联系，了解相关方对项目的期望，避免项目最后的成果南辕北辙。还有一些相关方，会在项目运行中施加影响，比如供应商、监管方等，因此我们也需要识别和管理这些相关方，以减少项目受到不利影响。在本节中，重点介绍识别相关方、管理相关方以及和相关方沟通的办法。

3.3.1 识别相关方

人工智能项目中，将相关方识别全，是基础性工作。通常可以按照组织内和组织外来分别列举这三类人。

相关方=项目组成员+影响项目的人+被项目影响的人

影响项目的人中，除了项目负责人外，在组织内部包含组织政策支持者、项目流程支持者、财务支持者、人力支持者、行政支持者、采购支持者、专业支持者、产品支持者、项目组内各个职能的汇报领导、本项目依赖的其他项目的负责人；在组织外部至少包括第三方服务支持者、外部政策支持者、外部监管者、外部行业规则制定者、外部专家、数据来源机构、同业竞争者、最终用户、用户所在的机构等。被项目影响的人，在组织中包括依赖本项目的其他项目、和自己项目共享资源的其他项目、负责销售项目成果的团队、用户和客户及其所在机构等。如果完整展开，可以得到表3-7。在具体的项目中，项目经理可以进一步完善这个检查表，然后将人员的基本信息和联系方式也一并记录下来，就形成了一个相关方登记表。

表3-7 相关方登记表

组织内外	类型	相关方	举例
		项目负责人	组织内项目负责人或者甲方项目代表
组织内部	项目组	项目经理	项目经理
		项目组团队负责人	项目组内算法团队负责人 项目组内数据团队负责人 项目组内软件团队负责人
		项目组成员	项目组各成员

续表

组织内外	类型	相关方	举例
		项目负责人	组织内项目负责人或者甲方项目代表
组织内部	影响项目的人	组织政策支持者	组织的管理层
		项目流程支持者	PMO 项目集经理
		财务支持者	财务部门
		人力支持者	人力资源部门
		行政支持者	行政部门
		采购支持者	采购部门
		专业支持者	安全委员会 伦理委员会 专业技术委员会
		产品支持者	产品经理
		职能领导	算法部门负责人 数据部门负责人 软件部门负责人
		上游项目	科研项目
	项目影响的人	下游项目	系统集成项目
		共享资源的项目	其他人工智能项目
		项目成果的销售团队	销售团队
组织外部	影响项目的人	第三方服务提供者	硬件供应商 软件供应商 服务供应商 网络服务供应商
		外部政策支持者	国家相关部委
		外部专家	业务专家 研究者
		外部监管者	国家相关部委
		外部行业规范制定者	行业协会
		数据来源机构	数据来源机构
		同业竞争者	其他人工智能企业
		最终用户	用户
		最终用户所在机构	需求单位
	项目影响的人	最终用户	用户
		最终用户所在机构	需求单位
		同业竞争者	其他人工智能企业

3.3.2 管理相关方

如果要管理各种各样的相关方，就要对这些相关方进行更详细的分类。项目经理可以通过需求、利弊类型和参与度三个维度进行细化。

相关方管理=需求分析×利弊类型分析×参与度分析

第一个维度，项目经理应当首先获取每类相关方的需求。在项目启动和规划阶段，需要获取高层级的方向性的需求，尤其是来自外部的相关方的需求。需求的获取方式多种多样。对于比较容易接触到的，约定时间面谈是最容易获取信息的；而对于其他一些相关方，则需要通过各类开放信息的搜集和间接了解来完成。

例如，在人工智能项目中，外部专家通常是作为研究者而存在的，他们可能会以兼职的形式参与到项目当中。通常他们有这样一些需求：在特定领域中，形成一定的学术突破，发表优质的学术成果；将科研中的成果转化，摸索学术成果转化的规律；完善科研环境，购买科研所需的设备和仪器；在项目中培养人才，逐步形成完善的科研团队；在项目中累积数据，形成长期可用的数据库；同步开展自己其他的研究课题等。专家的需求，在不同的阶段也在发生变化。和专家面对面沟通，会有助于了解外部专家对短期和长期的需求。

而对于行业监管者，需求可以归纳为如下几点：鼓励企业在新领域开展试错，在保证流程、质量和伦理的情况下，形成快速审批；对于人工智能等新业务的风险和质量进行管控，确保质控流程和成果合规；完善监管的法律、法规和流程；探索更高效的创新性的监管过程，提升监管的效率等。在不同的行业领域，根据风险和市场竞争的成熟度，监管的力度是不同的。

对于同业竞争者，其需求通常包括：更快地占据市场，获得更好的市场份额，全面成为行业领导者；占据行业的某个细分领域，比如高端用户市场；跟随着最领先的企业，以比较小的试错成本进入市场，并作为跟随者等。即便对于同一个领域的竞争者，所采用的竞争策略可能是不同的，有领先战略的，有差异化战略的，有跟随战略的。通常可以通过产品和竞争策略来了解同业竞争者。

各类相关方的需求要记录，形成文档，这对项目范围管理和需求管理非常有用。相关方的需求调研越早越好，随着项目的深入还会有多轮迭代。例如，对外部专家的调研，第一次是调研科研方向，第二次是沟通技术方案，第三次是调研具体的产品流程。

相关方管理的第二个维度，是利弊类型分析。相关方数量众多，加上项目组时间有限，不可能在每个相关方上都投入相同的精力。因此需要将相关方进行分类。如表3-8所示，可以将相关方按照态度和影响力做四象限分类。表格的横向是态度维度，包括“正向态度”和“负向态度”，表格的纵向是影响力维度，包括“影响力大”和“影响力小”。这样就得到了四个分类，我们将正向态度、影响力大的称为“有力的支持者”；将正向态度、影响力小的称为“帮助者”；将负向态度、影响力大的称为“危害者”；将负向态度、影响力小的称为“反对者”。

表3-8 相关方利弊类型分析

区别	正向态度	负向态度
影响力大	有力的支持者	危害者
影响力小	帮助者	反对者

对于四类相关方，可以形成如表3-9所示的工作策略。对于具有正向态度的，充分发挥其作用；对于具有负向态度的，想办法减少其负面影响。

表3-9 相关方利弊分析的工作策略

分类	策略
有力的支持者	借助这类相关方的影响力去影响其他人
危害者	要先弄清楚这类相关方反对项目的原因，然后可通过合作共赢，或者消除信息差异来缓解危害
帮助者	策略同有力的支持者，但优先级低，投入时间少
反对者	策略同危害者，但优先级低，投入的时间少

相关方管理的第三个维度，是参与度分析。如果说利弊分析更多关注的是态度和意愿，那么参与度分析关注的是行动。有正向态度的相关方，不一定能付诸行动。我们将参与度分为五个等级：“不知情”“抗拒”“中立”“支持”

和“引领”。在表3-10中，外部专家目前起到“支持”的作用，团队的目标希望他起到“引领”的作用。而团队希望供应商从“抗拒”转变为“支持”。使用参与度分析表，可以用来规划和推动相关方的行动方向。

表3-10　相关方参与度分析表

相关方	不知情	抗拒	中立	支持	引领
外部专家				（目前）	（目标）
供应商		（目前）		（目标）	
其他项目经理					

3.3.3　和相关方的沟通

相关方来自不同地域，具有不同的专业和文化背景，在他们的沟通中需要考虑到这些因素，熟悉这些环节中的工具，有助于项目经理的工作。

（1）使用不同的术语

在相关方的沟通中，项目经理可以根据对方的知识水平、对项目背景的了解情况以及整体格局几个因素来确定用什么样的语言来沟通。

对于项目组内各团队的负责人，因为他们拥有深厚的专业能力，熟悉项目，沟通中可以全面使用术语沟通，效率更高。甲方项目负责人的情况则大不相同，他对项目的总体情况比较了解，但是对专业领域可能不熟悉，通常也不了解过多的细节。因此和项目负责人沟通，更多的是交流项目目标，只使用少量的大家都能听懂的管理术语。组织外的专家在自己擅长的领域能全面使用术语，但对人工智能并不熟悉。在沟通时，需要将跨领域的术语进行化简，用类比的方式来交流，能够达到比较好的交流效果。而对于外部第三方的供应商，像硬件器材的供应商，则可以全面使用专业术语，加上具体的量化指标，进一步提高沟通效率。

在项目经理的对外沟通中，可以邀请项目组中不同专业性的组员一同参加，这样在沟通中能覆盖更多的术语，提高单次沟通的收获，减少后续重复的沟通。

（2）跨文化沟通

人工智能项目需要大量的数据来训练。为了避免偏见，数据来源还要有一定的广泛性。这决定了数据来源可能是多样化的。加上多学科合作，需要多类不同的人才，人工智能项目的跨文化沟通变得越来越常见。

跨文化合作中，最大的障碍不是语言，而是观念。跨文化研究学者Geert Hofstede在*Dimensionalizing Cultures: The Hofstede Model in Context*中，提出了用六个维度衡量文化差异的模型。不同的维度对项目管理的不同方面有显著的影响，该模型可以帮助理解目标文化的特性，从而形成项目组中跨文化沟通的指南，具体维度和解释如表3-11所示。

表3-11 跨文化沟通的维度和解释

文化维度	解释	项目管理受影响的因素
权力距离维度	指某一社会中地位低的人对于权力在社会或组织中不平等分配的接受程度	项目的治理结构
不确定性的规避维度	指一个社会受到不确定的事件和非常规的环境威胁时是否通过正式的渠道来避免及控制不确定性	项目冲突的各种模式
个人主义/集体主义维度	衡量某一社会总体是关注个人的利益还是关注集体的利益	团队建设和凝聚力，项目进度管理，项目质量管理
男性化与女性化维度	某一社会代表男性的品质如竞争性、独断性更多，还是代表女性的品质如谦虚、关爱他人更多，以及对男性和女性职能的界定	项目协作
长期取向与短期取向维度	文化中的成员对延迟其物质、情感、社会需求的满足所能接受的程度	项目总体目标，项目激励
自身放纵与约束维度	社会对人的基本需求与享受生活、享乐欲望的允许程度	项目进度管理

（3）远程沟通

全球协作日益发达，加上互联网的发展，项目中的分布式办公已经成为常态化的模式。有些项目的尖端人才分布于世界各大城市，项目组也可能紧邻数据来源而办公，都会产生远程办公的需求。项目需要配备远程沟通工具、即时聊天工具、远程会议、直播系统、远程白板、远程桌面等。

远程团队如果只参与到方案和文档的交付中，情况会简单一些。如果参与到数据、代码和模型的交付中，则会因为版本化和依赖而变得复杂。这种情况下，分布式的配置管理平台，对于工作是必需的。

在一些项目中，远程沟通有时差，那么就会影响到团队的配置管理的提交策略、进度管理中人力资源的可用性问题、进度管理的活动依赖问题以及人员排班、工作成果交班问题等。

一般来说，远程沟通的效率会明显低于面对面沟通，因此充足的准备，会带来更高的时间利用效率。

① 了解相关方的文化差异、工作语言。

② 了解对方有效的时间窗口和作息时间。

③ 了解或搜集对方对各类问题的立场。

④ 了解或搜集对方对项目的影响力、态度和参与的历史。

⑤ 使用双方都熟悉的沟通工具。

⑥ 确定使用各类术语的策略。

⑦ 提前准备沟通的主题，并提前沟通。

⑧ 在不违反隐私和安全的情况下，对沟通进行记录。

3.4 案例：医疗影像项目中的伦理

伦理是人工智能项目的一个特性，与项目所在的产业领域密切相关。在新冠肺炎的辅助诊断章节（2.4.1节）已经提到过，人工智能医疗影像程序的引入，可以有效解决医生阅片的能力和效率问题，但其中有一些典型的伦理问题尚待讨论。在本节中，以医疗影像人工智能为例，帮助读者进一步深入理解伦理。这部分内容，在刘士远主持编著的《中国医学影像人工智能发展报告》中，有更全面和详细的介绍。

3.4.1 隐私和安全

从存储数据量来说，医疗影像在医疗数据中占据大约90%，是存储空间中最大的模态。比如，患者拍摄一次核磁共振检查，可能多达5～10个序列，每个序列300～500张图片，每张图片重建之后达到200kB。一次产生的数据可能达到300MB～1GB。

医疗影像中包含了多种隐私数据，与传统的隐私数据相比，是非结构化和动态的。同一患者可能有多种数据，如MRI和CT数据，总量巨大，需要在数据发布时高效、可靠地去掉关键的用户隐私的内容，也需要去除掉一些医疗信息，如医院名称等。

影像数据存储一般为云存储平台，这类平台能够做到数据的存储管理者、拥有者和使用者实现分离。虽然云存储有数据安全保护，但是数据仍面临被不可信第三方偷窃或者篡改的风险。医疗数据加密方法是解决该风险的传统有效手段，其中动态加密技术、混合加密技术和国家密码局认定的国产密码算法等，是针对数据存储时防止隐私泄露可以采用的方法。

在医疗影像领域，由于数据存在多样性和动态性等特点，在经过匿名等处理和人工智能的数据挖掘后，低风险的隐私数据可能关联成高风险的隐私数据，使得有可能分析出用户的关键隐私信息。因此，针对数据挖掘的隐私保护技术，需要在尽可能提高数据可用性的前提下，防范利用数据发掘方法引发的隐私泄露。目前的主要技术包括基于数据失真和加密的方法，如数据变量、隐藏、随机扰动等技术。

在医疗影像领域，必须确保最小访问权限原则，保证合适的数据及属性能够在合适的时间和地点，供合适的用户访问和利用。解决数据访问和使用时的隐私泄露问题，现有的技术主要包括区块链、时空融合的角色访问控制等。

这个领域还存在一些伦理争议，包括个人信息和医疗信息的泄露，医疗事故的责任方界定，人工智能相关临床试验中患者的知情权，以及历史医疗数据的使用过程中患者的知情同意，这些都要在医疗实践中逐步摸索和完善。

3.4.2　程序能下诊断吗

医疗人工智能在伦理上面临着责任主体问题：人工智能程序能为最终的诊疗结果负责吗？

在古代，为人们看病的中医医生叫作“郎中”，每个郎中都是个体行医者，每个人开办自己的诊所，都有自己独到的药方。随着西医在20世纪逐渐引入我国，医院里的医生逐步成为行医的主体。《执业医师法》《药品管理法》《医疗机构管理条例》《处方管理办法》等法律形成了基本的治理框架。有执业医师证书，就有了行医资格，从业的执业医师成为诊断、治疗的决策者。

当前的人工智能还是专用人工智能，在某个局部，可能已经超出了多数医师的诊断能力。但当前的共识是，持有医疗执照的医生是最终决策者和审核者。人工智能在医疗影像领域的实际应用中，大体遵循医生作为责任主体及人工智能技术可追溯的原则，人工智能只是作为辅助工具协助医生诊断，并不能代替医生。也就是说，人工智能不能给出最终决策，所有最终结论都需要医生的审核，医生必须对患者负责。让“人工智能医生”来自动驾驶的时代，还尚未到来。

人工智能程序是不是完全不能参与到决策当中呢？目前，一种叫作“分段责任追溯机制”已在建立的过程中。因医疗影像人工智能有其独有的特性，主要体现在产品开发者在产品生命周期内可能因为环境变化或数据增加而迭代其功能，这可能会带来新的风险。因此，在医疗人工智能产品的开发和使用阶段需要分级定责，对两阶段的责任划定均应从产生损害风险防范的基本原则出发，结合具体情况综合判断。

现阶段可追溯性的确立仍在不断探索和完善中，需要配套完善的制度、法律法规和管理规范，将人工智能技术行为和决策全程处于监管之下，对事后故障进行全面的追踪调查，才能够有效监管医疗人工智能应用全过程。

或许在不久的将来，医生的签名下会有某个人工智能辅助程序的机器签名。这和辅助驾驶有异曲同工之处，如果发生了交通事故，司机、自动驾驶的汽车厂商都会成为责任的主体。

3.4.3 人工智能程序的注册

在产品层面，除了数据安全、算法安全以外，软件安全和效能也需要被严格地评估。例如，2019年7月，国家药监局医疗器械技术审评中心正式发布《深度学习辅助决策医疗器械软件审评要点》，从适用范围、审批关注要点、软件更新、相关技术考量、注册申报资料说明5个部分进一步明确了产品审批细节。

其中，针对软件安全，特别是软件更新方面，强调了软件版本命名规则应涵盖算法驱动型和数据驱动型软件更新，并列举了重大软件更新的典型情况。软件还需满足软件类医疗器械网络安全的评估标准和要求。从临床应用角度来说，人工智能产品也需要达到一定效能，以保证应用中的安全性，例如对灵敏性和特异性都做出规定，以减少误诊和漏诊。

在药监局的注册中，医疗人工智能程序是作为医疗器械来注册的。因为医疗人工智能软件或者搭载这类软件的医疗器械硬件，可能会对患者产生潜在的伤害，因此需要做临床试验来验证其安全性和有效性。

依据2004年《医疗器械临床试验规定》中的定义，医疗器械临床试验指的是，获得医疗器械临床试验资格的医疗机构，对申请注册的医疗器械，在正常使用条件下的安全性和有效性，按照规定进行试用和验证的过程。医疗器械临床试验的目的是评价受试产品是否具有预期的安全性和有效性。中国药监部门在2012年和2013年先后发布了《医疗器械临床试验质量管理规范（征求意见稿)》和《医疗器械临床试验审批暂行规定》(征求意见稿）两项法规的征求意见稿，并在2016年正式发布了《医疗临床试验质量管理规范》，这些文件形成了医疗人工智能项目临床验证的治理框架。

从2020年开始，医疗人工智能产品审批出现了大幅度的突破，数十种医疗人工智能影像软件得到了审批，推动医疗人工智能行业进入市场认证阶段。行业的商业化进程也已经提速，新的市场竞争格局已经到来。

3.5 案例：医工结合管理

人工智能项目是跨领域项目，项目团队如果能很清晰地认识到这种复杂性，就有更多的机会找到解决跨领域沟通的办法。在本节中，以医工结合管理为例，探讨跨领域合作中应该注意的问题。

3.5.1 为什么医工结合很复杂

医疗人工智能项目都是一类医工结合的项目。如果项目经理想要了解它的复杂性，可以从三个层面来入手。第一是科学层面，第二是产业层面，第三是产学研结合的层面。

第一个层面，从科学层面来看医工结合。

现在在医院里开展的研究和临床工作，多数是在“循证医学”的原则下指导开展的。“循证医学”是通过所能获得的最好的研究证据来确定患者的治疗措施。循证医学搜集证据，在最佳证据的基础上进行综合，从大量的病例中归纳、分析和统计。循证医学中有很多经验的成分，并不能做到绝对精确。

而各类工程师的工作方式则有所不同，工程师通过数学、逻辑学和物理学来开展工作。每个步骤都有严格的推导，精确是其特征。

而底层逻辑的差异：不精确和精确，是医学和工程的重大差异之一。以诊断过程为例，来看医工思想的差异。我们每个人作为患者去看病的时候，医生会在很短的时间内搜集信息，并做出诊断。这个过程虽然时间很短，但是整个过程却很复杂。诊断学要求，医生只有关注患者的临床状况，同时注重科学思维，才能做出好的诊断。在一次诊断中，医生要不断区分现象和本质、主要和次要、局部和整体、典型和不典型的征象，运用来自病理学、解剖学、生理学等一系列知识，综合性地、交替性地使用推理、类比、归纳、模式识别等各种方法，才能确定关键的信息。而最终的诊断还与人文、社会、心理和经济相关，还要关注到患者体验和感受。在诊断中，医生综合了这么多的因素和思维方法，因此将其使用精确的逻辑学，或者简单的模型进行复现，是不可行的。工程师却很容易将诊断过程简单化，试图用一种简单的分类或者逻辑的语言来描述。

各类医学的权威机构会将知识总结在临床的指南和共识上，通过审议并且发布。医生也会将知识整理在书本中，发布成为医学著作。工程师们会认为这些知识可能成为逻辑化的基础，但这种想法忽略了两个方面的因素。其一，著作、指南和共识，都是一种底线的体现。医生在临床工作中，是在这些底线的基础上，灵活运用自己的知识和实践情况，给出自己的判断。也就是有一部分的知识和判断，并不体现在凝聚知识的出版物上。其二，著作、指南和共识中的知识，通常是不完整的。因为这些文档需要引用各类临床研究的结果，而每个临床研究通常只覆盖一部分符合入组条件的受试者。因此，这些文档中的内容，很难为工程所直接利用，但可以作为引导项目前进的提示。

医工结合看上去是把两个风马牛不相及的领域整合在一起，但事实却并不完全是这样，在一些更底层的学科上，已经产生了很好的交叉。比如生物信息学、生物力学、生物物理和基因组科学与技术等学科已经得到了很大的发展，未来的医学科学将伴随医学与工程技术的结合而向前发展。尤其在医疗器械、医学辅助诊断、医疗机器人等领域中，将不断促进智慧医疗的发展。

第二个层面，是产业层面带来的合作复杂性。

在产业层面，医工结合成为研发我国自主知识产权的智慧医疗产品的重要通路，也成为《中国制造2025》的迫切任务。全世界范围内，对医工结合的探索已经有几十年的历史，从20世纪70年代开始，世界顶尖的高校纷纷投入巨资开展医工结合研究，成立了交叉学科的研究中心。

我国医工结合交叉探索兴起于20世纪80年代末期，综合性大学或者理工科大学的工程专业与独立设置的医学院校合并，促成了这些高校之间的强强联合；许多重点大学纷纷建设以医工结合为特征的交叉学科研究实体，为医工交叉研究提供了舞台。医院、大学、企业、政府等各类不同性质的组织都参与到其中，形成了产业层面的复杂性。

第三个层面，是来源于产学研结合模式的复杂性。

医工结合，是产学研结合的一个垂直应用，也就是说，医工结合项目包含多种目标。产学研结合有多种发展模式，比如成果转让模式、技术开发模式、人才培养模式、共建实体模式、校企联盟模式、战略联盟模式、科技资源共享模式、公共服务平台模式、技术交流模式、科技园区模式等。

在人工智能项目中，运用比较多的是技术开发模式。技术开发模式又分成两种：一是合作开发，企业投入资金、人力，高校或研究所投入人力和设备，共同就某一项目开展科研攻关；二是委托开发，企业以项目方式将所需的技术委托给大学和科研单位进行研究开发。其中，合作开发是一种半紧密型的产学研合作模式，将高校、科研机构研究开发的优势与企业的市场优势、产品化优势有效结合，实现产学研各方的资源共享、优势互补。其成功的关键在于合作伙伴的正确选择、风险责任的明确划定、利益分配的合理安排以及企业主导作用的发挥。

产学研各模式的引入，使得项目有多个主要相关方，有多重目标，给项目管理带来了挑战。

3.5.2　医疗机器人

医疗机器人是一类典型的医工结合项目，其产品在很多就医场景中能发挥作用。医疗机器人应用范围覆盖了医疗手术、影像定位、医疗问诊、康复训练、护理服务、医疗教学、院内物流等多个应用场景。例如，医疗手术机器人可以按照手术医生的要求，把持工具，实施手术和治疗。比如在骨科关节的手术中，机器人可以协助医生进行截骨操作；在手外科手术中，机器人可以帮助医生更精确地进行内镜下精细操作。王豫和樊瑜波在《医疗机器人：产业未来新革命》中，对于整个医疗机器人产业有详细而精彩的介绍。

手术机器人在20世纪80年代诞生，医疗机器人被最早用于神经外科手术。这个时期，工业机器人被改造之后，逐步应用于骨科手术机器人。在20世纪90年代末开始，涌现出大量的微创机器人手术系统。这个阶段，手术机器人更加专注于遥控操作，通过远程方式来控制机器人把持手术工具，使其按照指定的通道进入手术位置，达·芬奇手术机器人是这类产品的代表。21世纪之后，各类专科手术机器人涌现，面向具体的适应证有不同的机器人产品，比如图像引导下的穿刺机器人，眼科微操作机器人，经自然腔道的诊疗机器人等。

医疗机器人是一类典型的医工结合项目。这类项目是国际竞争的前沿领域，具有战略的意义。我国医疗机器人产业受到政策影响显著，《中国制造2025》规划要求聚焦高档数控机床和机器人、航空航天装备、生物医药和高性能的医疗机器人等重点领域。在“十三五”规划等后续文件中也提出，要发展医疗机器人等高性能诊疗设备，积极鼓励国内医疗器械的创新，全面提高医疗器械的产业化水平。

医疗机器人既是机器人产品，也是医疗产品，所以面临着非常严格的医疗准入机制和监管。我国医疗机器人的审批由国家药品监督管理局（National Medical Products Administration，NMPA）来管理，医疗器械按照风险由低到高，分成Ⅰ类、Ⅱ类和Ⅲ类。医疗机器人是典型的Ⅲ类医疗器械，安全性和有效性必须要受到严格的控制，注册过程必须开展临床试验。2014年，国家食品和药品监督总局印发了《创新医疗器械特别审批程序》，对于“产品主要工作原理/作用机理为国内首创，产品性能或者安全性与同类产品比较有根本性改进，技术上处于国际领先水平，并且具有显著的临床应用价值”的创新医疗器械进行特别审批，鼓励医疗器械的研究与创新。这类产品的客户通常是公立医院，在采购环节中也有严格的监管和审批制度。2015年，北京天智航医疗科技股份有限公司（以下简称“天智航”公司）的第三代“天玑”骨科手术机器人进入特别审批程序，加快了我国创新医疗机器人的上市速度。

医疗机器人是产学研项目，高校经常作为手术机器人技术的“孵化器”。以我国第一家上市的手术机器人公司为例，根据公开信息，2002年，在国家科技部项目支持下，北京积水潭医院联合多家单位，启动了中国骨科手术导航定位机器人技术研究和临床试验工作。北京积水潭医院以临床实际需求为导向，对骨科手术导航定位机器人临床改进方向提出建议，北京航空航天大学基于自身技术积累，开发了骨科双平面定位技术。2005年11月，天智航与北京航空航天大学签署了“双平面骨科机器人系统的产品开发”的委托开发合同，由天智航委托北京航空航天大学研制“双平面骨科机器人系统”。随着项目的进展，天智航后续从北京航空航天大学获得了关键的骨科机器人技术。

在医疗机器人的生态建设中，医院也处于非常核心的位置。例如，2017年，国家卫健委、国家工信部两部委联合发布了《关于组织创建骨科手术机器人应用中心的通知》，明确要依托国家权威医疗机构建立骨科手术机器人应用中心。同年，国家工信部与国家卫健委发布《关于同意北京积水潭医院等21家牵头医院创建骨科手术机器人应用中心的通知》。医院是医疗机器人临床需求的提出者，是医疗机器人系统的研发参与者，也是医疗机器人系统的用户。可以说在医疗机器人的研发和产业化的过程中，医院既是“生产者”，又是“消费者”，全程参与了医疗机器人产业链。而且，医疗机器人作为创新型医疗器械，和医生之间的互动也非常微妙，这更加深了医院在医疗机器人中的参与的深度。

医工结合项目中，政府、大学、企业、医院合作紧密，再加上设备、软件、临床服务等供应商，一同形成了完整的生态。

3.5.3 医工结合的项目实践

在医工结合的项目开展中，从项目管理的角度出发一般会遇到如下的几个问题，这其中包括项目的目标不容易统一、沟通节奏差异大、依赖外部工作项的风险等。

在生态中，各类相关方的目标通常不一致。这种不一致可能表现在两个方面：其一是对最终产品的定位、形态、功能理解不一致；其二是对最终的利益需求不一致。如果是前者，项目经理可以联合产品经理，将产品定义出来，让各方取得信息上的一致。但更多的情况是各方需求不同的项目交付物。

在智能产品交付中，企业会关注最终交付物的完成度、在市场上可应用性，而并不最先关心产品技术的先进性；高校研究者可能会更关注先进性，关注论文的发表。在各方面利益不一致的情况下，项目经理可以明确这些不同的交付物，确定每个交付物的成本，或者运用利益交换来减少一部分交付物。如果总体成本远超项目可以承受的范围，项目经理要找到可以决策项目范围的相关方，重新就项目范围进行讨论，将风险提前暴露出来。如果必要，可以将进度、质量等计划一并做出，做到有理有据。

在这类项目中，经常包含研究型的工作事项。这些工作事项工期不容易固定，成果不确定，对整体工期和成本影响大，也降低了整体工期估算的准确率。对于研究型的事项，可以使用如下的一些办法：

① 将研究型工作隔离出来，形成一个子项目，将风险限制在局部；

② 将研究型工作从关键路径中移除，减少对工期的影响；

③ 为这类事项设置专门的评审关口，定期评估进展和风险；

④ 为这类事项设置风险触发点等；

⑤ 设定投入时间总量或者人力总量为限额，以促进外部相关方充分利用项目资源，在有限的成本下完成任务。

高校、医院和企业之间的工作节奏差别是很大的。企业管理者对敏捷和并行的开发的认同度高。而在高校，研究氛围浓厚，一般不会使用很短的迭代来开展工作。在医院环境中，研究者经常还有临床工作，他们的时间相对于高校和企业来说，被切得更琐碎。

汽车的发动机转得很快，但有的时候输出却需要改变转速，这就要在汽车上安装一组齿轮来控制转速，这就是变速箱。项目经理在沟通中，也应当成为“变速箱”，具体可以考虑以下办法：

① 将不可控相关方的时间，在每个迭代计划开始时都对齐一遍；

② 让每个容易变动时间的外部协作项目成员，提前写下可用的时间档期表；

③ 在每个迭代之后，和各个相关方进行反馈，增加信息共享的节点；

④ 不够敏捷或者时间容易变化的参与者，其任务尽量不要出现在关键路径上；

⑤ 增加信息异步沟通的工具，比如定期的汇报、周报等。

对于有一部分事项依赖外部相关方的情况，需要根据技术难度、技术成熟度、是否有成功先例、相关方的参与度等多个因素来综合评估风险，并形成一定的风险预案。

项目经理除了作为赋能者，协调以上这些差异外，还要了解这类项目的破局点，也就是了解项目运作中“医”和“工”的关系。

医工结合项目，需要从“医”开始考虑，这个“医”指的是医疗，考虑所处理的疾病的方方面面，考虑受累于疾病的患者的经济和体验，考虑从诊断到治疗的整个链条。“医”是要解决的场景和需求。对于“工”，需要对各类可用的模型、产品、技术、算力、能力、材料和基础设施进行全面的调研及对比，以了解哪些可以用于“医”这个场景中。需要避免单一和死板的视角，就像一个手里拿着锤子的人，眼中满世界都是钉子，这就容易陷入僵化。

医工结合在立项之初就要思考商业转化的模式和做商业价值的研究，否则就会变成最终有大量无法转化的专利和科研成果。也就是说，需要以商业目标为中心来立项。跨专业领域的团队，应当共同发现对医疗有价值的需求。在人工智能创新中，客户经常不知道自己要什么。跨专业团队要多方共同研究发现客户的“潜在需求”。发现需求后，“工”的一方要发明出有技术壁垒和优势的产品，“医”的一方作为用户，对产品的临床、技术优势和商业的价值及应用进行评估与验证。

总结一下，想要做好医工结合项目，就要以“医”为场景，以“工”为技术，商业目标立项，共同发现需求，“医”和“工”相互促进，才能得到好的项目成果。

Artificial

Intelligence

Project Management

Methods, Techniques and Case Studies

第4章 项目规划

通过本章的内容，

读者可以学习到：

- 在制定项目规划之前要做哪些事情；
- 立项中要确认哪些重要的内容；
- 如何使用工作分解结构来确定项目的范围；
- 通过四个步骤开展风险管理工作。

项目管理的生命周期中，最早的两个阶段是启动和规划。在这两个阶段中项目组会确定项目的方向和计划。相关方沟通密集，不确定性大，投入比较少，是这两个阶段的特点。俗话说，一日之计在于晨，如果在这两个早期阶段做的功课不够，后期就更容易出现变更，还可能要追加投入，甚至会完全失败。这两个阶段有一定的连贯性，我们都粗略地算作项目的早期。在本章中，将启动和规划放在一起，来了解人工智能项目的早期阶段中，应该做哪些工作，怎么才能做好。

4.1 确定项目目标

项目的做和不做，是一个很重要的问题。

在很多的组织中，领导会指派一个新的项目给某个责任人，让他把这个项目做起来。很多项目经理以为这个领导的指派就是“立项”，这实际上是个误解。这个所谓的“立项”中，各个相关方都没有被通知到，需求还没有被清晰地提出来，项目要交付一个什么东西，要花多少钱，都还没有确认。

有时候，一个领导提出的项目，所需资源会远远超出他的职权和能力范围。一个典型的例子是秦始皇对长生不老的追求。科技发展到今天，人类在端粒酶等发现中，窥得一些延长生命的“只言片语”，但仍然离秦始皇在约2200年前的项目目标差距甚大。最后，所有的术士、方士都以哄骗秦始皇为目的来开展工作。

帝王可以用举国力量来尝试一个思路，但是组织中的领导能掌握的资源是有限的，组织是否能生存，是他考虑的首要大事。所以，只要有理有据，是有可能通过沟通来调整范围大小的。因此，领导的指派，算作“项目提案”会更加合适，然后还需要详细地准备，才能达到“立项”。

在项目启动阶段，主要包括两类工作，一类工作是相关方管理，另一类工作是项目章程的制定。相关方管理在之前的章节中已经阐述，本章重点介绍制定项目章程。

项目章程是什么？从定义上说，是证明项目存在的正式书面说明和证明文件，是由高级管理层或相关机构签署，规定项目范围，如质量、时间、成本和可交付成果的约束条件，授权项目经理使用组织资源用于项目工作。用通俗的话说，就是那个能作为立项凭据的文档，而且还是要盖过章的那个文档。一个人会有理想，一个企业会有使命和愿景，而项目的章程承载的就是项目的理想和目标。

跨组织、由多个不同单位开展的项目，通常都会有正式的文件，这是为了协作的方便；那些上市的公司或者未来将要上市的公司，对项目章程有审计的要求；而那些在组织内开展的项目，容易忽略这个正式的文件。在创新型企业发展的早期，可能全公司就几个项目，这个问题还不大。但是经过了两三年的发展，就会达到几十个运行中的项目，项目之间的边界就会模糊，有多少人参与到某个项目中，哪些项目归属于哪些产品，没有一个人能说得清楚。

在确定了相关方，并和他们进行交流后，项目经理获得了一些基本信息。之后，项目经理可以依次做三件事情，来推动项目的规划阶段。这三件事情分别是了解内外部条件、制定项目章程和制定项目的规划。

4.1.1　外部条件

年轻的夫妻在孕育孩子之前，要考虑家庭经济状况（外部条件）和自身身体情况（内部条件）。同样，在酝酿一个项目的时候，也要考虑外部条件和内部条件。

开展项目的时候，怕的不是外部条件差，怕的是对情况没有清晰的认识。我国核工业创建于一穷二白的20世纪50年代，当时不但要有更多的飞机和大炮，而且还要有原子弹，否则就要受人家欺负。这里有两点，第一是认识到外部条件差，第二是认识到项目很重要。周恩来和聂荣臻主持制定的中国两次科学技术长远发展规划，在规划中都把发展核科技、核工业列为重点任务之一。从50年代后期到60年代初期，在中央的统一领导下，充分依靠全国的支援，各部门、各地方、各部队大力协同，执行“自力更生，过技术关，质量第一，安全第一”的方针，经过一大批科技人员、指战员、干部和职工的共同努力，艰苦奋斗，攻克了一个又一个技术难关，终于成功地在1964年爆炸了我国自行制造的第一颗原子弹，项目取得圆满成功。这个项目中，外部条件差，内部条件是好的，领导人能清晰地看到这些内外部条件，为项目的规划、组织和运营提供了有力的基础。

（1）外部环境评估

如何了解一个项目的外部情况？对于人工智能项目来说，通常可以在一个产业的范围内，借鉴行业研究的各类方法来了解外部情况。本书在这里只介绍PEST方法。PEST方法中，P代表政治（Political），E代表经济（Economic），S代表社会（Social），T代表技术（Technological）。PEST方法通过这四大类因素来做行业相关分析。除了PEST方法之外，还有很多不同的方法，比如行业竞争分析方法、产业价值链分析方法等。每种方法都对外部环境提供了不同角度的“放大镜”，不存在唯一的最佳的分析工具。

项目的政治和法律环境，指的是对组织具有实际与潜在影响的政治力量和有关的法律、法规等因素。在人工智能行业，法规、指导意见随着行业发展迭代很快，要关注的方面可能包括以下内容。

① 主要国家的人工智能规划和路线图。在世界范围内，有《国家人工智能研究和发展战略计划》《人工智能和国家安全》《人工智能未来法案》《人工智能政策原则》《人工智能与国家安全：人工智能生态的重要性》等。我国的政策包含在“十三五”规划、《关于促进人工智能和实体经济深度融合的指导意见》《国家新一代人工智能创新发展实验区建设工作指引》等文件中。很多核心城市，也有针对人工智能的具体行动方案和扶持政策。

② 关注国际间人工智能的协作项目，关注是否存在国家间制裁而增加人工智能成本和风险的情况。人工智能的芯片和开发框架，很多都来自美国，国际关系的变化对项目的进展会带来潜在影响。

③ 各级政府和产业园区是否有特定的投资政策及补贴政策。

④ 项目可能涉及的主管部门、行业协会在合规、安全、伦理方面的文件，和对人工智能方向的指导意见。

⑤ 对产品销售有比较大影响的商业和税务法规。

项目的经济环境，是指一个影响项目的经济制度、经济结构、产业布局、资源状况、经济发展水平以及未来的经济走势等。经济环境和项目商业文件有着密切的关系。在人工智能项目中，可以搜集以下一些与经济相关的信息。

① 行业的数字化转型的总体政策和案例。

② 项目所在区域的人工智能人才的储备情况。

③ 可用的数据总量，包含可以交易得到的数据。

④ 各类人工智能硬件的规格、价格和各种开发框架搭配的可用性。

⑤ 产品所投放的市场规模有多大，市场的增长情况如何。

⑥ 行业价值链中上下游都有哪些企业，获得项目的主要供应商列表。

⑦ 目前行业的竞争格局和集中度。

⑧ 人工智能项目应用的典型商业模式。

社会文化环境，是指组织所在社会中成员的民族特征、文化传统、价值观念、宗教信仰、教育水平以及风俗习惯等因素。每一个社会都有其核心价值观，它们常常具有高度的持续性，这些价值观和文化传统是历史的沉淀，是通过家庭繁衍和社会教育而传播延续的，具有相当的稳定性。相对于政策和经济，社会文化环境容易在项目调研中被忽略掉。但人工智能项目的需求和伦理要求，恰恰是和文化环境密切相关的。在人工智能项目中，可以关注的内容如下。

① 受众对于这类人工智能产品的总体态度，包含对于智能产品替代人的态度，和已有的人工智能产品之间的交互体验。

② 人群对于目标行业（比如医疗、交通、教育）当前问题的看法，包括服务态度以及对权威、对职业工作环境等方面的看法。

③ 产品所投放区域的人口概况，年龄分布和性别组成。

④ 关于残疾人或者弱势群体如何使用产品的态度。

⑤ 目标用户的日常生活方式、购买习惯、平均可支配收入。

⑥ 人群认为企业组织所需要承担的社会责任。

人工智能项目是智力密集型项目，在这个领域内技术日新月异，了解技术变化是项目开展的基础工作之一。技术要素不仅仅包括那些引起革命性变化的发明，还包括与项目有关的新技术、新方法、新框架、新架构、新数据等。在人工智能项目中，应当关注以下技术因素。

① 国家对科技开发的投资和支持重点。

② 具体人工智能领域技术发展动态和研究开发费用总额。

③ 技术转移和技术商品化速度。

④ 人工智能论文和专利。

⑤ 各类人工智能硬件的性能、价格、算力和能耗变化情况。

⑥ 各类算法模型在数据量、参数量、性能、效果指标上的变化。

⑦ 人工智能的应用场景突破。

⑧ 人工智能项目的应用场景、案例研究和最佳实践研究。

如果项目持续时间长，则需要长时间关注环境变化。在PEST中，T变化最快，按月或者季度发生变化；P和E按半年或一年发生变化；而S变化速度会更慢一些。外部环境信息的调研成果，可以在不同项目之间借鉴和共享。使用PEST时，项目经理可以采用访谈法、头脑风暴法、因果分析法、集体讨论法、关键事件法、历史文件分析法等来获取和整理信息。

（2）项目需求

1850年左右，德国数学家和物理学家克劳修斯发现了热力学第二定律。在这个定律中，克劳修斯指出：热量不能自发地从低温物体转移到高温物体。英国的开尔文则将这个定律表述为：不可能从单一热源取热使之完全转换为有用的功而不产生其他影响。这条热力学定律中蕴含了一个著名的熵增原理：自然过程中，一个孤立系统的总混乱度（即“熵”）不会减小。如果将这个原理类比应用到组织上，若一个组织是封闭的，那么这个孤立系统的混乱程度不会减少。

项目的需求必须来自组织的外部，这是由组织这个系统不能封闭所决定的。人工智能项目是服务于社会群众的项目，它的需求也必须来自组织的外部。

项目的需求，通常来自客户和所在的机构。在相关方的沟通中，项目经理和团队也会逐步了解到一些高级别的需求，项目经理可以将这些需求记录在需求文件中，汇总成为需求文档。这些需求文档对探讨商业机会和项目规划中的工作任务分解，都是非常重要的依据。

需求最终并不是单一的一句话，或者是一个固定的内容。在之前的章节中曾经提到，需求变得复杂的原因是因为交互释放了人类的想象力。而在需求挖掘中，项目团队需要充分挖掘不同层级的需求。从人的角度，可以挖掘生理需求、安全需求、社交需求、尊重需求、自我实现需求；从组织的角度，可以挖掘生产需求、质量需求、安全需求、合规需求、可持续发展需求等。认知能力的需求，则集中关注认知是什么、认知需要学习哪些数据、怎么评估这个能力。这些信息记录在需求文件中，详细备注上需求来源、需求等级、所在生命周期、需求领域，对业务类型进行分类，并建议紧急程度和可能的变更。需求在启动/规划阶段被采集，形成项目的范围；需求在实施阶段被提出，会进入需求评审和变更的过程中。

一个需求，从开始生成到最后被完成，会经历五个状态，分别是“已定义”“已建议”“已设计”“已实施”“已完成”。从提出需求并记录完毕，为“已定义”；形成需求分析文档，为“已建议”；将需求纳入设计环节，并包含在设计文档中，则为“已设计”；在人工智能项目中，如果已经完成了编码、模型和测试，则是“已实施”；最终完成交付，则是需求“已完成”。在这些状态之间的变化，都称为需求变更；每次需求变更都需要进行评审。表4-1中，给出一个需求记录文件的样例。

表4-1　需求记录文件

需求记录文件		
人员	需求方	
	记录人	
	修改时间	
需求分类	相关方来源	□内部　□外部
	需求层级	□高层级　□功能等级　□细节等级
	生命周期	□启动　□规划　□实施
	需求类型	□产品功能　□产品性能　□战略一致　□业务需求 □合规需求　□设施设备　□供应商　□客户环境
	需求领域	□数据　□算法模型　□产品集成　□落地实施 □合规注册　□科研合作　□生产
	需求的功能类型	□功能需求　□非功能需求

续表

需求记录文件		
优先级	紧急程度	□高 □中 □低 □待定
	可能造成的变更	□重大变更 □大变更 □正常变更 □小变更 □待定
内容	标题	
	明细	
	附件	
	版本	
跟踪	状态	□已定义 □已建议 □已设计 □已实施 □已完成
	修订历史	最后变更状态： 最后变更时间：

（3）商业文件

除了需求之外，商业文件也是组织不封闭的体现。如果外部环境分析回答的是“外面是什么样的”，需求分析回答的是“我们要给谁提供什么样的产品”，那么商业文件就要回答“我们要从产品中获得多少利益”这个问题。

在非研究型的人工智能产品化项目中，商业目标是组织追求的主要目标之一。在对项目属性、相关方、需求采集后，项目经理可以组织团队编写商业文件。外部环境分析，重点是对相关客观条件的描述，而商业文件是站在组织的角度上，确定这个项目中可能达成的商业目标。

商业文件是记录项目的商业目标的一个纲领性文件，是形成最终项目章程的非常重要的准备工作。有时一个商业文件，会衍生出多个项目。例如，组织对汽车行业的商业研究，发现组织可以同时形成两种不同的车辆生产线，占据不同的市场份额。和其他项目计划文档不同的是，商业文件侧重说明机会、商业模式、投资收益等方面，而并不侧重在执行和人员安排上。商业文件中一般包含如下的内容。

① 项目发起原因是为了解决什么问题？

② 项目目标是什么？

③ 投资者是谁？

④ 与组织的战略是否一致和对齐？

⑤ 从市场和政策角度看项目的机会。

⑥ 商业模式和盈利模式是什么？项目靠什么获利？

⑦ 商业中可能存在的问题和风险。

⑧ 预期的投入、收益和投入产出比等财务指标。

⑨ 商业取得成功的关键因素。

4.1.2 内部条件

组织内部是一个生态，蕴含着很多资源。项目开展前，对内部环境进行快速而全面的评估，就像绘制一幅寻宝地图一样，对项目会带来帮助。

项目经理可以从五个角度来评估内部环境，分别是组织与文化、技术人才和管理、基础设施、组织过程和知识资产。

组织与文化代表了项目组的团队所在的人文环境，包含了组织的使命、愿景、价值观，人际沟通和协作的基本情况。在合适的组织文化中，项目组的工作会变得简单。在组织文化中，要注意是否存在多元性的文化，比如来自不同国家的文化，或者是完全不同的亚文化。组织治理也是重要的组成部分，完善的治理，使得权力分配、责任分配变得有序，能减少很多无效的损耗。组织与文化是项目所依赖的基本“土壤”。

技术人才和管理，是组织的核心竞争力之一。人才的重要性，在智能化的时代，再怎么强调也不为过。技术储备则包括技术项目经验、历史项目的技术复杂度、可复用的技术框架、技术培训体系等。如果说人才和技术是“核心资产”，管理则可以看成是核心资产的“放大器”，将资产从潜在能力转化为产品。

组织的基础设施，一般会包含硬件资源、信息化资源和各种基础服务。硬件资源比较容易理解，包含自有的、租赁的、合营的可用硬件，如服务器、生产线、生产设备等。信息化资源和各种基础服务，一般包含数据管理平台、模型资产管理平台、办公自动化平台、远程办公平台、财务信息化平台、ERP平台等，这些平台将人、物、财、事连接在一起，提高了协同的效率，是项目管理的“加速器”。

组织过程，指的是组织中已经定义好的各类流程信息，可以看成是项目管理所依赖的“运行轨道”，指引项目内的流程的开展，例如，IPD就是一个典型的组织过程。

知识资产，指的是各类历史项目实施的经验、实践和教训，可以看成是由历史经验写成的“安全生产手册”。

总结一下，项目经理需要关注“土壤”“核心资产和放大器”“加速器”“运行轨道”和“安全生产手册”等各类内部信息，这些信息一同构成了项目的“寻宝地图”。

和外部环境一样，组织内部环境也在时时发生变化。内部环境包围着所有项目组成员，因此每个人对内部环境的感受更真切。外部环境、需求、商业文件主要决定项目的目标和方向，而内部环境更多地决定项目的实施过程。项目经理可以按照以下框架做整理和分析，以全面了解内部条件。

① 了解组织的使命、愿景和价值观。

② 了解项目所依赖的具体战略。

③ 了解组织各部门在物理位置上的分布情况、跨时区沟通情况。

④ 了解组织的机构设置，确定是否有相关的委员会和虚拟机构。

⑤ 了解组织在人工智能方面的人才储备情况。

⑥ 了解历史项目的管理经验、技术复杂度，主要的技术指标，问题和解决办法。

⑦ 是否有与人工智能相关的基础设施服务，比如大数据平台、算法模型管理平台、数据管理平台、项目管理平台、配置管理平台，以及办公自动化平台和其他业务系统等。

⑧ 已有和正在采购、租赁或合作的硬件资源（包括计算、存储、网络、安全等）总量。

⑨ 组织的采购、对外合作流程、对外智力和技术咨询的开展流程。

⑩ PMO机构管理的各个项目组或者职能团队的流程、模板和工具。

⑪ 是否有可访问的历史项目经验的文档库。

有经验的项目经理，会鼓励不同专业背景的项目组成员参与到内部环境的了解上，这样既能够借助不同项目组成员的知识经验获得信息，还可以增加团队成员的参与度。

4.1.3　制定项目章程

根据外部环境、需求、商业机会和内部环境，项目经理就可以推进项目章程的准备和审核。项目章程是证明项目存在和启动的文件，通常是项目的第一个正式的文件。项目章程之所以重要，原因之一是它被众多的协作部门所依赖。比如财务部门需要跟进项目做预算，因此需要项目的编号；人力资源部门需要协助项目来管理人才流动，配置合适的人力资源，因此也需要一个确定的项目描述，用来了解人力资源工作的重心等。如果缺少了项目章程，在后续的工作中，这些相关部门就缺少了协作的依据。如果各部门之间的信息不一致，有时候协作部门可能在项目启动后，还不知道这个项目已经开始了。此外，项目在各种信息化管理软件中，需要有唯一被批准的代码，这个唯一的代码，是项目在各种信息化系统中“身份证”。

项目章程中应该包含几类信息。第一类信息是“是什么”，这包括项目的主要交付的内容和市场需求。第二类信息是关于“谁参与”，这其中包括重要的相关方。第三类信息是关于“常规情况下怎么做”的，主要包括粗线条的项目计划。第四类信息是关于“特殊情况下怎么做”的，主要包括战略假设、项目退出标准和整体风险管理。

项目经理在项目章程的制定过程中，可以通过多方采集信息，听取专家的判断，组织非正式沟通和正式的会议，推进项目章程成为被签署的规范文书。在不同组织中，项目章程的制定过程会有所不同，例如在IPD中，就有专门定制的流程。另外一些跨组织的项目，或者是由政府机关（如工信部门、科技部门）主管的项目，会有更具体的立项管理办法。例如，我国科技部门主管项目，立项流程包含三个步骤：申请、审批、签约。在审批中，除了需要有项目的申请书外，还要有建议书。建议书中除了包含项目章程中的各项内容外，还要包含国内外的研究现状、申请者现有基础和特色这些部分。因此，可以把建议书看成是外部条件、内部条件和项目章程的一个合集。表4-2提供了项目章程的结构。

表4-2　项目章程的结构

包含大类	具体内容
项目是什么	这个项目是关于什么的
	项目交付什么，验收的标准是什么
	高层级的需求包含什么
谁参与项目	主要相关方包含谁
	项目的负责人是谁
	项目有哪些要遵循的主要流程
	项目经理由谁来担任
常规情况下怎么做	主要审查关口、里程碑和粗略项目计划
	成本和财务规划
特殊情况下怎么做	在项目周期中，哪些内外部条件假设是不变的
	在什么情况下项目可以结束，包括正常和非正常结束
	项目的主要风险提示包含什么

在项目的章程中，会粗略规定项目的进度和成本。在这个阶段中，很多细化工作还没有开展，因而无法给出准确的进度计划。项目章程是一个可变更的文件，当因各种原因导致项目章程和实际情况有明显差别的时候，都需要进行项目章程变更的审批。

4.1.4　制定项目规划

项目章程概要地指明方向，对项目的实施还不具备直接的指导意义。用一次旅行来类比，项目章程中会规定“今年夏天，谁去哪里去旅行，大概去多少天，大概会花多少钱，可能有哪些风险”，但是并不确定“旅行的车次、路上怎么省钱、同伴的情况、穿着的衣服、遇到了问题怎么办”等这些问题，这些更细化的问题需要在规划中确定。

项目规划的过程，也是项目团队的建设过程。最好的团队建设过程，不是一起去参加各类团队建设的活动，而是就同一个问题，发表不同的见解，并产生观点的碰撞。

规划过程中，项目组会识别整个项目的所有要素，做好分析和整理，做到全面覆盖，重点突出。规划工作可以分为以下四类。

第一类，关于项目范围的规划。要想知道一个生产飞机的项目里包含什么，可以看飞机包含多少零部件，也要看这些零部件是怎么被按流程组装起来的。前者是产品的范围，后者是项目过程的范围，都是项目范围的一部分。要理解项目范围，需要拿放大镜一样的工具，把工作任务细分。我们将在下一节介绍工作分解。

第二类，关于项目进度、成本和质量控制的规划。在人工智能项目中，进度和质量处于更加重要的位置，本书将在第5章和第6章重点介绍这两类规划的制定。

第三类，关于资源、相关方、采购等基础要素的规划。在之前的章节中，对相关方管理已经做过介绍。在第5章进度管理中，会涉及资源管理规划。

第四类，风险相关的规划。本章后面部分会介绍风险规划的一般步骤。

4.2 工作分解

很多孩子都玩过零部件组装类玩具，组装过程对于孩子的注意力和耐心的培养是很有帮助的。在玩这些玩具的时候，你会发现，有哪些零部件，是否齐全，零部件质量好不好，是产品总体质量的关键。如果缺少了零部件，或者零部件质量差，最终的产品就无法完成；组装的顺序，也是一种知识，如果不知道按照什么工序组装，产品也无法成型。

零部件及其组装工序，都是产品知识的一部分。如果从项目管理的视角来看，零部件代表了最终产品和可交付成果，而组装工序是为实现该产品和可交付成果所需各项工作的简明描述。在项目管理中，项目范围的定义是“项目所期望的最终产品和可交付成果，以及为实现该产品和可交付成果所需各项具体工作的简明描述”。通过这类玩具的类比，这个定义就比较容易理解了。

如果我们将玩具组装过程弄清楚，那么就自然弄清楚有多少零部件了。所以只需要把生产产品的工作分解下去，就能够全面弄清楚项目的范围。简单地说，只有充分“分解”，才能真正理解“范围”。

4.2.1 工作分解结构

（1）工作分解的重要性

在规划中，首要的问题就是具体要做哪些事情才能完成项目目标。

一个项目之所以失败，经常是因为有一些工作被遗忘，直到遇到问题的时候才想起来。久而久之，团队反而习惯了遇到问题再解决的工作模式，这样把风险和变更都留给了项目的中后期，风险不断加大。

因为忘了一件事情，而导致严重后果的情形，在生活中经常发生。快到医院了，才发现没带医保卡；学生到了快睡觉的时候，才想起来作业没有做；到了飞机场，发现走错了机场，实际上也是因为遗漏了“检查是去哪个飞机场、哪个航站楼”这个动作而导致的后果。

在项目中，漏掉了为演出活动检查各设备的可用性，漏掉了领导的发言，或者漏掉了检查服务器硬件是否和需求相一致等，都有可能会给项目带来灾难性的后果。

有时候，我们要把几件事情分开做，才能让事情效率更高。在生活中，拣菜、洗菜、切菜等环节都是分开的，把多种菜拣好之后，一起洗，再一起切，能够提高水的使用率，还可以提高菜刀使用的连贯性。

因此合理地选择“一件事情”到底包含什么，关乎做事情是否正确、能否有效地分工，甚至关乎做事情的安全性。对于稍微复杂的项目，如果不能把工作分解到纸面上，很容易出现遗漏，团队成员也不知道自己可能会面临什么样的工作。这样自上而下的拆解过程就是“工作分解”，协作越多的项目中，工作的分解显得越重要。

（2）工作分解结构

对于复杂的项目，工作分解结构（Work Breakdown Structure，WBS）是一个工作拆分的工具。WBS将项目工作由粗到细的分解过程是：目标→任务→工作包。当分解到不用再分解的层次，这个层级被称为工作包（Work Package，WP）。WBS是进度、成本、质量管理的基础，后续的很多工作都需要依赖工作包。

WBS可以基于可交付成果进行划分，也可以按照工作过程来划分。这两种视角在具体的拆分中，会被交替使用到。

WBS拆分到什么样的层次会更好？答案是不宜过大也不宜过小。过大的工作包，使得其中包含的工作依然难以评估。比如在烹饪过程中，“备菜”如果是一个工作包，则会显得有些大，因为它的内部还包含很多性质完全不同的工作，如买菜、洗菜。此时应该按照工作过程，把工作进一步细化。如果一个工作包需要多个角色来一起完成，甚至很难明确需要哪些角色来完成，这也说明该工作包还可以进一步拆分。过小的工作包，则会增加项目管理的工作量。如果将“洗菜”拆分成“拧开水龙头”“保持20秒”“关闭水龙头”等过于细分的动作，执行时，每个动作都要汇报一下，则降低了连贯性，增加了管理成本。如果多个工作都由同一个角色来完成，而且具有行动上的连贯性，可以考虑合并这些动作。如果项目成果是面向残障人士的，操作节奏慢，每个动作完成后都要检查和反馈一下，那么这些工作被拆开就是有价值的，因此还要根据需求来具体分析。

一个工作包最好能够在比较短的时间内完成，比如1～2个工作日，如果完成一个工作包需要用比较长的时间，比如1周以上，很有可能这个工作包需要进一步分解。

WBS最终呈现出来的是一个多层分解的结构，总体目标包含多个任务，每个任务又包含多个工作包。WBS的层级组织形式，会让阅读者很快了解到总体目标中包含多少事情，尤其对跨领域和外部协作者会带来很大的帮助。图4-1给出了WBS的层级结构，数字表示的是工作包，是WBS中不能再分解的层次。可以看出，工作包可以处于不同的层次，但都是整个树的叶子节点（不能再分）。

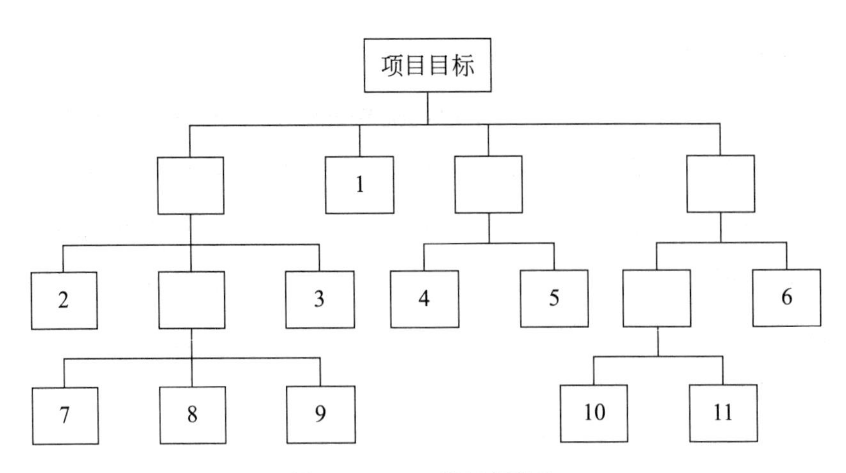

图4-1 WBS的层级结构

WBS更常见的形式是带有缩进的表格。我们以在家用餐为例，形成一个简单的工作分解结构，包含20个任务/工作包，如表4-3所示。

表4-3 WBS的表格样例

序号	层级	项目任务/工作包
1	1	做饭
2	1.1	买菜
3	1.1.1	准备采购菜品列表
4	1.1.2	采购菜品
5	1.2	备菜
6	1.2.1	拣菜
7	1.2.2	洗菜
8	1.2.3	切菜
9	1.3	做菜
10	1.3.1	炒菜
11	1.3.2	上菜
12	1.4	煮饭
13	1.4.1	淘米
14	1.4.2	蒸饭
15	1.4.3	盛饭
16	1.5	用餐

续表

序号	层级	项目任务/工作包
17	1.6	清理
18	1.6.1	桌面清理
19	1.6.2	餐具清理
20	1.6.3	厨具清理

在表4-3中，第一列是序号；第二列是任务和工作包的层级编号，从这一列能看到层级之间的关系；在第三列中，也通过在任务和工作包名称前增加空格来体现层级关系。WBS可以在表格工具中展现，也可以使用特定的项目管理工具来记录。

需要注意的是，工作分解结构不用关注顺序，而仅仅关注有哪些工作。在项目中，经常会出现一个工作被重复执行的情况，会涉及工作的编排。在大型晚宴的后厨工作中，会多次拣菜，多次洗菜，然后分批次炒菜。一台歌舞晚会，也需要把各个节目进行反复的编排。这些编排，需要特定的技巧和工具，是项目进度管理中的主要工作。

另外，项目经理还要区分工作包和活动（Activity）。工作包中只包含工作，代表了项目的范围，但不包含时间、顺序和资源等信息。而在进度管理中，会将工作包细化为活动，并为活动增加时间、顺序、费用、资源等属性。我们粗略地认为，工作包是白板上贴的便签上写的一件事情，是一句下达的任务，是在一场战斗中指导员的冲锋命令。而活动是这个事情被排上日程，被运作起来，是任务的执行，是战斗中的冲锋行为。在简单的项目中，WBS的分解和进度计划制订，几乎是同时开始的；但对于协同复杂的项目，WBS的分解是需要单独提前开展的。

（3）构建WBS

和WBS拆分原则同等重要的是，谁来做分解呢？这是项目经理的事情吗？我们知道，项目经理是一个赋能者，但不是所有事情的执行者，项目经理是构建WBS的促进者和组织者。

要分解一个产品设计的任务，和要分解一个算法模型的项目，所需的知识和技能差别很大。除了项目组成员之外，相关方也必须参与其中，还要参与到审核环节中。在分解过程中，相关方之间针对任务进行讨论，实际上也是参与者表达对业务需求和处理过程的理解，这对项目的健康发展有很大的帮助。项目经理在这个过程中，可以参考其他类似项目的WBS，对WBS的制定原则和过程进行引导，激励大家提出不同的观点。

梳理一个项目的WBS的过程，是发现问题的过程。一些新开展人工智能项目的组织，缺少过程管理，缺少完善的岗位职责，在构建WBS的时候，这些问题就会暴露出来。

例如，在某个新成立的项目中，没有特定的人工智能测试人员，可能是因为招聘不到，也可能是在项目早期，项目负责人希望团队摸索出测试经验。市场上的软件测试人员难以适配人工智能项目的测试，多数的传统测试人员并不了解数据、模型验证和测试。谁来负责测试的工作？实际上有一些项目就没有人做一些中间环节的验证工作。这些行动的缺失，并不会将风险消灭，只是拖延到后期成为更大的风险。WBS的分解过程中，很多模糊和有争议的问题会被提出及讨论。所以WBS的分解过程有两个副产品：一是在相关团队都参与的情况下，自顶向下，对遗漏的环节形成共识；二是问题被提出和讨论，也为项目的过程管理、工期管理打下很好的基础。这个例子中，质量专家的参与很重要，质量专家虽然不一定精通人工智能产品如何测试，但是会要求在各个任务中有质量地把控环节。质量专家不止服务一个项目，经常是以项目外的相关方的身份参与。项目经理的作用是了解组织内有这样的一个质量专家，并将他设定为项目的相关方，邀请他参与到项目规划中来。在构建WBS的过程中，讨论的内容通常还有敏捷开发生命周期、机器学习运维流程、持续交付流程、组织质量体系流程、合规性任务等。

4.2.2 敏捷任务分解

WBS是开展项目管理工作的依据和基础之一，那么对于敏捷开发生命周期的项目，WBS是否还有效呢？答案是肯定的。

以Scrum敏捷开发生命周期为例，项目被分解成为若干个更可控的时间片段，也就是Sprint。在每个Sprint中，团队的目标是要将总体任务变成待办事项，而整个Sprint的目标就是将待办事项清空。在Scrum中，可以使用构建WBS的方法和原则来确定Sprint中的待办事项。通过这样的方式，每个Sprint要处理的任务都能很好地被定义，并且足够小，按时完成的可能性更高。

项目经理也可以在项目开始时使用WBS，将项目中确定的工作进行分解，然后将分解的工作分配到各个Sprint中去，这样能够更好地帮助项目组有一个任务的总体视角。在敏捷项目中，WBS能够帮助团队在早期更好地理解工作范围。在使用敏捷开发生命周期的项目中，项目团队通常对工作范围（产品、服务和成果）缺少全面的理解。WBS恰好有助于项目组讨论并决定哪些是需要做的工作，防止遗漏任何重要的工作。

敏捷WBS在项目执行之前对范围的界定越清晰，将来项目成功的可能性就更高。例如，优质的敏捷WBS有助于尽早发现问题，防止工期延误和成本超支，以便用较低的成本采取预防措施或纠正措施，减少项目的范围变更。

另外，WBS有利于明确项目边界和管理复杂性。敏捷中的WBS能让相关方很容易地看清和理解什么在范围之内、什么在范围之外。在直观上，WBS比单纯的Scrum的待办列表要清晰得多。WBS为人们展示了项目成果的清晰视图，有助于人们理解项目的全部工作。尤其对于多角色协同的复杂人工智能项目，WBS可以让各个团队尽早协同起来，在协同中暴露问题。如果相关方对范围有疑问，就可以查阅WBS，把WBS作为项目工作的检查表。

总结起来，WBS可以用在敏捷项目的整体上，也可以用在单个迭代中；能够帮助项目成员理解整体范围，明确边界和复杂性，是在敏捷开发生命周期中可以使用的一件利器。

4.2.3 认知和数据任务分解

人工智能项目“吃进去的”是数据，“吐出来了”是认知能力，在输入和输出方面与一般项目有很大的不同。在人工智能项目分解中，应当注意以下几点，可以提高分解的质量和效果。

第一，按照业务流程来分割任务。

前面提到过，WBS分解有两种思路，一种是按照交付物来分割，另一种是按照业务流程来分割。前者比较合适于整个交付物都有完备定义的一些场景，比如二手房买卖的项目中，每一步基本上都要签字，都会生成文档作为交付物，因此这类场景使用交付物来分解WBS，很容易在多方中达成一致。在人工智能的场景中，中间交付物全部都是数据和模型，并不易严格区分开，而数据处理和模型开发的业务流程是清晰的，因而按照业务流程来分解构建WBS会更便利。

第二，WBS需覆盖数据和模型的各个环节。

人工智能项目的业务流程，是多种开发生命周期的叠加和剪裁，其中包含传统软件开发、敏捷软件开发、算法模型开发、机器学习运维（Machine Learning Operations，MLOps）、数据处理等过程。使用这些开发生命周期来检查WBS的完备性，是非常有价值的。

在人工智能项目中，各个角色都会和数据打交道。算法专家用数据来训练模型和进行验证；数据处理专家则负责将不同规格和质量的数据进行清洗；行业专家需要参与到数据规格标准的制定中；质量专家则需要对数据质量进行验证；交付工程师需要准备演示数据，并给客户解释数据的含义等。因此数据的使用，在人工智能项目中，是一条潜藏的主线。

如果说脊柱是支撑人体形态的关键，那么数据的全生命周期的处理则是人工智能项目的脊柱。数据的生命周期，可以包括数据规范的制定、数据采集、数据存储、数据处理、数据传输、数据交换和使用、数据销毁。在工作中，会比较容易遗漏数据规范的制定、数据存储、数据销毁等任务，还会忽略在任务中清晰地定义最终交付物的数量和规格。构建WBS的过程中，需要检查数据处理中的各环节是否被全面覆盖。

各类算法模型的开发，是人工智能项目中最具有技术含量的工作，也是认知能力能够被生成的关键。一个典型的神经网络模型的构建过程，可以包括预研究实验、定义网络、编译网络、拟合网络、评估网络、推理预测、产品集成等过程，也就是算法模型开发生命周期。在WBS中，应当和这个开发生命周期进行比对，避免遗漏。

将数据和模型流程拆解成为合适的任务，在项目执行阶段，各任务都有交付物，这有利于最终整体产品的迭代和调优，也会为模型的可追溯性和可解释性带来帮助。

第三，面向需求来检查质量和交付环节。

人工智能项目的质量内涵非常丰富，至少包含数据分布质量、数据标注质量、模型测试、模型可用性、泛化能力、安全性、伦理测试、集成后的功能和性能指标等方面，在部署和发布中，还有模型的集成和测试、模型的版本化、模型配置管理等质量内涵。这些环节都是为最终交付物能够满足客户需求而服务的，因此这些任务应当出现在WBS中。

4.3　风险规划

生活中经常充满风险。比如，明天天气预报下雨概率为80%，对于不喜欢下雨的人，或者工作会受到影响的人，这都是一件危险事件。如果明天真的下雨了，那么他会受到一定的损失，如果是工作上的损失，还能评估出损失的价值是多少。所以，如果提前知道了下雨的概率，每个人都可以制定相应的应对办法，比如不出门、带伞、为工作现场增加避雨设备、改变工作的日程等。

在项目中，风险无处不在。为了提高项目的成功率，需要对风险进行控制。风险管理，是识别风险、分析风险并进行应对的系统化过程。人工智能项目处于社会和技术前沿，不确定性高，影响因素多，组织中可参考的样例项目相对较少，因此风险较一般项目更需要管控。一些项目经理把进度和成本管理规划做完之后，就认为规划阶段大功告成了，但缺少风险的管理，项目会“惊喜不断”，让整个项目组疲于应付。

我国在2018年成立了应急管理部，将各类应急力量组织在一起，形成了一个国家级风险控制机构，提高了我国对各类社会和自然风险的应对能力。在组织内部，也需要为应急进行储备，包括在人力、财务上的应急储备，也包括在流程和组织结构上的应急能力。项目级的风险管理，应当依赖于组织级的风险管理，从组织获得各种资源和风险管理工具。

4.3.1 风险管理的步骤

风险管理包含几个阶段，分别是风险识别、风险量化、风险对策研究和风险对策实施控制。表4-4中，对这四个阶段以下雨为例做了解释。风险识别、量化和对策研究，是风险管理计划的主体内容。多数的风险管理工作，是在规划阶段完成的。

表4-4 风险管理的几个阶段

阶段	解释	举例
风险识别	确认有可能会影响项目进展的风险，并记录每个风险所具有的特点	明天会下雨，概率有90%
风险量化	评定每个风险可能产出结果的范围	如果下雨的话，产生的损失是多少
风险对策研究	确定对机会进行选择及对危险做出应对的步骤。是回避？是减轻？是转移？还是接受	采用什么办法来减少损失？例如带伞来减轻损害
风险对策实施控制	项目执行中，若风险被触发，则执行应对策略	如果下雨，就打开伞，减轻损害

风险管理的第一步是风险识别，也就是了解有什么风险。项目经理需要负责搜集风险信息。刚开始，人工智能项目的新项目经理想要获得比较完整的风险信息是非常困难的，要充分利用团队的力量进行采集。项目经理既要避免仅仅凭借自己的经验来列举风险，也要避免完全忽略风险控制。

风险信息可以通过多种不同的方法来采集，常见方法如经验整理法、头脑风暴法、检查表法、文档研究法、智库法等。

从组织类似项目的经验中整理经验教训，或者从类似的外部项目中整理，是很快发现高层级风险的一个有效办法。行业的项目管理咨询专家通常会整理出风险库，也是比较直接的参考。

项目经理可以将团队和相关方组织在一起，进行头脑风暴，获得从各个不同的角色看到的风险，俗话说“三个臭皮匠，顶一个诸葛亮”。不能面对面沟通的相关方，可以采用远程沟通的形式。和影响力大的重要的相关方沟通，要争取小范围沟通的机会。在小范围沟通中，相关方可能会更深入地提出一些担忧，不仅仅是流程的、技术的风险，可能还包括组织的、环境的风险。风险的沟通可以合并在与相关方的需求沟通中，提高时间的利用率。

项目经理还可以按照检查表来梳理风险信息。PMBOK有各个知识领域，其中比较重要的包括范围管理、进度管理、质量管理、成本管理、资源管理等，项目经理就这些主题和相关方一同梳理风险信息。如果加上项目治理、伦理、安全等，就形成了更完整的风险主题检查表。

在项目实施阶段，团队还会从进度报告、质量报告、成本报告、沟通记录、资源记录中发现风险，并补充到风险管理中去。

通过多维度的信息采集，风险信息会比较完整地被搜集上来，为下一步风险管理阶段做好准备。被识别的风险，可以根据一些维度进行分类。在表4-5中，将一般的人工智能项目风险按照项目规模、内外部环境、项目管理和一些特定专题来进行归类，形成多个风险分类。

表4-5 各种风险分类

风险分类	该风险分类的影响因素
项目规模（A）	此前是否经历过与当前项目大小类似或更大规模的项目 历史项目是否涉及全部价值链的活动
外部环境（B）	竞品的状态是否发生了变化 监管条件是否发生了变化 行业政策是否发生了变化 新技术、新解决方案是否变化频繁
内部条件（C）	是否有足够的用于实施的软硬件设备 软硬件设备是否满足开发的需要 是否有足够的资金 投资人对于资金的使用是否有一定的限制

续表

风险分类	该风险分类的影响因素
合规性（D）	是否有对合规性全面了解的相关方参加 合规性要求，是否已经体现在项目计划中 用户安全性、隐私性保护相关法律法规是否遵守，是否有相应流程
伦理（E）	是否有对伦理全面了解的相关方参与 项目是否存在一定的伦理风险
需求和范围（F）	是否对所有相关方的高层次需求进行综合考虑 是否有了解各类约束的专家参与 客户是否已完全参与到需求的定义中 需求是否相对稳定 工作分解结构是否完善和确认
项目管理（G）	有被批准的项目章程 有被批准的进度、成本和质量计划 有被批准的配置管理计划 对各类计划有变更管理的办法 是否对项目管理的责任和权力进行了详细规定 是否制定了对意外事件的预先行动方案
技术实现（H）	是否对算法技术现状进行过详细综述研究 是否对算法模型的技术路线进行详细说明 整个研发过程，是否符合监管对研发的规定 是否对技术进行可行性分析 是否对技术难点有明确的了解 是否存在特殊的技术需求
技术能力（I）	算法模型和软件的复杂度超过团队的经验 团队中经历过该领域项目的新人偏多 项目组成员是否拥有合适的技能
质量管理（J）	是否已明确了质量标准 是否拥有质量保证制度、规范和过程 是否有独立的质量保证组织 对模型可靠性是否有质量评估办法
数据资源（K）	数据资源是否有规划 数据资源规划是否考虑了合规性和监管风险 是否考虑数据资源的获取成本、获取周期

续表

风险分类	该风险分类的影响因素
相关方管理（L）	是否已经识别了所有相关方 对每类相关方是否有管理计划和策略 服务机构是否会有服务质量的问题
管理层支持（M）	问题升级的渠道是否畅通 是否可以从高层管理者得到足够的支持以便及时处理问题
团队管理（N）	成员绩效和项目进度、成本、质量是否能量化挂钩 是否有足够的领域知识和类似的项目经验 项目组使用开发工具是否熟练，工具是否易用 项目组成员遇到问题时是否能取得帮助
资源可用性和稳定性（O）	关键人员减员的可能性 人员大批量外流，或者人员被调出项目组 设施突然不可用，或者设施可用性下降
团队协作（P）	团队在达成普通目标时的效率高吗 成员与项目经理容易沟通吗 可能影响项目组成员士气的因素有哪些 组织中是否采取了适合的激励机制 是否使用了适合项目的开发生命周期模型
组织结构（Q）	组织结构的效率如何 项目组成员了解组织职能吗
配置管理（R）	是否对以模型和数据为中心的配置项有明确的定义 配置管理是否符合注册的要求 是否采用了配置管理系统 配置管理过程是否覆盖了必要的活动和交付物

风险管理的第二步，是将风险进行量化。在风险分类表中，项目经理会发现身边到处都是风险。如果不能对风险进行排序，那么就抓不住重点，就会出现“眉毛胡子一把抓”。就像到了秋天，山林防火的风险上升，在夏天，防范的主要是旱灾或者水灾。

风险量化工作包含两个事情，一是确定每个风险发生的可能性有多大，二是确定如果发生了风险，危害有多大。项目经理可以使用一些简明的等级分类，将发生概率和危害性等级量化。比如使用高中低三个等级，或者1 ～ 5级。对那些可以货币化的风险，可以列举风险发生造成的损失。表4-6提供了一种思路，把风险类型归入到几个领域，并对每个领域下的各个风险类别，给出发生概率分级和危害性分级。表4-6中，为进度风险给出了样例的发生概率分级和危害性分级。

表4-6 风险管理的量化

风险领域	风险分类	发生概率分级	危害性分级	损失
总体风险（1）	外部环境风险（B）			
	内部条件风险（C）			
	合规性风险（D）			
	伦理风险（E）			
	项目管理风险（G）			
	技术实现风险（H）			
	数据资源风险（K）			
进度风险（2）	项目规模风险（A）	低	低	
	需求和范围风险（F）	中	中	
	技术实现风险（H）	中	高	
	项目管理风险（G）	高	中	
	相关方管理（L）	低	高	
	数据风险（K）	中	高	
成本风险（3）	项目规模风险（A）			
	需求和范围风险（F）			
	内部条件风险（C）			
	项目管理风险（G）			
	数据风险（K）			
质量风险（4）	相关方管理（L）			
	质量管理风险（J）			
	配置管理风险（R）			
	合规性风险（D）			
	项目管理风险（G）			
	数据风险（K）			

续表

风险领域	风险分类	发生概率分级	危害性分级	损失
资源风险（5）	管理层支持风险（M）			
	技术能力风险（I）			
	资源可用性和稳定性风险（O）			
	团队协作风险（P）			
	组织结构风险（Q）			
	团队管理风险（N）			

风险管理的第三步，是确定各类风险的具体应对策略。对那些能够进行预防的风险，制定具体的预防策略，以减少风险的发生；对那些不能预防的风险，可以制定具体的应急流程，以减轻风险；对某些可以转移的风险，可以通过保障手段予以转移；对无法处理的风险，则需要接受。简单来说，就是预防、减轻、转移和接收四种策略，其中最常见的是预防和减轻策略。

在现实生活中，有很多风险预防和减轻的案例。以家庭灾害为例，我们在长期离开家去度假的时候，会将家里的水、电、气都关闭，这是典型的预防性策略；在家里安装烟雾报警器，购买家用灭火器，也是好的预防策略；而在发现明火的时候，马上使用家用灭火器去灭火，这是减轻的策略；在明火较大或者发现他人房屋着火的时候，拨打火警电话，也是重要的减轻策略。

以人工智能项目的质量风险为例，最终的产品在现场验证中低于预期，无法达到项目验收，这是一个风险。预防性策略可以包括：在实验室或者测试环境中，性能要求应当高于最终现场的指标；尽可能早地评估现场验证中的数据状况，获取和现场验证环境相似的数据分布，参与到验证中；在开发生命周期中尽早在最终现场进行部署等。减轻策略则包括：将智能化产品的功能降级，集成到要求更低的智能化产品中；改变智能产品的适用人群或者场景，让产品性能达到要求等。

风险管理的第四步是实施风险控制，这个步骤中最重要的是确定触发点，也就是什么情况下启动风险的应急办法。预防性的策略，可以放在一些固定的关口上进行检查。其他类型的策略，可以形成专人负责制，负责在风险条件满足时触发策略；也可以在定期的质量会议中，检查风险的触发。

风险管理是对项目进程中的各项不确定性进行量化和控制的过程，能够把项目从“不断地救火”中释放出来，变被动为主动。这样做的好处还包括能够有效控制总体成本、控制因为风险导致的变更、保持团队的节奏和提高项目的成功率等。

4.3.2 人工智能项目的风险

表4-5中列举的一系列风险，其中有一些风险是在人工智能项目中更值得注意的。

① 商业风险。有一部分人工智能产品不一定是市场所需要的，这样的项目会触发市场风险。在市场需求不是很明朗的情况下开展项目，经常会遇到这类商业风险，一旦发生，造成的损失会很大。

② 管理风险。因为管理层、项目组和相关方对前沿性项目的规律摸索还不够清楚，或者低估项目的复杂性，类似项目的管理经验不足，经常会引发管理风险，具体表现在进度、成本和质量目标有实际较大偏差。

③ 人员风险。人工智能项目是典型的智力密集型项目，对人员的技术能力和跨领域整合能力都提出了很高的要求。人员的视野、能力和数量不足，是这类项目常见的风险。有时候，组织为了人力资源最大化，会要求一个领域专家跨多个项目组开展工作，一定程度上也增加了人员风险。

④ 资源风险。人工智能项目的资源风险经常体现在硬件资源和数据资源不足上。硬件资源不足的时候，团队会因为迁就硬件资源而改变工期；数据资源不足的时候，团队要么面临着最终产品效果指标偏低，要么就要花很多时间去寻找替代方案，或者在有限的数据增强使用上大费周章。

⑤ 技术风险。人工智能项目的技术风险因为它的先进性而无时不在，因为没有人能准确地说出在当前项目的背景下，人工智能技术能做到多好。选择错误的开发框架，选择不合适的算法策略，都会带来技术风险。

⑥ 需求和客户风险。在需求不容易被定义的项目中，甚至没有人能够一遍

把需求讲得让所有的相关方都听明白。客户因故参与项目深度有限，对产品的预期不明朗，都进一步增加了来自客户的风险。产品的配置管理和自动化部署如果做得不够好，也很容易触发交付的风险。

⑦ 过程风险。人工智能项目因为兼具了软件、敏捷、人工智能的特性，很多还是软硬一体化的项目，而研发过程和人工智能任务类型、数据、算法选择的相关性高，因此如何剪裁很难有标准的答案。

为了应对这些风险，可以有各类预防策略和减轻策略。其中，项目组可以使用如下三个预防性策略，来提升项目成功的基本面。策略一，项目经理作为赋能者，需要不断推动这个跨职能的团队中的专家和相关方，参与到风险管理中来，集中团队之力发现风险。策略二，迭代中的风险管理。持续地使用迭代或者增量的办法，来控制每次减少的交付范围，便于在每个迭代中发现风险。在每个迭代发起的时候，需要更新和审批风险管理规划。在每个迭代中，可以在固定的会议上讨论风险识别、分级和策略，在流程上支持风险管理。策略三，增加客户的参与度。人工智能项目的需求，不容易把握，因此增加客户的参与度，可以减少频繁的需求变更。将研发产品尽快集成交付到现场，可以减少因为验证失败而带来的损失。

4.4　案例：医疗影像项目的规划

在之前的章节中，我们已经了解了关于医疗影像人工智能项目的基本情况，包含伦理、监管和医工结合等主题，还包括令人印象深刻的用于新冠肺炎诊断的医疗影像人工智能。

医疗影像人工智能项目，是通过医疗器械数据的准备、加工和训练，形成符合既定指标的算法模型的一类项目。在该模型通过权威机构的检测和注册后，形成市场认可的医疗服务产品。这类产品在医疗现场，帮助医生做出诊断或治疗的决策，减少医疗成本支出，提升患者服务的效率和满意度。

医疗影像人工智能产品，可以应用于诊断和治疗中，可以是独立的软件，或是植入医疗硬件设备当中。比较常见的一类产品是医疗影像人工智能辅助诊断产品，是让算法模型学习医生对医疗影像的见解，降低误诊率和漏诊率，使得算法模型能够在一定程度上辅助医生阅片和决策，让程序能够充当医生的可靠小助手。

人工智能医疗器械从用途角度可分为辅助决策类和非辅助决策类。其中，辅助决策是指通过提供诊疗活动建议辅助医务人员和患者进行医疗决策，如通过病灶特征识别、病灶性质判定、用药指导、治疗计划制订进行辅助分诊、辅助检测、辅助诊断、辅助治疗等，相当于医生的“助手”。仅提供医疗参考信息而不进行医疗决策即为非辅助决策，包括流程优化、诊疗驱动，前者如成像流程简化、诊疗流程简化等，后者如成像质量改善、成像速度提高、自动测量、自动分割、三维重建等，相当于医生的“工具”。

为了能够更好地帮助读者理解项目的规划阶段，本节以乳腺癌的人工智能辅助诊断为例，讨论项目的背景和规划阶段中的重要文件。

乳腺癌是女性中非常常见的恶性肿瘤之一，其发病率逐年上升。在欧美国家，乳腺癌占女性恶性肿瘤的25%～30%。20世纪末的统计资料表明，全世界每年约有130万人被诊断为乳腺癌，而有40万人死于该病。在我国，乳腺癌在城市中的发病率为女性恶性肿瘤的第二位，对于一些大城市，已经上升至第一位。乳腺癌已经成为女性健康的主要威胁之一。

一般来说，乳腺的常规检查有钼靶检查（X射线）、超声检查和核磁共振检查。磁共振检查虽然和其他两类检查相比有明显的优势，能够检测出更多的信息，但是根据这些信息来分级的时候，对同样的信息，医生之间的看法却很容易不一致。为解决这些问题，市场反馈希望有一种人工智能辅助诊断软件，辅助临床医生在核磁共振影像的阅片中，提高乳腺癌诊断的效率和准确性，降低疾病漏诊率。

程流泉在医学专著《乳腺MRI诊断学》中对于乳腺各类病变的核磁共振诊断，提出了系统性的方法，并提出乳腺癌良恶性鉴别的计算逻辑。这类系统性著作，对于人工智能项目的构建和调优，有很深远的指导意义。在本节乳腺癌相关的案例中，医学相关概念均取自该书。

这里假定该项目是在组织内开展、由企业组织自筹经费推动的项目，因此项目目标是交付商业产品，并非纯科研项目，项目经理和项目主管负责人都来自组织内部。

4.4.1　识别相关方

表4-7是这类项目的相关方登记表。在表4-7中，有几类相关方是值得注意的，分别是研究者、国家药品监督管理局和客户医院。

研究者是那些对于项目的医学方面有一定权威的医学专家，他不但能提供业务方向、知识产权输出、业务咨询，还在临床注册环节中可以作为主要的研究者，主持临床试验的开展。

国家药品监督管理局是监管机构，负责接受企业组织的注册申请，并组织专家进行审评。监管机构有注册的否决权，因此对项目成败而言是非常重要的相关方。

客户医院在项目中，首先会参与到产品的交付环节中，因此这类相关方非常关注产品的交付质量如何。客户医院是需求的直接提出者，也是最终产品的采购者，因此和项目的最终盈利目标息息相关。另外，客户医院还有可能参与到临床试验中去，用医院的真实数据来验证产品的泛化质量，以帮助产品取得注册的资格。

表4-7　相关方登记表

类型	内外	权力	利益/期望	参与度	具体人员
项目经理	内部				
主管负责人	内部				
PMO负责人	内部				
产品经理	内部				
注册部门	内部				
采购部门	内部				
人事部门	内部				
相关项目经理	内部				

续表

类型	内外	权力	利益/期望	参与度	具体人员
各业务负责人	内部				
项目组成员	内部				
研究者	外部				
用户医生	外部				
标注指导专家	外部				
模型指导专家	外部				
工具供应商	外部				
注册供应商	外部				
股东/投资人	外部				
国家药品监督管理局	外部				
客户医院	外部				
科研合作医院	外部				

4.4.2 外部环境评估

为了立项，项目经理需要搜集内外部信息，整理需求文件和商业文件。表4-8展示了项目的外部环境评估提纲，该评估包含PEST四个方面。

表4-8 项目的外部环境评估提纲

分类	外部环境的评估
政策、法规	（1）合规性 ① 官方对于医疗影像人工智的注册规范文件，最关键的影响因素有哪些 ② 同领域的注册数量，以及现在的趋势如何 （2）专业性规定 ① 列举产品相关领域的医学标准、指南和规范 ② 列举产品相关领域的人工智能标准和规范 ③ 列举产品相关领域的软件研发标准和规范 ④ 列举产品相关领域的安全、隐私，信息保护的法律、法规 ⑤ 列举产品相关领域的医疗数据管理标准和规范

续表

分类	外部环境的评估
政策、法规	（3）环境保护 是否涉及物理环境保护问题 （4）其他 项目是否有扶持和经济上的补贴
经济	（1）市场条件 ① 同类产品在某个等级的医院的目标科室平均装机的数量 ② 与细分领域的主要竞品的概况 （2）商业数据库 ① 当前影像人工智能领域的投资情况和ROI分析 ② 该领域进一步发展的前景 ③ 竞品投资情况分析 （3）财务 ① 是否有成熟模型对类似项目做一个成本评估 ② 是否有项目成功完成的成本数据
社会	（1）伦理 ① 是否会对患者造成伤害 ② 是否会造成失业 ③ 人类和辅助诊断的关系如何 ④ 患者隐私安全问题 ⑤ 是否会造成技术不平等 ⑥ 是否会造成财富不平等 （2）市场条件 ① 医生作为客户对于同类产品的理解、期望、抱怨 ② 一般用什么指标来衡量类似的项目
技术	人工智能技术发展 ① 医疗影像在类似领域所能达到的性能指标（图像分割、图像分类） ② 类似项目所需的数据量和数据规格 ③ 类似项目所需人才的技术栈 ④ 类似项目所需的硬件资源、规格、能耗

4.4.3　内部环境评估

内部环境是组织能够支持项目开展的“家当”的盘点。我们可以分为五个大类来细化。表4-9给出的是内部环境评估提纲。

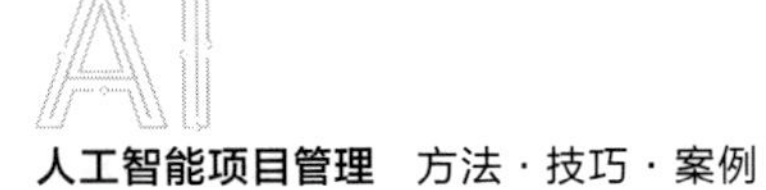

表4-9　内部环境评估提纲

分类	对内部环境的评估
组织与文化	（1）组织文化 ① 组织的愿景、使命和价值观是否明确 ② 员工对组织文化的认同 ③ 能够列举组织文化对于项目成功带来的作用 （2）项目人员是否集中并文化单一 ① 各个办公地点是否有高可用性的连接 ② 物理距离带来的隐性成本 ③ 跨文化和跨时区沟通占比有多少 ④ 是否有医疗研究者的参与 （3）组织机构和治理 ① 各岗位的职责、权限是否有准确的定义 ② 遇到资源和协作冲突的时候，是否有相应的解决流程和惯例 ③ 是否有各类委员会来支持各个项目组的专业性工作 ④ 是否有专职的管理部门和管理人员 ⑤ 各个岗位的人员能力分级和评估办法是否完善 ⑥ 评估各个岗位各分级人员的储备情况 ⑦ 评估各个岗位工作绩效的确定流程，以及这些流程的执行情况 ⑧ 评估团队的稳定性
技术、人才和管理	（1）技术能力 ① 已经完成类似项目的技术情况概要 ② 各类技术储备概要 ③ 项目所需技术的覆盖率 （2）人力资源 ① 已有团队规模和预期规模的差距 ② 人员覆盖算法模型、数据、软件开发、注册、医生外联、产品管理和项目管理各领域 （3）管理能力 ① 评估已经完成的类似项目中，是否有重大变更 ② 评估管理团队处理类似复杂度项目的能力
基础设施	（1）设施和设备 评估所需的基础设施（自有、购买或租赁），主要是服务器硬件和开发框架 （2）信息化 ① 用于工作协同的信息化流程状况如何，包括办公自动化（OA）、会议、财务流、采购流、研发管理 ② 评估需建设与业务相关的自动化流程

续表

分类	对内部环境的评估
基础设施	（3）基础服务 ① 评估人力、财务、采购、IT、行政等基础服务部门的服务能力和伸缩性 ② 项目的相关方的管理中，哪些是需要基础服务部门提供的 （4）资源分类和可用性 评估资源管理对各类资源覆盖的流程可用性、完善性和服务效率
组织过程	（1）支持项目的流程和标准化 ① PMO部门对各项目开展的支持能力（包含过程、流程和模板） ② 员工对这类过程和流程的认知，实际执行情况 ③ 评估用于保证流程执行的项目管理工具 （2）已经开展的项目经验 ① 列举已经达到项目终点的列表 ② 列举已经退出的项目列表 （3）项目模板 ① 项目模板的完整性、灵活性 ② 项目模板和所在流程的适配性
知识资产	（1）生命周期 ① 确定组织里常见项目的生命周期定义 ② 迭代型生命周期中的迭代条件 ③ 各类生命周期的里程碑、阶段的定义 ④ 各类生命周期项目的统计情况 （2）配置管理和持续交付 ① 配置管理的覆盖范围（数据、模型、产品）和内容 ② 数据、模型和产品的版本管理工具及策略 ③ 配置管理工具的功能，自动化的程度（包含文档、代码、问题、数据、模型、漏洞、自动构建、持续集成、环境部署等） ④ 从注册角度评估配置管理的可用性，能否支持溯源、数据一致性等能力 ⑤ 评估配置管理对于软件、算法模型和数据的覆盖性 （3）财务 ① 财务管理、预算流程以及财务对该类项目的支持程度 ② 财务控制中的指标、阈值和应对财务风险的办法 ③ 是否有类似项目的预算和执行情况的数据库 （4）历史经验数据库 ① 历史经验数据库的结构和内容 ② 覆盖对历史项目的重大变更以及原因分析的回顾

续表

分类	对内部环境的评估
知识资产	（5）指标数据库 ① 对于各类业务指标是否有明确的定义，比如数据指标、模型效果指标、产品指标、注册指标 ② 各类指标定义的参考因素，如公开的注册信息、论文文献 ③ 是否有风控相关的各类阈值 ④ 评估各类指标的产生过程是否合理 ⑤ 评估指标的实际结果和回顾情况 （6）历史项目文档 ① 历史项目文档的所有记录归档数据库 ② 历史项目文档被查看、使用、分享的权限管理 ③ 历史项目文档被查看、使用、分享的频率

4.4.4 商业文件

与项目章程不同的是，商业文件会重点突出机会和收益。在用于乳腺癌诊断的人工智能项目的商业文件中，会重点关注市场容量、注册现状、竞品情况、数据情况、研究者、可行性等方面。通过这些信息的汇总，促进组织决定抓住市场机遇，开展该项目。表4-10是商业文件样例。

表4-10 商业文件样例

商业文件	
项目发起原因	☑符合法规、法律或者社会需要 ☑满足相关方的需求 ☑创建和改进产品，客户来自企业外部 ☑执行或变更业务战略
投资人	☑自筹 □政府经费 □外部投资人 □其他
项目目标	让20%的乳腺癌影像学检查中使用人工智能产品
链接的组织战略	基于组织的癌症影像学人工智能战略
项目的机会	① 市场：全球已经有超过56万人死于乳腺癌 ② 注册：目前NMPA尚无相关三类注册产品（截至2021年） ③ 竞品：QuantX。该系统最初由芝加哥大学研发 ④ 数据：初步预估可以通过科研合作搜集到数据××××例

续表

商业文件	
项目的机会	⑤ 研究者：已经确定×××医院的×××主任作为主要研究者，该研究者有完整的医工结合经验，在行业内也具有一定的影响力 ⑥ 可行性：根据数据、专家和市场技术环境的可行性的综合考虑，是存在技术上的可行性的。人工智能从技术上有希望能帮助医生诊断乳腺癌 ⑦ 付费方：医院采购。医院每年在信息化建设上有一定的费用，三级医院信息化建设每年费用平均达到500万～1000万元 ⑧ 销售模式：直接销售模式 ⑨ 项目可以进一步向穿刺辅助、治疗辅助、治疗效果评估等临床方面进一步发展。向硬件发展的趋势尚不明朗，有待评估 ⑩ 公司自筹资金充足
可能存在的问题	① 向C端收费：目前尚无辅助诊断的收费类目，只能向医院收费 ② 项目周期：3年，周期比较长 ③ 目前尚无成熟的成本估算方法，成本失控风险高 ④ 整个项目管理的模板、流程不完善 ⑤ 需要注意采购方（医院）按年做预算的采购模式，销售跟进周期长
预期产出经济效益	① 产品定价：×××万元/套 ② 市场空间：100家三级甲等医院，300家二级医院 ③ 预计3年市场渗透率：20%
产品的交付内容和形态（初步）	乳腺MRI模态下的乳腺形态、病灶良恶性、BI-RADS报告，但不包含穿刺辅助、治疗等后续环节
重要的相关方	① 项目经理：负责项目的总体协同和运营 ② 产品经理：负责产品的总体协同，目标制定，产品交付 ③ 外部专家：协同确定产品的方向、解决产品问题 ④ 管理团队：为项目经理的工作提供支持 ⑤ 科研合作医院：为项目提供差异性数据 ⑥ 标杆医院客户：为产品试用提供真实环境，并在试用中反馈问题和数据 ⑦ 政府监管机构：为产品的临床性能验证颁布证书 ⑧ CRO机构：为产品的临床试验环节提供方案、执行 详细参考相关方登记册
风险	① 乳腺癌的核磁共振检查，各地医院实操差异大，模型的数据量泛化需求比较大，效果指标可能在泛化数据上表现偏低 ② 因为乳腺穿刺中不容易固定，乳腺穿刺活检数据的精度有限。金标准数据有误差风险

续表

商业文件	
风险	③ 技术团队对多模态融合技术尚不熟悉，而乳腺癌诊断中需要多模态融合 ④ 销售团队对人工智能产品的销售经验不足，且对影像类产品不熟悉
成功的关键因素	① 形成稳定的合作机构关系，尽早形成产品试用 ② 与优质研究者合作，形成良好的产品设计框架，减少后期风险 ③ 尽早获得覆盖广泛的优质数据 ④ 尽早按照注册的标准做检查，避免后期发现有差距 ⑤ 对关键的资源进行盘点和维护，解决资源冲突

4.4.5 项目章程

在项目章程中，定义了项目的主要交付目标、里程碑和质量目标，并规定了项目经理的责权利和项目重大变更的假设及条件。表4-11是项目章程样例。

表4-11 项目章程样例

<table>
<tr><th colspan="3">项目章程和假设</th></tr>
<tr><td colspan="2">项目名称：乳腺癌的人工智能辅助诊断项目</td><td>批准日期：</td></tr>
<tr><td>批准人：</td><td>编号：</td><td>项目经理：</td></tr>
<tr><td colspan="3">项目目的</td></tr>
<tr><td colspan="3">实现乳腺癌的人工智能辅助诊断产品
具体的成功标准如下
① 取得三类NMPA注册证一张
② 产品的功能在20家医院试用，且20家医院分布在多个大区
③ 在至少3家医院形成销售结果
④ 产品的功能交付目标：使用MRI模态，能自动生成BI-RADS报告</td></tr>
<tr><td colspan="3">项目交付物的软件特征：辅助决策类、按照Ⅲ类NMPA注册、实时性独立人工智能软件，使用医疗器械数据、基于模型而非统计、黑盒有监督学习</td></tr>
<tr><td colspan="3">项目进度和里程碑</td></tr>
<tr><td colspan="3">项目设置13个里程碑
具体的内容，可以参考已经被设定为基准的项目进度模型</td></tr>
</table>

续表

<table>
<tr><th colspan="3">项目章程和假设</th></tr>
<tr><th>里程碑</th><th>日期</th><th>备注</th></tr>
<tr><td>（1）项目启动</td><td></td><td></td></tr>
<tr><td>（2）第一批器官分割数据整理和标注完成</td><td></td><td></td></tr>
<tr><td>（3）第一批器官分割模型通过验证</td><td></td><td></td></tr>
<tr><td>（4）第一个模型完成集成</td><td></td><td></td></tr>
<tr><td>（5）所有模型完成集成</td><td></td><td></td></tr>
<tr><td>（6）产品在第一家医院试运行</td><td></td><td></td></tr>
<tr><td>（7）完成医院数据反馈闭环</td><td></td><td></td></tr>
<tr><td>（8）产品在20家医院试用</td><td></td><td></td></tr>
<tr><td>（9）达到开展临床试验的要求</td><td></td><td></td></tr>
<tr><td>（10）完成临床试验</td><td></td><td></td></tr>
<tr><td>（11）取得NMPA三类注册证</td><td></td><td></td></tr>
<tr><td>（12）完成销售结果</td><td></td><td></td></tr>
<tr><td>（13）项目结束</td><td></td><td></td></tr>
<tr><th colspan="3">项目成本预算</th></tr>
<tr><td colspan="3">项目总成本预算为×××
资金来源是公司自筹资金，非课题专项经费
具体成本内容，可以参考已经被设定为基准的成本模型</td></tr>
<tr><th colspan="3">项目的认知质量目标</th></tr>
<tr><td colspan="3">重要的质量指标如下（指标值略去）
① 器官和病灶分割目标（Dice）
② 病灶疾病检出的效果指标（敏感性、特异性）
③ 实现BI-RADS报告的结构（完整性）
④ 注册所需临床试验全流程要求（合规性）
⑤ 注册对数据管理、配置管理的要求（合规性）</td></tr>
<tr><th colspan="3">项目相关方</th></tr>
<tr><td colspan="3">参考相关方登记册</td></tr>
<tr><th colspan="3">项目经理职责和权限</th></tr>
<tr><td colspan="3">① 设定项目目标、范围和愿景
② 负责搜集和报告项目的状态
③ 组织资源形成风险管理</td></tr>
</table>

续表

项目章程和假设
④ 促进各类相关方的沟通 ⑤ 根据流程，制定/变更几类关键性模型（范围、交付、进度、质量、成本）；根据流程，采集绩效相关数据，形成绩效考核的输入；根据流程，盘点项目的资源，项目组资源的使用；有权参与到项目所需资源采购或者资源冲突消解的沟通中 ⑥ 有权根据项目情况，对项目所需的内外部资源提出申请；有权根据财务制度，申请财务支持，获得运营项目的费用 ⑦ 在项目发生重大变化时候，有权提议项目章程变更，乃至项目关闭 ⑧ 有权根据项目的情况，对流程和模板提起审批
战略假设和运营假设
项目的战略假设 ① 公司战略方向没有发生变化，或者变化部分对本项目无影响 ② 注册条件没有发生重大变化，在项目期间没有其他企业率先注册乳腺癌的人工智能产品 ③ 医院信息化建设的政策没有发生重大变化，对AI软件的采购政策延续当前的支持态度
项目的运营假设 ① 公司财务状况正常，至少能完成最小的项目交付目标 ② 公司和标杆客户医院的合作关系正常，项目期被包含在合作期间之内 ③ 团队达到最小的启动人员配置 ④ 主要的算力和数据资源的申请，在正常的时延范围内能够得到批准
项目退出条件
① 发生重大的战略假设和运营假设变化，导致项目假设不再满足，项目终止 ② 发生不可抗拒力导致项目终止 ③ 项目达到验收标准，正常结束
项目批准
项目章程及其变更的批准人员是项目的负责人

在表4-11中，NMPA指的是National Medical Products Administration，也就是国家药品监督管理局。BI-RADS指的是Breast Imaging Reporting and Data System，是美国放射学会创立并推荐的用来记录乳腺病变的影像学报告系统，该系统规定了报告的详细格式和记录内容，也提供了一个乳腺病变的分级标准，分级结果预示了病变的良恶性。Dice值是一种度量集合相似度的方法，在图像分割任务中用来表征两个图像的重合程度。

4.4.6　确定项目范围

在医疗影像人工智能项目中，有三个文件和项目范围相关。第一个文件是最终的交付物及其描述。这相当于在组装类玩具中，搭建出来的玩具形态。在这个文件中，分模型、注册、知识产权和运营四个方面来描述交付物和验收标准。表4-12是交付物说明文档。

表4-12　交付物说明文档

<table>
<tr><th colspan="2">交付物说明文档</th></tr>
<tr><td colspan="2">项目目标：形成乳腺癌的人工智能辅助诊断产品</td></tr>
<tr><td>模型交付目标</td><td>病灶分割和测量能力
生成乳腺病变的BI-RADS报告
智能地指出各个病灶的BI-RADS分级结果（良恶性）</td></tr>
<tr><td>注册交付目标</td><td>NMPA临床注册三类证1张</td></tr>
<tr><td>知识产权交付目标</td><td>科研论文2篇、软件著作权1份、专利2个</td></tr>
<tr><td>运营目标</td><td>产品的功能在20家医院试用，且20家医院分布在多个大区；在至少3家医院形成销售结果</td></tr>
<tr><td colspan="2">监管要求</td></tr>
<tr><td colspan="2">① 数据的取得、使用合规，有合作依据
② 符合《中华人民共和国数据安全法》《中华人民共和国个人信息保护法》《中华人民共和国网络安全法》等法律要求
③ 符合《深度学习辅助决策医疗器械软件审评要点》和《人工智能医疗器械注册审查指导原则》两个规定
④ 医疗专业性符合《2014年乳腺MRI检查共识》和《中国抗癌协会乳腺癌诊治指南与规范》</td></tr>
<tr><td colspan="2">验收标准</td></tr>
<tr><td>模型验收</td><td>① 能够部署在典型的二级/三级医院影像科，能够和PACS系统对接
② 在全流程上，减少放射科医生在常规乳腺MRI阅片时间的70%
③ 与单纯医生阅片相比，软件辅助之后的医生阅片通过优效性检验
④ 具体的算法模型、产品的指标，参考质量管理计划</td></tr>
<tr><td>注册证验收</td><td>乳腺部位，MRI模态的NMPA三类证</td></tr>
<tr><td>科研论文验收</td><td>国外影响因子2分以上的论文，或同级别会议的论文</td></tr>
<tr><td>软件著作权</td><td>项目验收之前，完成注册软件著作权</td></tr>
</table>

续表

交付物说明文档	
专利验收	项目验收之前，提出申请中国专利，由法务团队接手跟踪
运营验收	① 在20家医院形成试用合同的签订 ② 试运行报告 ③ 3个销售合同的签订

项目范围的第二个文件是描述监管对于交付物的各种要求，这可以理解成对于组装类玩具的零件所使用的材质和工艺的要求。在《人工智能医疗器械注册审查指导原则》中要求最终交付的人工智能产品归属到特定的分类，并在交付时进行验证。表4-13是医疗人工智能交付物属性的注册要求。

表4-13 医疗人工智能交付物属性的注册要求

分类	选项
决策类型	□辅助决策类 □非辅助决策类
医疗器械分类管理	□ I 类 □ II 类 □III类
数据类型	□医疗器械数据 □非医疗器械数据
用途类型描述	
软件类型	□人工智能独立软件 □人工智能软件组件
实时性要求	□实时性 □非实时性
功能分类	□处理功能 □控制功能 □安全功能
学习方法类型	□基于模型 □基于统计数据
学习策略类型	□有监督学习 □无监督学习
可解释性类型	□白盒 □黑盒
是否全新	□算法全新 □功能全新 □用途全新 □成熟产品
是否包含	□集成学习 □迁移学习 □强化学习 □联邦学习

第三个文件是WBS工作分解结构表，这个文件从大到小对最终目标进行了分解，可以理解为组装类玩具的总体零件表（但不包含组装过程）。在影像人工智能项目中，任务可以粗略分为数据任务、算法任务、产品集成任务、交付任务、注册任务和科研任务六类。项目组在这六类任务上进行逐级分解，形成如表4-14所示的WBS表样例。在表4-14中，增加两列，一列是前置关系，另一列是业务交付物。其中前置关系与第5章的进度管理相关。

表4-14　乳腺癌人工智能的WBS表样例

编码	任务/工作包名称	前置关系	业务交付物
1	乳腺癌人工智能辅助诊断		
1.1	数据处理		
1.1.1	确定数据处理目标		数据处理计划
1.1.2	数据来源单位合作	1.1.1	合作协议
1.1.3	确定数据筛选条件	1.1.1	数据申请表
1.1.4	数据申请	1.1.2	数据转移表审批
1.1.5	数据脱敏、下载和转移	1.1.4	数据集
1.1.6	数据配置统计	1.1.5	数据配置表
1.1.7	数据标注		
1.1.7.1	获取样例数据	1.1.4	数据集
1.1.7.2	标注工具和标准培训		标注培训文档
1.1.7.3	制定标注标准	1.1.1	
1.1.7.3.1	制定DWI序列标注标准	1.1.4	标注标准
1.1.7.3.2	制定DCE序列标注标准	1.1.4	标注标准
1.1.7.3.3	制定T2标注标准	1.1.4	标注标准
1.1.7.3.4	制定FSE-T1标注标准	1.1.4	标注标准
1.1.7.4	标注任务分配	1.1.7.2 1.1.7.3	标注任务分配表
1.1.7.5	数据标注和审查	1.1.7.4	
1.1.7.5.1	DWI序列标注和审查	1.1.7.4	标注、标注质量报告
1.1.7.5.2	DCE序列标注和审查	1.1.7.4	标注、标注质量报告
1.1.7.5.3	T2序列标注和审查	1.1.7.4	标注、标注质量报告
1.1.7.5.4	FSE-T1序列标注和审查	1.1.7.4	标注、标注质量报告
1.2	算法模型训练		
1.2.1	算力申请		资源申请表
1.2.2	算法环境配置搭建	1.2.1	算法硬件配置表
1.2.3	技术路线架构	1.1.1	算法任务分配表
1.2.4	模型训练任务分配	1.2.3	技术路线图
1.2.5	模型训练		
1.2.5.1	训练腺体分类模型	1.1.7.5.4	算法模型，数据配置
1.2.5.2	训练形态模型	1.1.7.5.2	算法模型，数据配置
1.2.5.3	训练BPE模型	1.1.7.5.2	算法模型，数据配置

续表

编码	任务/工作包名称	前置关系	业务交付物
1.2.5.4	训练良恶性模型	1.1.7.5.2	算法模型，数据配置
1.2.5.5	训练DCE分割模型	1.1.7.5.2	算法模型，数据配置
1.2.5.6	训练DWI分割模型	1.1.7.5.1	算法模型，数据配置
1.2.5.7	训练DCE疾病分类模型	1.1.7.5.2	算法模型，数据配置
1.2.5.8	训练DCEBI-RADS分类模型	1.1.7.5.2	算法模型，数据配置
1.2.5.9	训练T2分割模型	1.1.7.5.3	算法模型，数据配置
1.2.6	模型验证		
1.2.6.1	腺体分类模型验证	1.2.5.1	模型验证结果
1.2.6.2	形态模型验证	1.2.5.2	模型验证结果
1.2.6.3	BPE模型验证	1.2.5.3	模型验证结果
1.2.6.4	良恶性模型验证	1.2.5.4	模型验证结果
1.2.6.5	DCE分割模型验证	1.2.5.5	模型验证结果
1.2.6.6	DWI分割模型验证	1.2.5.6	模型验证结果
1.2.6.7	DCE疾病分类模型验证	1.2.5.7	模型验证结果
1.2.6.8	DCEBI-RADS分类模型验证	1.2.5.8	模型验证结果
1.2.6.9	T2分割模型验证	1.2.5.9	模型验证结果
1.2.7	模型集成	1.2.6	开发Build
1.3	产品化开发		
1.3.1	产品开发架构	1.2.3	产品开发架构图
1.3.2	产品功能设计	1.3.1	产品设计图
1.3.3	产品功能开发	1.3.2	Code，Code配置
1.3.4	产品测试		
1.3.4.1	测试数据准备	1.3.3	数据集
1.3.4.2	测试用例准备	1.3.3	测试用例
1.3.4.3	功能测试	1.3.3	测试报告
1.3.4.4	兼容性测试	1.3.3	测试报告
1.3.4.5	性能测试	1.3.3	测试报告
1.3.5	产品配置	1.3.2	版本配置
1.3.6	产品文档发布	1.3.4	培训手册
1.3.7	产品版本发布	1.3.4 1.3.5 1.3.6	产品Build

续表

编码	任务/工作包名称	前置关系	业务交付物
1.4	产品实施		
1.4.1	标杆医院合作关系建设		合作协议
1.4.2	院内环境调研	1.4.1	硬件网络环境报告
1.4.3	产品文档准备		
1.4.3.1	准备产品配置文档	1.4.2 1.3.7	产品硬件配置
1.4.3.2	准备产品说明书	1.4.2 1.3.7	产品说明书
1.4.4	产品硬件设备采购		
1.4.4.1	采购申请	1.4.3	采购申请单
1.4.4.2	硬件发货	1.4.3	硬件发货单
1.4.4.3	硬件收货	1.4.3	硬件收货单
1.4.4.4	硬件验收	1.4.3	硬件验收单
1.4.5	产品环境部署		
1.4.5.1	产品软件安装	1.4.4	调试部署报告
1.4.5.2	产品的网络连接和调试	1.4.4	调试部署报告
1.4.5.3	产品和外部接口调试	1.4.4	调试部署报告
1.4.5.4	产品综合调试验收	1.4.4	调试部署报告
1.4.6	产品试运行		
1.4.6.1	产品样例数据准备	1.4.5	数据集
1.4.6.2	产品培训	1.4.5	培训记录
1.4.7	产品运行		
1.4.7.1	定期问题反馈	1.4.6	问题报告单
1.4.7.2	软硬件问题解决	1.4.6	问题解决报告
1.5	知识产权发表		
1.5.1	论文发表		
1.5.1.1	确定选题和投递目标	1.2.3	选题列表
1.5.1.2	文献阅读	1.5.1.1	文献阅读报告
1.5.1.3	数据采集	1.5.1.2 1.2.7	数据集
1.5.1.4	确定试验结果	1.5.1.3	指标结果
1.5.1.5	论文撰写	1.5.1.4	论文草稿

续表

编码	任务/工作包名称	前置关系	业务交付物
1.5.1.6	论文投递	1.5.1.5	论文投递函
1.5.1.7	确认论文接收	1.5.1.6	论文接收函
1.5.2	软著申报		
1.5.2.1	软著材料准备	1.3.7	软件代码功能描述
1.5.2.2	软著材料申报	1.5.2.1	申报表
1.5.2.3	确认软著授权	1.5.2.2	授权函
1.5.3	专利申报		
1.5.3.1	确定专利选题	1.2.5	选题列表
1.5.3.2	交底书申请	1.5.3.1	交底书
1.5.3.3	专利撰写	1.5.3.2	专利文件
1.5.3.4	专利提交	1.5.3.3	专利申请
1.5.3.5	确认专利授权公开	1.5.3.4	授权函
1.6	临床注册取证		
1.6.1	预试验	1.2.7	预试验报告、指标
1.6.2	产品形式测试		
1.6.2.1	文件策划	1.3.7	技术要求
1.6.2.2	形式检测	1.6.2.1	检测报告
1.6.3	方案设计		
1.6.3.1	临床方案定稿	1.6.1	临床方案
1.6.3.2	CRF 定稿	1.6.3.1	CRF 表格
1.6.4	伦理立项		
1.6.4.1	组长单位立项	1.6.3	立项申请书
1.6.4.2	组长单位完成审批	1.6.4.1	立项审批
1.6.4.3	组长单位签订协议	1.6.4.2	临床试验协议
1.6.4.4	临床备案	1.6.4.3	备案文档
1.6.4.5	参加单位立项	1.6.4.1	立项申请书
1.6.4.6	参加单位完成审批	1.6.4.5	立项审批
1.6.4.7	参加单位临床备案	1.6.4.6	备案文档
1.6.5	试验过程		
1.6.5.1	病例入组	1.6.4	入组数据
1.6.5.2	试验阅片	1.6.5.1	数据报表
1.6.5.3	CRF 表签字	1.6.5.2	CRF 表

续表

编码	任务/工作包名称	前置关系	业务交付物
1.6.5.4	数据录入	1.6.5.3	数据表
1.6.5.5	完成统计分析	1.6.5.4	统计表
1.6.5.6	形成结题报告	1.6.5.5	结题报告
1.6.5.7	关闭中心	1.6.5.6	临床试验状态
1.6.6	创新申报资料编写		
1.6.6.1	审查申请表	1.6.5	申请表
1.6.6.2	提供资质证明	1.6.5	资质证明
1.6.6.3	知识产权证明文件	1.6.5	知识产权证明文件
1.6.6.4	提供研发过程和结果综述	1.6.5	过程结果综述
1.6.6.5	产品技术文件	1.6.5	技术文件
1.6.6.6	产品创新性证明文件	1.6.5	创新性文件
1.6.6.7	产品风险文件	1.6.5	风险文件
1.6.7	注册提交	1.6.6	注册提交单据
1.6.8	体系核查	1.6.7	核查报告
1.6.9	注册取证	1.6.6 1.6.7	注册证

MRI检查中，会使用不同参数控制设备中的线圈，形成不同的扫描序列。不同的扫描序列会重点显示不同的组织特性。表4-14中，DCE（Dynamic Contrast Enhanced，动态对比增强）、DWI（Diffusion Weighted Imaging，弥散加权成像）、FSE-T1（Fast Spin Echo T1，快速自旋回波T1弛豫）和T2都是MRI检查常用的扫描序列，通常每个病例在MRI检查中，需要做3～5种不同的扫描序列，以采集各种不同的影像学信息。另外，BPE（Background Parenchymal Enhancement，背景实质强化）指的是正常乳腺组织在MRI上被增强显示的一种现象。CRF（Case Report Form，病例报告表）是在临床试验或研究中记录受试者的所有信息，并向申办者报告的文件。

Artificial

Intelligence

Project Management

Methods, Techniques and Case Studies

第5章 进度管理

通过本章的内容，

读者可以学习到：

- 人工智能项目中重点资源的管理；
- 制订进度计划的七个步骤；
- 理解关键路径，控制整体进展；
- 避免常见的进度管理问题；
- 在人工智能项目中整理活动的关系。

在第4章中，项目经理根据内外环境的情况，推动项目章程的落地，完成了立项。之后，项目全面进入规划阶段，构建了WBS，确定了项目范围。不过在WBS中，工作包还不涉及任何具体的时间，既不知道什么时候开始，也不知道什么时候结束。项目想要进入实施阶段，还要先制订进度计划。

当提到项目管理的时候，很多项目经理率先想到的是进度计划的表格。在实际的进度管理中，项目经理需要通过各种工具和方法来安排好活动之间的依赖、控制总体时长，最终形成项目的进度计划。

在人工智能项目中，进度受资源的影响很大。出行的时候坐的是高铁，还是普通火车，最终花费的时间差别会很大。在项目中，专家、硬件、数据和团队都是项目的可用资源。没有资源的获取，就不能制订进度计划，正所谓“巧妇难为无米之炊”。本章首先介绍资源管理的方法和工具，再介绍项目进度计划的制订过程。

5.1 资源管理

在项目管理中，资源指的是在项目中能够直接利用，可以在项目中度量的要素，包括具体实物和人。一般来说，如果满足如下的属性，就可以称为资源：

① 能够用来完成任务；

② 在一个时间段内有可用性；

③ 具有成本效益；

④ 具有一定的可靠和稳定性，不会随时间发生很大的变化。

从这样的角度来看，人力资源、基础设施、外部专家、合作机构等，都可以看成是资源。

PMI将项目失败归为三种情况：第一种是组织的能力限制，通常是因为高层管理者缺少洞察力，或者整个组织的能力不足以完成项目，导致项目的失败；第二种是项目式失败，指的是因为项目目标设定不当，或者是项目组能力不足以承接该目标，或者是项目管理不合理，导致项目的失败；第三种则是资源式失败，指的是因为各种资源限制，导致项目的失败。很多创新型项目没有达到预期，主要是因为可用的资源不足，而这种失败，是在项目经理的努力下有可能避免或改善的。

所有类型的资源，项目经理都可以通过四个步骤对资源进行管理。

第一步，规划资源。了解这类资源的特性，确定用什么流程来进行管理，由谁来负责推进，谁来负责审核。不同类型资源的规划过程其参与者不同，比如算力资源会由算法专家团队来规划，而团队资源可能由项目组各个职能的负责人来分别规划。因此，这个步骤的成果是确定资源类型和估算负责人。

第二步，估算资源。针对每种不同的资源，形成类型和总量的估算，项目经理可以和估算者沟通具体的指标、方法和工具。这个步骤的成果是资源申请表。

第三步，获取资源。这些资源可能是通过采购，或者是申请，或者是外部合作等不同的形式来获得。有时，项目独立开展资源采购流程；在另外一些情况下，组织会负责资源的采购流程，项目经理或资源申请负责人根据流程向组织申请。这个步骤的成果是资源到位。

第四步，资源到位之后，是资源的使用和监控。项目团队需要定期获得资源使用的数据，得到资源使用报告。使用情况异常时，团队采取一定的措施予以校正。第四步的成果是资源使用的合理状态。

在本章中，针对人工智能项目中重要的几类资源，重点介绍规划资源和申请资源。

5.1.1　规划资源

在人工智能项目中，都会用到什么样的资源？表5-1中列出了8类资源。在这8类资源中，可以重点关注的资源分别是实物资源中的算力，它是算法模型训练效率的保证；数据，它的多少或好坏，与最终交付产品的质量密切相关；内部团队和外部专家。

表5-1 人工智能项目中的资源类型

资源类型	资源定义	资源举例
实物资源	具有物质形态的固定资产	训练用的算力资源、数据处理用的设备、集成用的设备、实施用的设备、各类服务器
信息资源	组织内外部与运营有关的情报和资料	各类项目管理信息、运营信息、竞争对手信息
团队资源	内部和可利用的外部人员的总和，包括这些人的体力、智力、人际关系、心理特征及其知识经验的汇总	内外部专家、内部团队、算法专家、法务专家、产品开发专家、数据专家、伦理专家
技术资源	形成产品的直接技术和间接技术、软硬件技术、生产工艺技术、设备维修技术、财务管理技术、生产经营的管理技能	算法沉淀、算法进展研究、历史项目经验
品牌资源	表明企业或企业产品身份的无形因素所组成的资源	产品品牌、服务品牌、企业品牌
数据资源	企业拥有的一切可合规利用的数据	训练数据、测试数据、验证数据
文化资源	由企业形象、企业声誉、企业凝聚力、组织士气、管理风格等一系列具有文化特征的无形因素构成的资源	企业文化
市场资源	各类商业和公共资源的合作伙伴	合作医院机构、CRO公司、软件工具供应商、投资者、产品分销合作机构

（1）算力资源

在人工智能项目的实物资源中最重要的，就是算力资源。

我们每个人时时刻刻都在进行着计算，这些计算是在生物体上完成的。最开始，我们是通过心算来获得结果。后来随着人类发明了笔和纸，就可以借助外部的工具进行计算。20世纪40年代，世界上第一台计算机ENIAC诞生，人类进入了数字计算时代。随着半导体的发展，人类又进入了芯片时代，芯片大大提升了计算的效率。20世纪70年代开始，人类又迈进了PC时代，计算的威力为千家万户所感受。在日常生活中使用计算机和手机的时候，这些设备的快和慢，就是算力的直观反馈。

英特尔创始人之一戈登·摩尔曾经提出了一个思路：集成电路上可以容纳的晶体管数目每经过18～24个月便会增加一倍，处理器的性能大约每两年翻一倍，同时价格下降为之前的一半。这个著名的摩尔定律说明，算力的价格一直是在变化的。

21世纪初出现的云计算，将大量的零散算力资源进行打包、重新切割，实现更高可靠性、更高性能、更低成本的算力。就好像将无序的新兵整编起来，经过训练，形成了集团军，然后切割成为一个师或者一个旅，可以灵活调配。所以，算力不只是单台机器，还可以形成集群、云计算等不同的层次。

算力按照用途，可以分为通用算力和专用算力。像日常计算机中的Intel x86系列中央处理器芯片（Central Processing Unit，CPU），是通用芯片，它能完成的算力任务是多样化的、灵活的，但代价是功耗高。专用芯片，如可编程集成电路（Field Programmable Gate Arrays，FPGA）和专用集成电路（Application-Specific Integrated Circuit，ASIC），可以通过硬件编程来改变内部芯片的逻辑结构，软件编制的难度大，但能耗低。不同的业务使用差异性的算力，能够达到更好的性能和能耗的平衡。

算力是人工智能项目开展的硬件基础，而且在不断地快速变化中。从2012年开始，主流深度学习模型所需的计算量，几乎每个季度就要翻一番，其指数上升趋势比摩尔定律更陡峭。2020年OpenAI发布的GPT-3，包含了接近2000亿个参数，算力需求超过常见模型上千倍。算力虽然是以芯片为核心，但算力资源在采购和使用上，是以服务器的形式出现的。因此，在人工智能项目中，采购算力，实际上指的是采购包含特定算力的服务器。

（2）数据资源

我们已经生活在一个被数据包围的世界中，手机上的每个APP每时每刻都在生成数据，这些数据被APP所连接的服务器记录下来。在公共场合，大量的摄像头和传感器也静悄悄地生成数据，汇聚到数据库中。这些海量数据，催生了大数据产业，大数据产业的发展又为人工智能提供了最重要的“养分”，也就是数据。

在不同的行业应用中，项目所需要的数据种类差别很大，目前尚未有完善的关于人工智能项目数据使用的指导规范。一般来说，提到数据资源，以下七个问题不可忽视。

① 数据资源是否涉及隐私，获取过程是否合规？

② 为了保障数据安全，需要做哪些工作？

③ 当数据量足够大的时候，存储成本是项目成本中不可忽视的一部分。因此要问数据量有多大？数据存储的增量是多少？

④ 如果数据来源于不同的机构，处理某一类数据源的程序，能否不经过修改，也用在其他的数据源上？这是关于数据标准化的问题，如果不标准，数据处理上会产生大量的成本。

⑤ 数据是否对所有的使用者都友好？为了让不同角色能够理解数据，需要将同一份数据处理成多种表达形式。

⑥ 数据如何评估，用什么指标来评估，这是数据资源的质量评价。

⑦ 了解所在组织能提供的数据基础设施，如存储、安全、数据处理等，以确定多少成本可以由组织的基础设施来分担。

（3）团队资源

不同于实物资源管理，团队资源是多变的和动态的。团队资源管理是项目中的人力资源管理，团队可以包含全职、兼职和顾问人员，他们的劳动关系不同。随着项目进展，人员会发生变化，而且成员各自有不同的技能。

尽管项目团队成员被分配了不同的角色和职责，但在申请人员、管理团队、激励团队等方面的工作上，项目经理还需让项目组成员更多地参与到项目规划和实施中。例如，团队成员参与规划阶段，既可使他们对项目规划工作贡献专业技能，又可以增强对项目的责任感。项目经理在团队管理中，重点工作是了解岗位分工和协作流程，并应用领导力促进团队建设。

在团队资源管理上，可以重点关注如下六个方面。

① 团队的能力矩阵是否完善。

② 团队的分工、协作安排是否合理。

③ 团队成员的地理位置分布、工作时间分布。

④ 项目组中各个职能团队的目标和价值。

⑤ 组织文化和凝聚力对团队的影响。

⑥ 人力资源市场环境，包括价格、能力和流动性等因素。

（4）专家资源

专家在人工智能项目中起到不可替代的作用。领域专家通晓领域的大方向，参与到各类规范的制定中，提供数据资源支持，还能给具体的工作提出建设性意见。专家资源通常也有限制。第一是时间限制。专家的时间有限，很少能全职在一个项目中。因此，掌握专家的时间情况，安排工作进度，是项目进度管理中的一项工作。第二是语言限制。专家通常在某些领域掌握了大量的知识和实践，但是对于其他领域的术语不一定熟悉，因此使用合适的中间语言很重要。例如，领域专家不一定了解智能化产品的研发过程，团队经常要通过中间可视化产物来沟通。第三是目标限制。项目团队内成员的总体目标通常是一致的，就是项目交付，并且从项目成功中获取报酬和利益。而专家的目标可能是科研成果、名誉、影响力等方面。

专家的这三种限制，带来了进度管理、沟通管理、项目范围的额外工作量。因此在专家资源的使用上，需要同步完善其他的项目管理子计划，才能更好地发挥专家资源的作用。

5.1.2 申请资源

在本小节中，将讨论算力、数据、团队和专家四类资源的申请表格，并细化各类资源申请所需要考虑的问题。

（1）算力资源

算力资源的申请，可以从五个角度来分析，形成比较完整的申请表格。

第一，要了解这个算力是用来做什么的？一般来说资源可以有这样的用途：Web服务、中间件计算、一般性的数据计算、存储服务器、日常开发、模型训练计算、模型推理计算、提升负载能力的服务器、安全和网络节点等。

第二，这些计算总量中，是否做到共享？也就是是否需要通过虚拟化和云计算来柔性分割计算资源？计算资源是否有可靠性、可用性、冗余和容错方面的要求？在项目要求中，是要求资源专用，还是资源可以在组织内共享？资源在项目内是如何分配的？每个组员拿到的资源将会有多少？能否满足工作的需要？

第三，为了能实现业务目标，计算总量需要多少？增量是多少？人工智能的训练和推理服务器，可以通过FLOPS（Floating-Point Operations Per Second，每秒所执行的浮点运算次数）、TOPS（Tera Operations Per Second，每秒执行多少万亿次操作）、能耗等指标进行评估，例如，1TOPS代表处理器每秒可进行10^{12}次操作。不同芯片的算力和能耗都不同，表5-2列举了不同芯片的算力和能耗指标，该数据源自《人工智能：国家人工智能战略行动抓手》。

表5-2 不同芯片的算力和能耗指标

芯片	特点	GFLOPS	功耗/W	功耗比	灵活性
CPU	擅长处理和控制复杂流程，高功耗	1330	145	9	很高
GPU	擅长简单并行计算，高功耗	8740	300	29	高
FPGA	可重复编程，低功耗	1800	30	60	中
ASIC	高性能，研发成本高，任务不可更改	450	0.5	900	低

第四，还要关注备选方案的问题。例如，项目经理去申请服务器算力资源，被告知组织已经有一个稍微低配的计算资源即将释放，问能否使用这样的资源。如果项目组没有做提前的准备，就要重新计划，而且还要等待。因此，在资源申请之前，设计多种方案，有高中低配置，并且向资源管理部门提前了解现状，会加快资源获取。

第五，因为算力资源的采购和使用，涉及很多配套的服务部门，如电力供应、空调、网络带宽等。例如，开展模型训练的服务器，因为加装了大量的GPU卡，使得单个机柜槽位上的耗电量大大增加，可能会超出机柜的额定供电，所以模型训练服务器的采购经常和机房改造是紧密联系在一起的。项目组通常需要和支持部门一同协作，沟通算力资源的申请，来确保项目的顺利开展。

以上的各个事项汇总起来，可以生成如表5-3所示的算力资源申请单样例。使用申请单能帮助人们快速明确算力需求，加快流程推动，减少进度风险。

表5-3 算力资源申请单样例

算力资源申请单			
项目名称		项目经理	
项目对资源需求概述			
申请负责人			
主要用途	□Web服务器 □中间件服务器 □一般性计算服务器 □存储服务器 □开发和测试机 □办公机 □模型训练服务器 □模型推理服务器 □为提升负载能力的服务器 □安全和网络节点服务器		
可否在项目间共享	□在项目间分配 □仅限于项目内		
建议形式	□自有 □租用 □其他		
管理形式	□团队管理 □组织统一管理	拟管理者	
资源形式	□虚拟化 □云计算 □物理机		
非功能性需求	□可靠性 □可用性 □冗余和容错		
最低规格		数量	
正常规格		数量	
最佳规格		数量	
未来扩展要求		数量	
算力需求评估			
市场价			
协同部门	□运维部门 □安全部门 □采购部门 □其他部门		
物理环境配套	□电源功率 □制冷 □机柜位置 □网络带宽 □其他		
相关其他采购	□软件平台 □机房租赁 □其他		

（2）数据资源

对于数据资源，项目经理可以通过数据资源申请单来整理数据需求。可以考虑如下几类问题。

首先，了解数据是为什么功能服务的，是构建模型，或是产品注册，还是建设知识图谱等。

其次，在安全、隐私和伦理上进行说明。例如，需要遵守的法律规定和组织内流程。如果要处理数据隐私，在匿名化的处理中，需要遵循什么样的标准。

再次，需要什么样质量的数据。在很多领域，数据的质量都没有便捷的、统一的标准来评估。通常可以通过评估创建数据的流程质量来替代。例如，创建数据的过程是否有一致性的流程，流程被严格执行的程度。如果这些信息也无法获取，可以使用创建数据的机构的评级来粗略替代。例如，医院、金融机构都会有相应关于信息化等级的评估结果，可以作为替代性参考。

数据是否有代表性和广泛性。也就是有了这个数据，项目组就不再需要其他不同来源的相同规格数据了。以语音数据为例，从电视台新闻播音节目中取得的语音数据，不一定能应用在日常对话机器人的训练中。因为在新闻类节目中，播音员的语音和语调会强调正确性和准确的意思传递，这和日常对话语境中人的沟通需求不同。有时候不同来源的数据有不同的标准，相互不兼容。有些情况下，有相同的标准，但没有规范到更细的层面，都会产生数据标准不一致。正如在不同方言中，“板凳”和“马扎”都是凳子的同义词，在我们大脑接收到这些信息的时候，其实已经在不同的标准间完成了转换。

最后，对数据分布的需求。比如一组包含语音的物料，我们可以从讲话者的地域分布来看，是否包含了全国各地的语音语调；也可以从场景来看，是否包含了餐饮、交通、工作、居家等各个不同的场合；甚至可以看是否包含了不同的情绪情感的语音，如悲伤、痛苦、抑郁等。

和算力资源一样，数据资源的申请过程，也同样需要得到其他相关部门的协同。在申请单审核前后，需要和这些部门进行有效的沟通，形成一致，推动流程的快速进展。和算力采购不同的是，数据是非标准化的，在数据采集过程中要开展一定的数据处理工作，产生一定的成本。表5-4是数据资源申请单样例。

（3）团队资源

团队资源和价值链相关，项目经理可以通过价值链来理解价值和岗位责任，进而了解角色的协作关系。在协作的基础上，推进资源的申请。这个过程分为四个步骤。

表5-4　数据资源申请单样例

数据资源申请单			
项目名称		项目经理	
申请负责人			
项目对数据需求	□模型训练　□模型测试　□模型验证　□模型优化 □产品演示　□产品注册　□建立知识库　□建立知识图谱		
主要用途	描述使用数据的模型、产品或知识库		
数据形态	□图像　□文本　□语音　□专用格式　□混合		
标准化程度	□有标准　□无标准		
可否在项目间共享			
管理形式	□团队管理　□组织统一管理	管理者	
安全性流程			
合规性/隐私流程			
伦理流程			
最低规格		数量	
正常规格		数量	
最佳规格		数量	
未来扩展要求		数量	
存储需求和配套算力		数量	
数据质量评价	类别：□数据生成过程评估　□代表性　□标准化　□分布评价 具体评价指标：		
数据来源方			
数据处理成本/（人·天）			
数据获取形式	□合作　□采购　□自产		
协同部门	□运维部门　□安全部门		
物理环境配套	□电源功率　□制冷　□机柜位置　□网络带宽		
相关其他采购	□软件平台　□机房租赁		

第一个步骤，确认价值链。每个产品交付型项目，都有一个价值创造的主线。项目经理可以和产品经理、业务专家讨论，了解项目的价值过程。如图5-1所示是项目价值链。数据管理、模型训练、产品集成、落地交付、产品服务、科研合作、成果转化是主要的价值链环节。

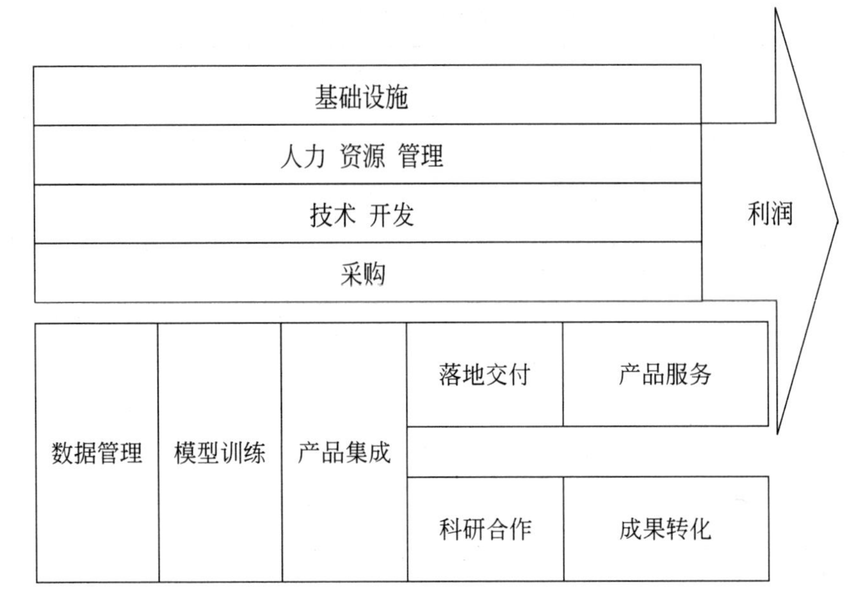

图5-1 项目价值链

第二个步骤，使用价值链来看待岗位职责。比起按照技能来看待岗位，用价值链来看待岗位，会为项目带来更大的收益。人工智能项目中，有一些新型工作属于哪个岗位并不明确。按照价值来分，会比较容易理解每个任务的本质。例如，在持续交付理念尚未普及之前，开发人员将代码提交生成二进制后，就等待测试人员提出缺陷（Defect），自己再来修复和关闭缺陷。所以，两个团队之间存在先后和依赖关系，工作变得串行。但如果看价值，就知道这两个岗位其实是共同交付同一个价值：交付高品质的软件。在持续交付的新理念中，提倡开发人员对自己的质量负责，测试人员的侧重点转换到自动化构建、自动化测试和验收测试上，而不是帮助开发人员“兜底”。从价值角度看问题，而不仅仅从技能角度看问题，就有机会优化整个业务过程。

从价值角度看问题，还有利于每个人在不同价值中进行协作。每个岗位的价值和员工招聘中的岗位说明不同。岗位价值更具方向性和指导意义；而招聘启事中的岗位说明，操作性更强，流程性强，指导性不足。表5-5中以三类人员为例，按照价值对岗位进行了描述。

表5-5 三个岗位贡献的价值

岗位	参与度的价值环节	贡献的价值
算法专家	模型训练 产品集成 落地交付	① 交付达到质量指标的模型，完成项目需求中认知输出的部分 ② 在落地实施中，从模型的反馈数据了解可改进的方向，进一步提升模型，提升用户满意度 ③ 协同数据工程师制定数据规范，以满足模型训练、测试和验证需求
开发工程师	产品集成 落地交付	① 将模型集成到程序当中，形成用户和模型之间的桥梁。确保用户在各种交互下，都能准确地将用户的意图传递到模型上，并将模型的输出以用户可以理解的方式展现出来，提高用户满意度 ② 在落地交付中，根据用户的实际需求，改进产品和用户的交互模式，提高用户生产率和达到满意度目标
数据工程师	数据管理 模型训练	① 将不标准、不规范的数据进行筛选、加工和处理，形成规范的符合分布的高质量的数据集合 ② 和算法专家合作，了解数据处理的规格需求，共同制定数据的规范，并随着模型的需求而不断更新

如果将开发工程师的岗位职责表达为："将模型集成到产品中，并达到质量标准；根据用户的需求反馈来优化产品的交互"，在这样的定义下，开发工程师就没有去现场了解用户使用智能产品状况的愿望，而会等着售后人员或者产品经理将用户的需求反馈过来。如果根据价值来定义，开发工程师也要参与满足用户满意度的过程中来，他们就会更主动地出现在用户使用场景中。价值明确，责任才会明确，协作才会更好。

第三个步骤，构建协作矩阵。在具体的价值中，每个人处于什么位置，这需要一个工具来描绘。RACI矩阵就是这样的一种工具。RACI四个字母代表四个角色，其中R（Responsible）是工作的实际完成者；A（Accountable）是工作的决定者，也是负责人，具有确认和否认的权利；C（Consulted）是最后决定或行动之前必须咨询的人，可能是管理者或其他相关方；I（Informed）是拥有特权、应及时被通知结果的人员，但不必向他咨询、征求意见。对几类价值任务，表5-6是一种可能的协作办法样例，样例中四类任务都由项目经理来决定。

表5-6 项目的协作办法样例

角色	数据管理任务	算法模型任务	产品集成任务	落地交付任务
项目经理	A	A	A	A
数据工程师	R	IC	I	I
行业专家	C	C	C	C
算法专家	IC	R	I	I
产品经理	I	I	R	I
产品开发			R	
产品测试			R	
交付经理	I	I	I	R

第四个步骤，是在整理完协作的基础上，提出团队资源的申请单。表5-6中，需关注每个岗位的价值和任职资格。其中任职资格指的是，为了保证工作目标的实现，任职者必须具备的知识、技能、能力和个性等方面的要求，包含学历、专业、工作经验、工作技能、能力等。同样，在团队资源申请中，也要和其他部门协作，如运维、人力资源和行政等部门，其他这些部门会在办公场地、办公设备、办公自动化等方面进行辅助。表5-7提供了一个团队资源申请单样例。

表5-7 团队资源申请单样例

角色	岗位价值	任职资格	需求数量	最少数量
算法专家				
数据工程师				
开发工程师				

（4）专家资源

在专家资源申请中，团队可以从对专家的需求和维护专家两个方面考虑。

首先，项目组对专家在这类人工智能项目的参与经验可以有要求，了解专家曾经参与的类似项目的规模，是否和现在项目的复杂度相当。一个专家参与过类似项目的运作，就会更好地了解产品开发过程，熟悉产品和人工智能领域的行话，让沟通过程更快、更有效。专家在项目中担任的角色是领导、主要协作者，也是顾问，还是项目组需要了解的信息之一。专家是否自带资源，比如专家在本领域的号召力，专家所能获得的数据，专家可以合作的知识产权等。这些对项目有帮助的隐形资源，也是可以考察的信息之一。

其次，团队还要关注专家的维护形式，如专家是组织内的团队专门进行维护，或是共享于多个项目之间，还是由本项目组来单独进行维护等。如果项目组负责维护专家，还要确认专家工作和价值的评估办法及流程。表5-8将这些信息组织在一起，形成专家资源申请表样例。

表5-8　专家资源申请表样例

申请维度	内容/选项
专家参与项目规模要求	
专家背景要求	
专家的类似项目经验要求	
专家在领域内的号召力/等级	
专家的知识产权需求	
专家的数据需求	
专家的参与程度	□领导　□主要协作者　□顾问
专家的时间需求	
专家维护模式	□项目专用　□多项目共享　□组织内共享
专家工作和费用流程	□项目负责　□组织负责

专家是稀缺资源，候选专家不一定能满足所有的期望条件。因此项目经理还要在后续工作中起到桥梁作用，帮助专家找准在项目中的定位，协助沟通。在项目开展中，也要反对“唯专家论”，或者是项目经理成为专家和项目组之间的“传话人”。

为了管理专家的时间，项目经理可以排出专家日历，如表5-9所示，约定专家的可用时间，将专家的时间可用性进行量化。

表 5-9 专家日历样例（上旬）

<table>
<tr><th colspan="6">专家日历</th></tr>
<tr><td colspan="6">月份：</td></tr>
<tr><td>旬</td><td>日</td><td>专家1</td><td>专家2</td><td>专家3</td><td>专家4</td></tr>
<tr><td rowspan="10">上旬</td><td>1</td><td></td><td></td><td></td><td></td></tr>
<tr><td>2</td><td></td><td></td><td></td><td></td></tr>
<tr><td>3</td><td>可用</td><td></td><td>可用</td><td></td></tr>
<tr><td>4</td><td>可用</td><td></td><td>可用</td><td></td></tr>
<tr><td>5</td><td>可用</td><td></td><td>可用</td><td></td></tr>
<tr><td>6</td><td></td><td></td><td>可用</td><td></td></tr>
<tr><td>7</td><td></td><td>可用</td><td>可用</td><td></td></tr>
<tr><td>8</td><td></td><td></td><td></td><td></td></tr>
<tr><td>9</td><td></td><td></td><td></td><td></td></tr>
<tr><td>10</td><td></td><td></td><td>可用</td><td></td></tr>
</table>

通过算力、数据、团队、专家等资源的申请，项目经理能够盘点项目组的资源情况，管理时可以做到有的放矢。项目经理可以把所有的资源进行简要汇总，并分配管理者。这个负责人需要去协同资源的各个使用者和维护者。比如人工智能项目中，常会设置数据管理员。数据管理员负责统计数据的规格和数量，包括存储的位置、备份的位置、模型和产品使用到的数据、纳入配置管理中的数据等，数据管理员也需要协同配置管理中的各个流程等。表5-10是一个项目组资源目录表。

表 5-10 项目组资源目录表

资源类型	资源名称	项目	规格	数量	评级	可用	使用条件	状态	管理者
算力									
数据									
人力									
专家									

5.2　任务估算

5.2.1　两种估算思路

项目范围规划中，构建WBS的成果是交付物、任务和工作包。在资源管理中，项目经理通过各种办法和渠道获得几种关键性的资源。有了任务，有了资源，下一步就是要确定一个任务完成要多长时间。

在地图类APP上，当我们给出起点和终点的时候，APP会问我们用什么样的交通方式，是步行还是骑行？是打车还是自驾？当你提供给APP不同的选择的时候，APP就会告诉你，大概需要多长时间能到达目的地。这看上去，像是下面的公式。

$$\text{任务}=\text{工期}\times\text{资源能力} \tag{5-1}$$

式（5-1）可以应用在人工智能训练任务中，因为这类任务中，算力资源的能力是可以量化的。更多的情况下，资源是不能量化的，任务需要多种资源的同时参与。为了评估这些任务的时间，可以使用式（5-2）。

$$\text{评估结果}=\text{列举因素}+\text{不同评估人进行评估}+\text{选择最优评估} \tag{5-2}$$

举例来说明式（5-2）。在青年歌手大赛上，评委对青年歌手的演唱和舞台两方面进行评分，演唱环节中关注发音、节奏和情感表达，舞台方面更关注着装和舞台表现力。这些因素确定后，评委为候选歌手按各项因素打分，之后根据一个投票办法，优选出最终的得分。式（5-2）的使用在生活中很广泛，在项目管理中，也被广泛应用在各种任务的时间评估上。

5.2.2　估算中的复杂度

软件开发生命周期中，无论是敏捷模式（适应型），还是传统的瀑布模式（预测型），开发生命周期都包含图5-2所示的模块和过程：根据需求，得到设计；根据需求，得到测试标准，测试标准通常是一系列的测试用例和测试方法的集合。在开发生命周期中，时间估算可以通过业务复杂度和技术复杂度两类因素进行评价。

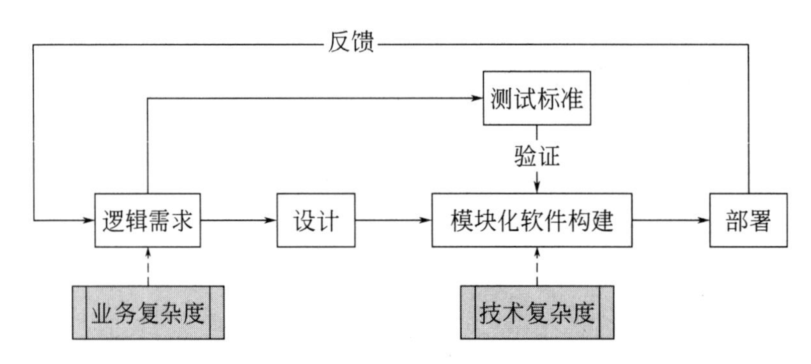

图 5-2 软件开发生命周期中的复杂度

业务复杂度是由功能需求和人机交互所决定的，是核心复杂度。而技术复杂度是由非功能性需求和软件交付的复杂度所决定的，比如安全性、可用性、高性能、复用性等，属于外围复杂度。图 5-2 中由虚线连接的部分，正是这两类复杂度。

当算法模型被引入开发环节当中后，整个价值流向形成了分支。算法模型除了软件意义上的业务复杂度和技术复杂度外，还增加了算法意义上的业务复杂度和技术复杂度，如图 5-3 所示。

算法业务复杂度，实际上可以理解成为数据的复杂度，如果人工智能模型对于所有数据输入都能有好的表现，我们就认为这是一个好的模型。算法技术复杂度，则受到模型的算法选择、超参数、学习指标、输入/输出数据维度、模型的大小等方面的影响。

举个例子，如果我们希望一个小学生能够学会各种鸟类的分辨，一个办法是在自然课上给这些孩子看鸟类的图片。如果图片覆盖的鸟的类型越多，可以认为这个任务的业务复杂度就越高。如果老师在课上给学生介绍的识别鸟类的特征和技巧越多，可以认为这个任务的技术复杂度就越高。这两类复杂度所需要耗费的精力不同，前者需要老师不断寻找图片，后者则需要老师不断地抽象和提炼，思考什么样的信息更适合孩子“吸收”。

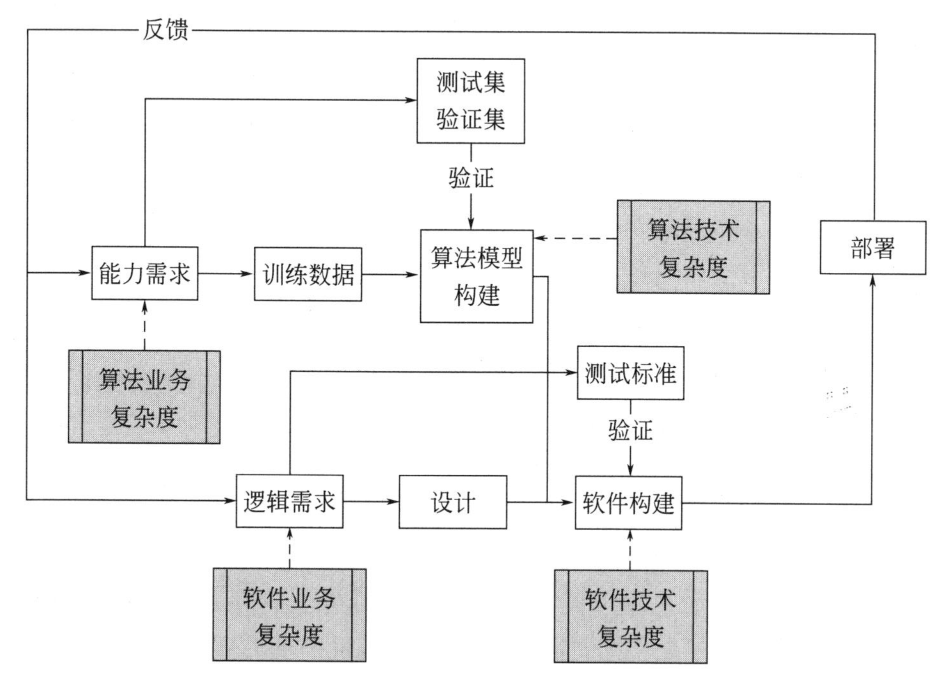

图5-3 算法模型开发生命周期中的复杂度

5.2.3 三种任务估算方法

软件和模型研发汇聚数学、逻辑学和算法科学的知识，有一定的理解门槛，但是评估过程是不难掌握的。这里我们以三点评估法、功能点法和Delphi法为例来说明。

三点评估法有多种不同的版本，其中最常用的一种叫作PERT（Program Evaluation and Review Technique，计划评估与审查）估算法。PERT估算法是这样的：在估算活动工期或活动成本时，考虑三种可能的情况，也就是最乐观情况、最悲观情况、最可能情况，再据此计算期望工期，也就是平均工期，具体计算公式是

$$期望工期=（最乐观工期+4\times 最可能工期+最悲观工期）/6 \qquad (5\text{-}3)$$

有个类似的例子是通勤中估算时间。例如某人每天正常通勤时间是50min；如果运气好的时候，一路绿灯，可能通勤时间是40min；但如果天气不好，或者

遇到交通管制，则可能的通勤时间是120min。那么根据三点评估法，期望通勤时间应该是（40+4×50+120）/6=60（min）。

在三点评估法中，要注意最悲观和最乐观的工期之间的差距。如果差距很大，说明完成这个工作的波动很大，需要探明原因。可能是因为任务复杂，也可能是因为这是不熟悉的新任务。对这样的工作，项目团队可以在进度管理中，为这类任务留有更多的弹性空间。

在有积累历史数据的情况下，如果最乐观工期、最悲观工期和最可能工期能够被统计出来，那么应用三点评估法是很便利的。如果没有类似的数据，可以依靠一个有经验的人对任务的评估，给出三种不同的时间预估。这可以看成是将他头脑中的不同情况“统计”一遍，感性地给出各种工期预估。这样来使用三点评估法，仍然不失为一种评估的办法。

在软件开发领域中，有一种很重要的评估方法是功能点法（Function Point Method）。功能点法的思路是，将任务的工作量用单一的数值来表达，使得任务之间可比较和可换算。就像无论国家大或者小，都可以使用国内生产总值（GDP）来衡量这个国家的经济总量。虽然这个指标不能包含所有的信息，但在同一个指标下，使用者能一目了然地比较两个国家的经济总量大小。

不同类别的任务之间，耗费的平均精力自然不同，我们可以为每个类别设置一个类别系数值。对每个任务，可以计算未调整功能点（Unadjusted Function Point，UFP）。UFP由一系列的任务特征值组合而成，例如UFP=10×内部逻辑文件的数量+7×外部接口文件的数量+4×外部输入的数量+5×外部输出的数量+4×外部查询的数量。对每个任务，还可以再乘以一个调整因子，来代表该任务的特殊性。

最终功能点（Function Point，FP）可以通过以上三个值相乘得来，也就是

$$\text{FP}=\text{类别系数}\times\text{UFP}\times\text{调整因子} \tag{5-4}$$

生活中，也有类似的计算逻辑。例如高考，在一个省级行政区内，它将所有的学生都放在一个统一的标尺中进行考察。考试的裸成绩由各个科目的得分加权组合而成。那些困难的、偏远的、做出贡献的家庭，会给予不同的照顾系数。如果将所有人的高考成绩放在一个标尺上比较，应该等于“各省系数×各

科加总得分×照顾系数”。

功能点法是一种在任务客观信息的基础上，通过线性计算的方法。在算法模型开发中，也同样可以借鉴功能点的方法思路，只是参与UFP计算的不仅仅是软件业务复杂度和技术复杂度的特征，还应当增加算法复杂度和算法技术复杂度的特征。

三点评估法和功能点法都有一个缺陷，那就是评估的结果会因为立场、经验和个人状态等因素而偏差，从统计学意义上缺少说服力。Delphi法则提供了一种消除人为干扰因素的办法，增加评估在统计学上的说服力。

回顾一下之前提到的歌唱大赛的评比过程。为了消除偏见，各个评委们之间交换意见，通过一个评估流程，得出最终的评分；当评委之间意见有冲突时，还会要求歌手加赛一轮，再来一次评估过程，这样的整个过程和Delphi法的理念很接近。Delphi法在第二次世界大战后被发明出来，最初用于军事目的，后来应用在各类项目管理相关的领域中。该方法的全过程分成四个步骤。

第一个步骤，是为任务评估会议做一些准备工作，准备材料中有WBS、任务粗略分组（如包括前台开发、后台开发、模型、数据处理、测试、模型验证等）和确认估算参与者。任务分组是为了让评估者更方便地参与。另外，估算的参与者最好具有不同的背景，以减少偏见的影响。

第二个步骤，是细化评估任务。对任何一个待评估的任务，给出其功能需求，并为它指明一些具体的指标量。这些指标量多种多样，可能是功能数量、代码行数、类的个数、需求数量、数据量、文档页数、接口数量、算法模型任务类别、分类数量、模型大小、超参数数量等。使用这些量的目的是给评估者更清晰的量化参考。非功能性的约束和需求也需要进行描述，比如性能、可用性、安全等。

第三个步骤，是执行具体的估算工作。对于任何活动，不同的人会给出自己的评估。每个评估者可以采用包含三点评估法在内的各种办法。

第四个步骤，是合议的过程。将同一个活动的多个评估结果汇总，看之间的差异是否较大，如果差异较小，或者合议之后选择出了一个最佳评估，那么这个活动的评估就结束了。否则，这个活动将进行第二次评估，之后再进行合议，直到最终达成一致。

Delphi法的精髓是：任务分组，量化信息，独立评估，合议决策。与其说Delphi法是一种评估方法，不如说它是一个评估流程，它更关注通过多个人的协作，消除偏见。所以它和三点评估法是可以整合在一起使用的。表5-11展示了Delphi任务估算表。在任务估算表中，Delphi法结合了三点评估法，可以在实践中使用。

表5-11 Delphi任务估算表

估算者：×××			轮次：第二轮			单位：人·天		
序号	WBS编号	任务名称	上一轮结果	最乐观	最悲观	正常	PERT加权	结论
1								
2								
3								
4								

5.2.4 人工智能任务的估算

将任务做清晰的分类，对于每类任务进行统一的估算，具有指导意义。粗略地分，人工智能项目最核心的工作中，至少有以下8类任务：数据处理、算法选择、算法开发与优化、模型训练、模型评估、算法模型集成、应用程序开发、应用程序部署。需要注意的是，这里的任务分类，不是算法层面的任务分类（例如分类任务、回归任务、分割任务等），而是项目管理意义上的任务分类。

数据处理任务在估算中，受到数据量、数据标准化程度、元数据字段数量、数据取值的分布等各因素的影响。

算法选择任务，有两种情况。如果是成熟算法在已知领域的应用，那么这是一个在多个算法中选择的过程。选择中考虑硬件架构、软件架构、模型大小、模型参数，使得交付的模型和最终生产部署环境相匹配。如果算法还不成熟，或者是成熟算法在未知领域的使用，那么通常需要通过一个独立完整的实验来进行预研，研究实验的全过程成为评估的对象。

算法的开发与优化任务，是一个聚焦在头脑中构建模型并优化的过程，类似一个画建筑蓝图的过程。生活中的建筑蓝图只用考虑比较有限的影响因素，比如光照、温度、气候、消防等。而在模型蓝图的构建中，要控制的变量却远不是那么清晰。所以，算法专家需要根据训练结果来做比较多的调整。这类任务有点像刑侦画像师的工作。刑侦画像师会根据目击者的语言描述，来绘制嫌疑人的面部特征。通常目击者只能表达出有限的形容词来描述嫌疑人，而刑侦画像师会根据自己的先验知识加上这些描述，形成第一个画像。等目击者看到画像之后，有可能会再回忆起来一些特征，或者是根据刑侦画像师绘图结果指出哪里还可以再调整。经过多次反复调整后，可能就更接近目击者心目中的嫌疑人的形象了。

项目中，可以使用三点评估法或者类似功能点法来评估算法开发与优化任务。以类似功能点法为例，首先对算法模型进行大类别的分类，每个类别给予不同的系数。这个分类可以是神经网络任务、浅层学习任务；也可以是语音任务、图像任务、自然语言任务等。其次，考虑对于专业领域的依赖性，依赖的领域越深入，或依赖多个领域，给的系数应当更大。然后，对于深度学习模型，乘以关于复杂度的评估。该复杂度的评估可以由模型的层数、参数规模、使用数据的规模、包含模型的数量、模型输出类别的数量等值加权而成。最终，模型开发和优化任务的功能点=类别系数×专业性加权系数×复杂度量化加权。

模型训练任务则是比较容易量化的，它主要受到模型复杂度和算力资源的影响。在一些人工智能项目中，模型训练任务是非常耗时、耗资源的。人工智能模型随着参数量的不断飙升，训练所消耗的时间和电量也大大上升。

模型验证任务类似于测试任务。模型验证任务需要提前准备验证用的数据，然后将所有的数据输入模型进行推理，得到的结果和金标准进行比对。可以参照自动化测试等任务来对模型验证任务进行评估。

算法模型集成任务、应用程序开发任务、应用程序部署任务，与一般的软件开发生命周期中的开发、运维和部署相似，可以借助软件领域的一般性方法来评估。

5.3 进度管理

在项目范围分解、资源申请和任务评估的基础上，项目经理就可以开始规划环节中最引人瞩目的工作，那就是进度管理。在很多新项目经理看来，进度管理几乎等同于项目管理，这大概是由于人类对充分利用有限时间的渴望，导致了进度管理的可见性很高，项目组内外不同的相关方对项目进度表都充满了兴趣。

进度管理和范围管理是相互衔接的，如果说“从北京到拉萨”是项目的范围，那么“晚上8:00从北京发车，第三天中午12:45到达拉萨”就是进度管理。进度管理是在范围管理的基础上增补了一些信息而得到的。因此范围是要做的事情，进度管理是那个时刻表，指导更具体的工作。进度管理中，处于最核心的是进度计划的制订。这里举一个生活中的例子来类比进度计划的制订过程。

有一个人工智能的开发小组，团队有7个人，为了促进团队内新老成员的相互认识，准备下班后找个餐厅聚餐，其费用根据公司团队建设费用预算来报销。团队成员听到这个计划后，都非常兴奋，在微信上创建了一个团建群。组织在这个团建群里建议大家提出聚餐的具体安排建议。经过初步讨论，这个活动分成几个事项：下班后出发去聚餐地点；启动聚餐仪式，有一个人进行线上直播；开始用餐；拍摄团队照片并发布；结账；各自安全回家。

在讨论中，大家对直播、拍照、用餐这三个环节的顺序提出了不同的看法。有的人认为先用餐，再拍照可能不好；也有人认为一开始直播，没有氛围。最终调整的顺序是：上菜后，就拍照，保持菜品的色相；拍照后用餐一段时间；用餐到半小时左右，开始直播，这个时候氛围也已经起来了，直播之后继续用餐。

活动总体时间安排，最后确定为不能早于晚上6点离开公司，但不能晚于7点到达聚餐地点；不能早于9点，但不能晚于10点结束聚餐，确保所有人11点之前安全到家。开车和乘坐公共交通的组员，都需要自己计算出发和到达时间。为了让活动顺利开展，有些人被指派了具体的任务。比如拍照工作由设计人员负责，结账工作由组长负责。在交通环节，每个人都要在群里通报进展。

组长在搜集了所有信息之后，在群里发了简单的项目进度安排：晚上6点出发，6点50到达，7点20上菜并拍照，用餐，8点直播，9点结账，9点30分最早的组员开始离开，11点搜集所有人安全到家的情况。这个进度安排很清晰，大家都知道了整个活动的安排。

在实际的聚餐中，组长作为项目经理，会不断关注计划表，看看进展会不会超出预期。这个活动还真的遇到了一些问题：首先是项目组出发时间因为临时会议，推迟了20min；有两个组员拼车后，迟到了30min；有的组员家里临时有事情，把离开的时间提前到了晚上9点20分等。项目经理需要根据这些变化，临时调整进度计划，公布给大家，确保这个聚餐项目顺利开展。

聚餐项目虽然很小，但是包含了进度管理中的所有步骤。提炼一下，包含七个步骤。

第一步，在项目目标确定的情况下，项目进度的确认需要各相关方都参与，让每个人有准备；在进行项目进度讨论的时候，需要有WBS，知道项目都包含哪些具体的工作；对每个具体的活动需要耗费的时间和资源，有一个初步的认识。这是进度管理的准备阶段。在本例中，团队中每个人带着自己的经验，在组长的组织下讨论，这就是准备阶段。

第二步，项目组讨论各个活动之间的关系，比如哪个活动在先，哪个活动在后，对实现项目目标更有帮助。在实际的项目中，先做什么，后做什么，受到很多因素制约，包括模块依赖、技术路线、事件发生顺序和内外部环境的制约。一旦确定活动之间的先后依赖，相当于在时间顺序上初步为各个活动排序。在本例中，调整拍照、用餐、直播的顺序，正是这样的过程。

第三步，总体时间规划是通过起始和终止时间的限制来推敲各个活动能够发生的时间区域。在本例中，通过最早出发时间，最晚到家时间等约束，来确认项目中各个活动发生的大致时间窗口。项目经理也梳理出来一条最长的路线，就是“出发→到达餐厅→上菜→拍照→用餐→直播→用餐→结账→离开→到家”，如果这个路线上的活动开展正常，整个项目的时间都不会有问题。

第四步，为活动分配资源。也就是将具体的执行人放在活动中，并在整个项目中的时间余量上进行调整。在本例中，不同的组员使用了不同的交通工具，分配了不同的资源，因此消耗的时间不同。

第五步，项目经理形成可视化的图表，分发给项目组成员周知。

第六步，项目按照进度开始执行，所有人分头开展自己的活动，并在过程中汇报进度信息。在本例中，所有成员都会在群里表达自己的进展。在聚餐中，组长通过观察了解现状。

第七步，在跟踪计划的过程中，解决因突发事件、资源不足、变更、活动难度和预期不一致而带来的进度变化。有时候进度过快，有时候又有延误。项目经理运用特定的方法，如使用时间余量、缩小工作范围、修改工作流程等办法，来解决进度问题。

总结一下，进度管理的七个步骤分别是：准备阶段，确定依赖，关键路径，分配资源，形成规划，进度执行，进度控制。

5.3.1 进度规划准备

进度规划通常是以会议的形式开展的，如果想要在有限的时间内得到更多的产出，充分的准备很重要。进度规划的准备阶段的目标，是整理所有与进度讨论有关的信息，重点在于“全”，包括：全的人、全的共识、全的经验。

要求相关方都参与到进度讨论中，是做出一个好的进度规划的第一步。如果相关方无法参与到直接的讨论中，也需要在阶段性的成果上发表自己的补充建议。参与讨论的人不全，甚至进度规划是由项目经理一个人确定的，这个项目的进度管理基本预示着失败。

全的共识，指的是WBS需要在进度规划讨论之前就确定下来。WBS是团队对工作任务的理解共识，如果没有WBS，通常团队对范围的理解会有很大的差异。在团建的例子中，有些人可能会以为团建是一个密室逃脱类型的活动，有些人则以为团建是一个抽奖活动。提前做好WBS，可以让进度规划讨论避免流于形式。

汇集过程性信息，至少包括软件开发生命周期、MLOps生命周期、算法模型构建生命周期等。这些过程中包含了构建产品的全过程的智慧，在进度管理的排序中需要使用到。

全的经验，指的是有相关项目经验的相关方，把进度管理的经验在规划阶段中分享。例如，经常导致延期的原因有哪些？哪类活动开始想得很好，最终不断延期？哪些活动对特定资源有深度的依赖？等等。

同时需要注意，进度规划和其他规划通常都是一起开展的，这其中通常有质量和成本等规划。在团建的例子中，组员们也要一起讨论，吃什么？玩什么？分享什么？这些关于质量的讨论，都对项目的最终体验产生影响。从项目经理和财务支持的角度，还要确保整个支出不会大面积超标。太昂贵的地点，太长的聚餐时间，都是风险因素，还要限制地点和时间。所以，进度规划会议通常也是项目的总体规划会，只不过进度讨论处于最主要的地位。

5.3.2　建立活动的模型

（1）活动间关系

管理学家迈克尔·哈默在《企业再造》一书中，对一个流程的要素进行了总结，他总结出一个流程所需要关注的六种要素，它们分别是输入资源、输出结果、流程包含的活动、活动之间的相互关系、客户和价值。如图5-4所示是请假流程的要素，在这个流程中也完整地包含了六个要素。

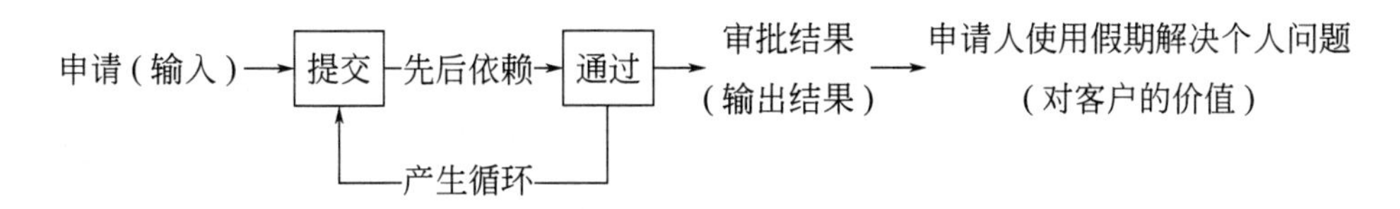

图5-4　请假流程的要素

在流程中，活动之间的相关关系，既是连接活动的线条，也是将活动分割开来的边界，还是活动之间相互依赖的依据。正如城市立交桥的错误设计，会加重城市的拥堵。处于流程各个活动之间的关系，如果被错误地定义，整个流程就会变得不顺畅。

流程的设计，本身就是一门独立的科学和艺术，它通常是在一个宏观的端到端的指导思想下开展的，也就是从客户提出需求到最终交付产品的整个过程。在本书中，不会就如何设计流程而展开，而是关注如何把活动的关系整理清楚，从而建立可执行的进度计划。

在WBS中，每个工作包之间是没有依赖的。但是，如果将工作进一步细化成为活动，活动和活动之间就要开始考虑依赖了。有了依赖，就会有先后顺序，理解依赖关系是活动排序的基础。将关系整理清楚，协作就能开展起来。否则，协作就会不流畅，会增加等待的时间，消耗团队的士气。

在生活中，依赖一般有三种情况。第一种情况是，孩子在小的时候，必须要依赖父母，因为父母才有完成工作任务的能力，孩子不能替代父母工作，这是资源能力上依赖。第二种情况是，孩子在家需要做完功课之后再去洗澡，因为我们不能分身，所以两个活动只能先后发生，就会产生时间上的依赖。第三种情况是，看电影的时候，必须先买票，才能看电影，因为电影票是看电影活动开展的依据。在项目中，也有着不同的原因。弄清楚依赖的原因，可以帮助检查项目活动时间顺序的合理性。

（2）甘特图还是网络图

在团队一起确定关系的时候，软件工具能带来帮助。说到项目管理工具，最为出名的可能是甘特图，但现在还不是甘特图的“出场时间”。在形成项目进度规划的时候，甘特图是最佳的发布形式。但在讨论关系的时候，甘特图却有局限性，或者说甘特图不适合处理进度讨论的中间过程。

一种能表达关系的图是网络图。网络图适合用来表达项目中各项活动之间的相互关系，为时间估计和依赖提供了一种表达方式。绘制网络图不需要专门的工具，任何绘图工具都能画出网络图。网络图中的圆圈代表活动，箭头代表时间流动的方向。连续的活动+箭头，就形成了一个路径。比如图5-5中，“吃饭→写作业→听音乐→睡觉”就是一个学生晚上活动的路径。

关于网络图在项目管理上应用，有两种不同的流派。其一是PERT流派，它使用网络图的时候，每个活动上会备注有最悲观工期、最乐观工期和最可能工

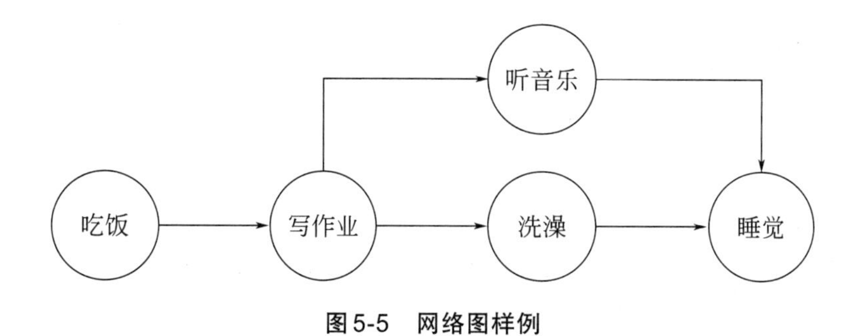

图5-5　网络图样例

期，这正是三点评估法中提及的三种工期。在PERT流派使用网络图中，它给出的是多个工期时间的组合。其二是关键路径法（Critical Path Method，CPM）流派，它通过每个活动的最早开始时间、最早结束时间、最晚开始时间、最晚结束时间等限制条件来控制活动的时间窗口。在CPM流派中，有两种可相互替换的绘制办法，一类叫作箭线图，另一类叫作前导图。图5-6整理了之前提及的几类图。

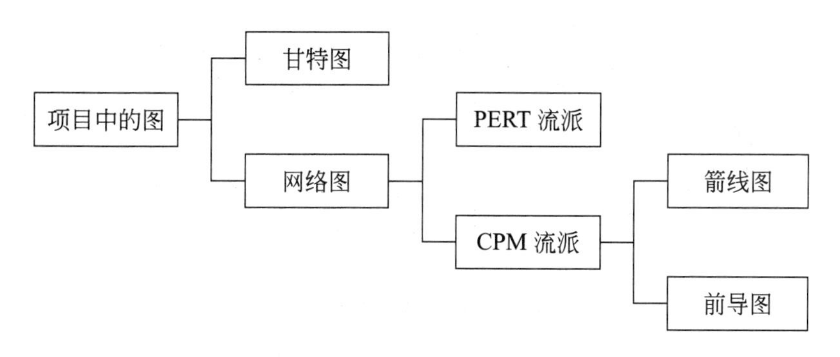

图5-6　进度管理中的各种图

对于项目经理而言，掌握一款图形化项目管理工具，比如Microsoft Project或OmniPlan，其中就包含了所有的工具，既可以绘制路径，也可以生成甘特图，还可以很方便地修改和分享。

（3）依赖关系建模

前导图法（Precedence Diagramming Method，PDM），又称单代号网络图，是关键路径法（CPM）的一种具体的绘制方法。在PDM中，矩形是节点，代表项目任务/活动，连接这些节点的是箭头，代表任务之间的依赖关系。

以医疗影像模型训练为例，从简单到复杂，都可以使用前导图来表示。如图5-7所示是最简单的一种情况，只有单个数据来源，训练单用途的模型，且只有单个迭代。

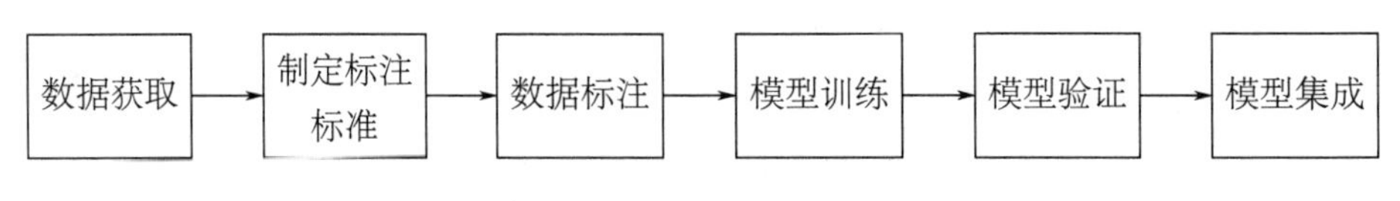

图5-7　最简单的前导图

当模型数量变成两个的时候，依然是单用途、单数据来源和单个迭代，前导图出现了并发分支，如图5-8所示。其中DCE和T2是核磁共振检查的两个不同序列，可以理解为两种扫描参数不同的检查方法。在以下各图中，DCE（Dynamic Contrast Enhanced，动态对比增强）、DWI（Diffusion Weighted Imaging，弥散加权成像）和T2都是MRI检查常用的扫描序列。

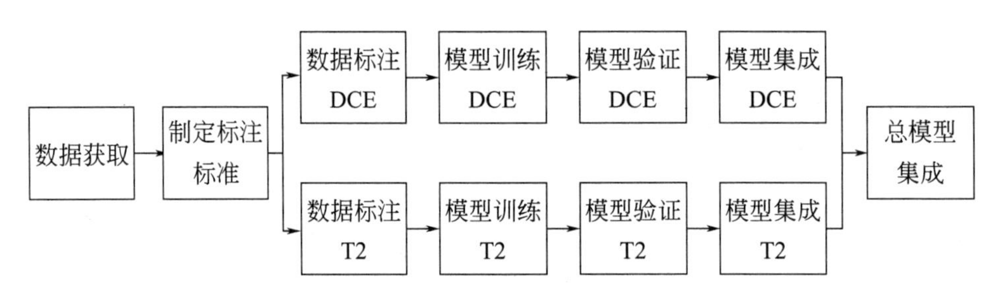

图5-8　两个模型的前导图

当模型变成多用途，两个模型之间产生依赖，而且涉及两个迭代时，前导图变得更加复杂，如图5-9所示。这里使用T2-1代表T2模型的第一个迭代，T2-2代表T2模型的第二个迭代。

而实际人工智能项目，都有多种不同的数据来源。多来源、多用途、多模型、多迭代的前导图呈现了比较复杂的连接关系，如图5-10所示。在这个前导图中，使用A和B来分别代表不同的来源。整个过程中，多个模型的结果经常会集成在一起，形成一个能力更强或者精度更高的服务。可以看出前导图的表达能力是丰富的，能够应对非常复杂的任务间的依赖关系。

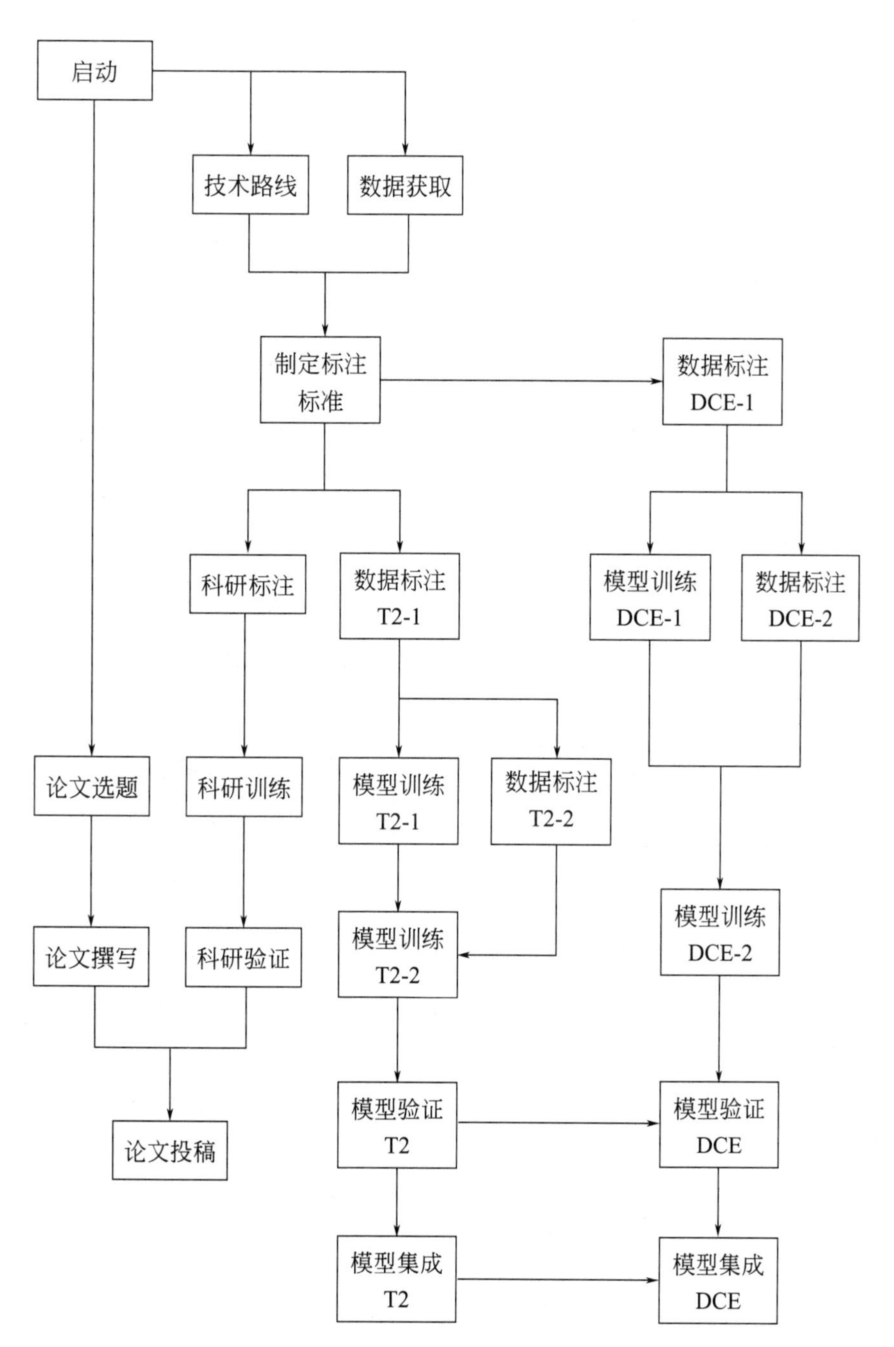

图5-9　单来源、多用途、多模型、多迭代的前导图

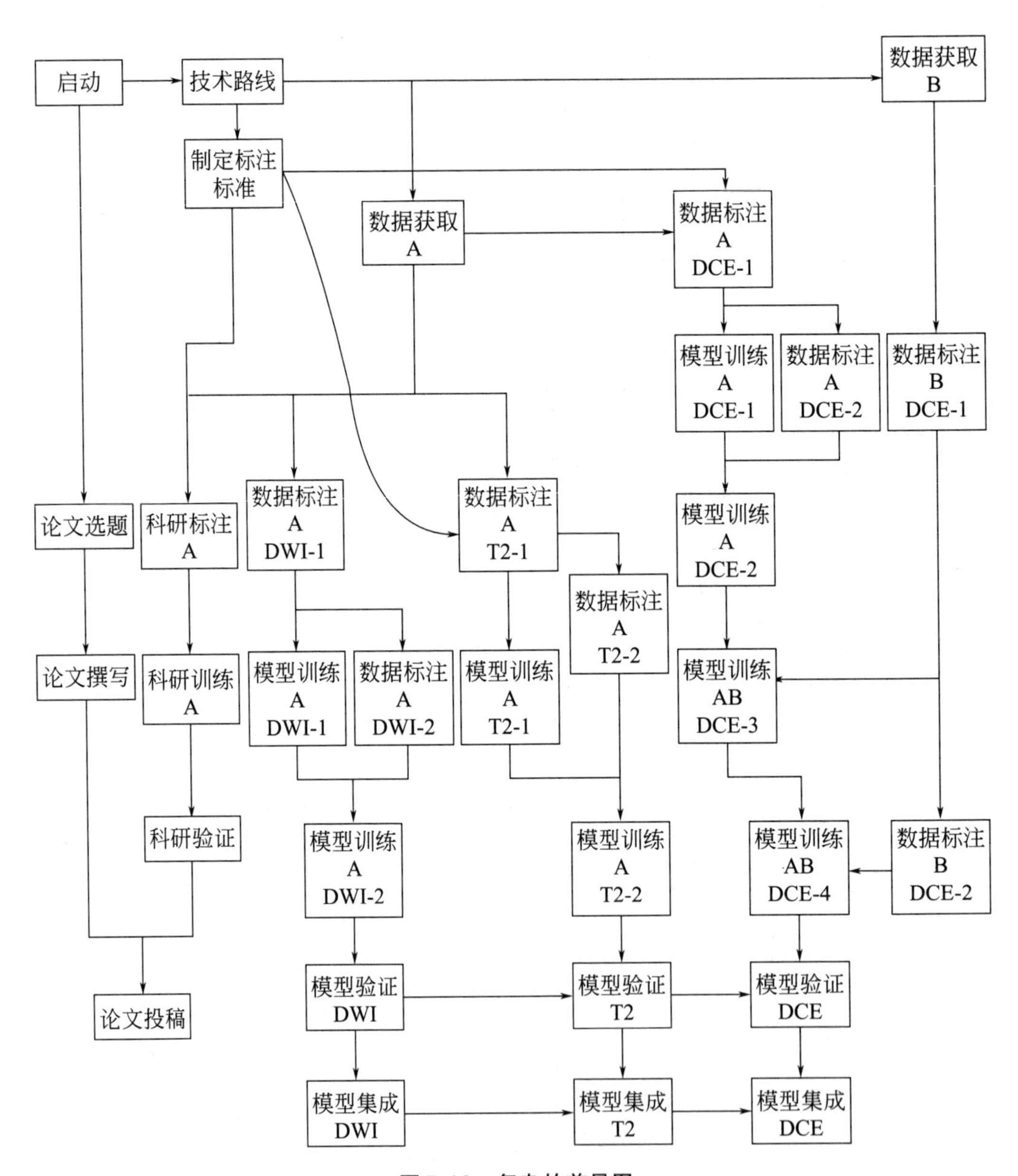
启动
技术路线
数据获取 B
制定标注标准
数据获取 A
数据标注 A DCE-1
模型训练 A DCE-1
数据标注 A DCE-2
数据标注 B DCE-1
论文选题
科研标注 A
数据标注 A DWI-1
数据标注 A T2-1
模型训练 A DCE-2
数据标注 A T2-2
论文撰写
科研训练 A
模型训练 A DWI-1
数据标注 A DWI-2
模型训练 A T2-1
模型训练 AB DCE-3
科研验证
模型训练 A DWI-2
模型训练 A T2-2
模型训练 AB DCE-4
数据标注 B DCE-2
论文投稿
模型验证 DWI
模型验证 T2
模型验证 DCE
模型集成 DWI
模型集成 T2
模型集成 DCE
图5-10 复杂的前导图

除了活动间关系外，前导图还可以有属性关系。如图5-11所示，前导图上可以附带工作包、时间、资源、编号等重要信息。

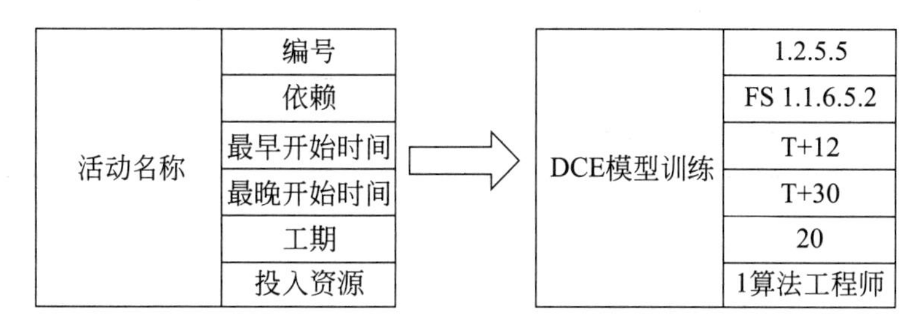

图5-11　前导图矩形中附带的信息

在前导图中，连接两个活动的带箭头的线，表达的是依赖关系。和我们直观上认为的“先后”顺序不同，前导图上可以定义四种依赖关系：FS、SS、FF、SF。其中字母F代表Finish（完成），字母S代表Start（开始）。这四种依赖关系的类型举例如表5-12所示。

表5-12　前导图的四种关系的类型举例

关系	解释	举例
FS	完成→开始	在“数据标注”之后才能开始“模型训练”。FS是最常见类型
SS	开始→开始	在“数据筛选”开始之后，就可以开始“申请服务器”。又比如，在开始“合作关系”后，就可以开始“研究者沟通”
FF	完成→完成	在多个模型逐步集成的项目中，“模型集成”完成之后，“功能测试”才算完成
SF	开始→完成	算法模型的环境准备比较复杂，可以认为在“模型训练”开始之后，“开发环境准备”才能完成

这四种约束关系，实际上是按照“约束的是开始时间还是完成时间”和“是以另一个活动的开始还是完成来约束的”这两个维度来进行约束的，如表5-13所示。有了这两个约束，根据网络图上的路径来进行工期时间的推演就有了依据。四种关系中，FS关系在前导图中占据绝大多数，它也是最常见的关系，在工期计算中起到关键性的作用。

表5-13 前导图的四种关系的逻辑

关系		约束的是开始时间还是完成时间	
		开始（Start）	完成（Finish）
是以另一个活动的开始还是完成来约束的	开始（Start）	开始→开始 SS	开始→完成 SF
	完成（Finish）	完成→开始 FS	完成→完成 FF

5.3.3 项目工期计算

（1）关键路径

在整个项目中，哪些活动是最不能延误的？这在项目管理中，是一个很关键的问题。关键路径法，正好能够回答这个问题。

在项目中，每个活动都会有一些调整空间。比如星期日早上可以6点起床，也可以7点起床，甚至可以10点起床。如果因为身体需要，至少要睡到早上6点，那么“睡觉”这个事情的“最早结束时间”是6点，“最晚结束时间”是10点。“最晚结束时间”减去“最早结束时间”，也就是4h，作为可以灵活调整的余地。换句话说，睡觉这个事情是可以有延误4h空间的。在关键路径法中，就是根据活动之间的依赖关系，加上总体时间限制，来计算每个活动可灵活调整的空间。

那些“最早结束时间”等于“最晚结束时间”的活动，意味着项目组在这个项目上没有可调整的余量。假如你突然有一个周末早班飞机需要6点钟出门，那么睡觉这个事情的调整空间变成了零。这就意味着如果睡觉这个活动一旦拖延，就会错过航班。

项目中有一条路径，该路径上的活动都没有余量。这条路径上任何一个活动延期，都带来整个路径上的后续活动相继延期，这条路径就是关键路径（Critical Path）。关键路径是整个网络图中最长的路径。这条最长的路径，决定了整个项目的工期。

人体之所以能形成我们今天看到的外形，是整个骨骼系统撑起的整体形态，所有的组织都依附在骨骼上发挥功能。脊柱是最重要的骨骼子系统，几乎决定了人的身高。脊柱的稳定支撑，为人体脏器撑开了空间。可以认为，关键路径就是项目的“脊柱”。

在图5-12中，最长的路径是“活动1→活动2→活动3”，这条路径的长度决定了项目的总时长。如果关键路径上进度延迟了，整个项目的总工期就会受到影响。项目结束时候的最终真实工期，也就是关键路径上的真实工期。非关键路径上的活动4至活动6都有前后调整的余量，有一定的延期空间。

有的项目经理可能会认为项目的总时长可能会大于关键路径的各个活动的时长总和，实际上不是这样的。如果像图5-12（a）那样，关键路径上有调整的余量，管理者或项目负责人会毫不犹豫地去除掉这种浪费。

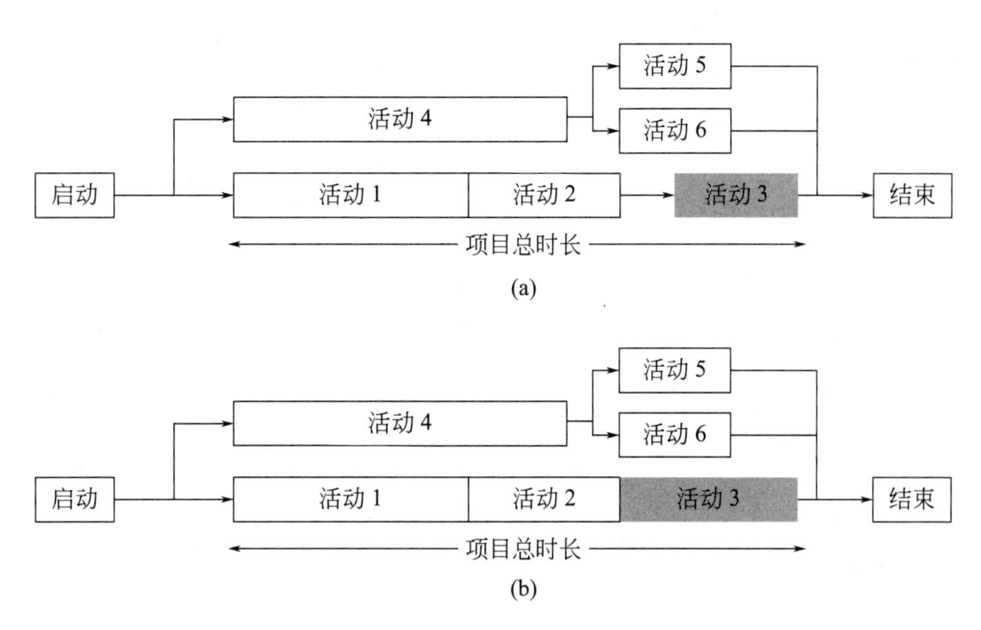

图5-12　关键路径示意图

另外要注意，关键路径指的是工期意义上的关键，并非是费用或者价值最高的活动，或者是潜在风险最高的活动。还要在前导图的绘制中避免环路出现，否则很难确定出关键路径。

前导图案例（图5-10）中的关键路径以深色背景显示，如图5-13所示。

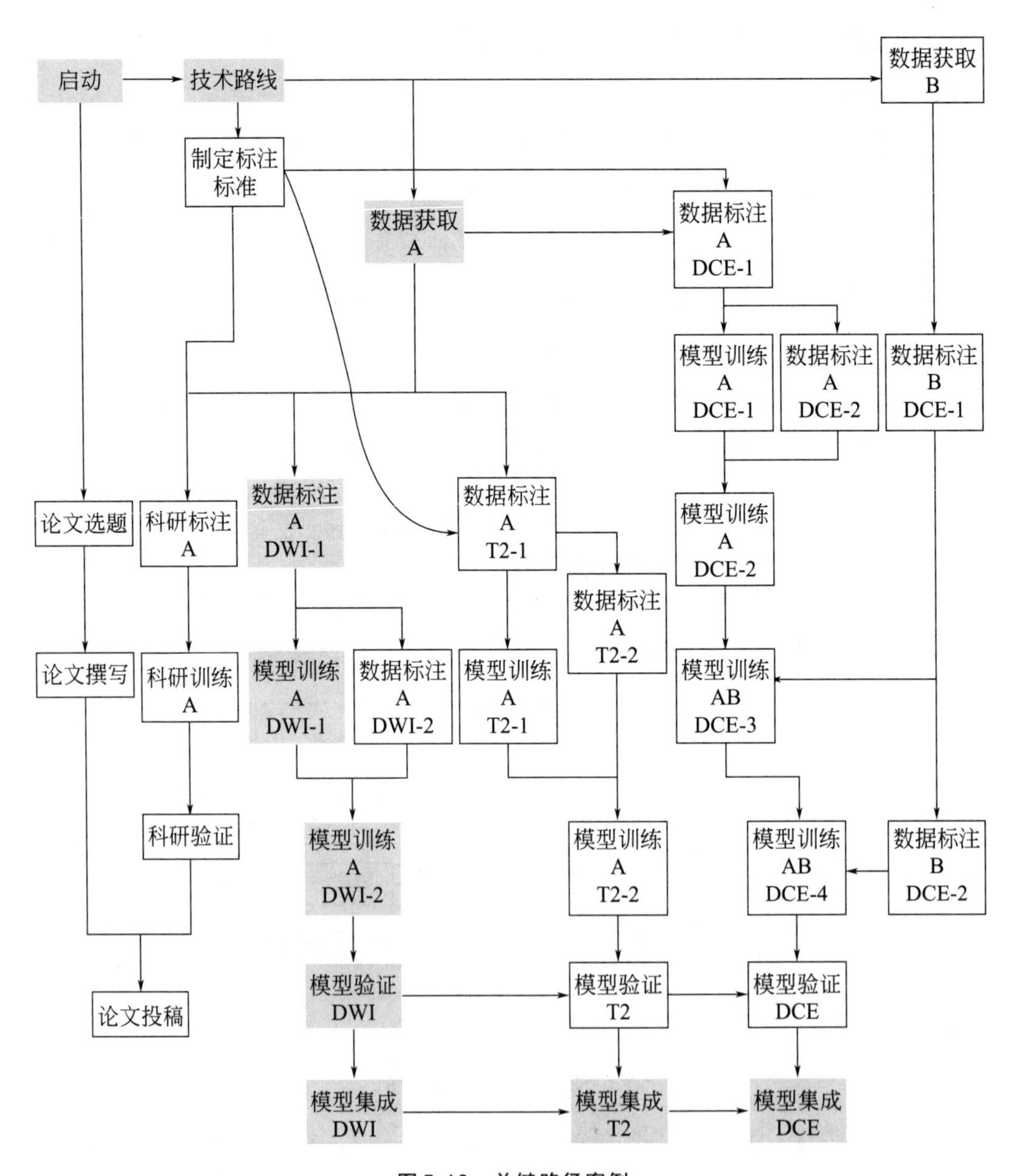
启动
技术路线
数据获取 B
制定标注标准
数据获取 A
数据标注 A DCE-1
模型训练 A DCE-1
数据标注 A DCE-2
数据标注 B DCE-1
论文选题
科研标注 A
数据标注 A DWI-1
数据标注 A T2-1
模型训练 A DCE-2
数据标注 A T2-2
论文撰写
科研训练 A
模型训练 A DWI-1
数据标注 A DWI-2
模型训练 A T2-1
模型训练 AB DCE-3
科研验证
模型训练 A DWI-2
模型训练 A T2-2
模型训练 AB DCE-4
数据标注 B DCE-2
论文投稿
模型验证 DWI
模型验证 T2
模型验证 DCE
模型集成 DWI
模型集成 T2
模型集成 DCE

图5-13　关键路径案例

（2）时差计算

如果星期日起床最晚时间和最早时间之间有4h的空间，那么我们称这个空间为“时差”。关键路径上的每个活动，时差都是零，不在关键路径上的活动，时差很有可能大于零。

计算时差，是量化进度管理的一个很重要的步骤。计算过程需要耐心，但并不复杂。计算过程分为两块，分别是顺推和逆推。在时差计算前，除了要完成网络图之外，对于各个活动的自身工期应该也估算完毕，估算方法可以是三点法、Delphi法或其他方法。

下面用关键路径示意图（图5-12）中的一条路径来说明顺推过程。以“活动4→活动5”这条路径为例，活动4的“最早开始时间”（Early Start Time）可以看成是零，那么活动4的“最早结束时间”（Early Finish Time）=“最早开始时间”加上活动4自身工期，而这又可以作为活动5的“最早开始时间”。进一步，活动5的“最早结束时间”=“最早开始时间”加上活动5自身工期。当遇到某个活动，有多个前置活动的时候，这个活动的“最早开始时间”，可以设置为所有前置活动的“最早结束时间”中最大的那个值，也就是所有前置中最晚结束的那个活动，决定了后置活动的“最早开始时间”。当依次处理完所有路径后，就得到所有活动的“最早开始时间”和“最早结束时间”。

逆推的过程也是类似的，只不过计算的是“最晚开始时间”（Late Start Time）和“最晚结束时间”（Late Finish Time）。还是以“活动4→活动5”这个路径为例，从这个路径最后的活动5开始，先把该活动从“最晚结束时间”设置为项目的最终时间点，那么活动5“最晚开始时间”=“最晚结束时间”减去活动5自身工期。然后，我们可以把活动5的“最晚开始时间”作为活动4的“最晚结束时间”，那么活动4的“最晚开始时间”=“最晚结束时间”减去活动4自身工期。同样，有多个后置活动，其最晚结束时间取决于所有后置活动中最早开始的那个。

经过顺推和逆推，可以得出活动4和活动5各自的四个时间：“最早开始时间”“最早结束时间”“最晚开始时间”“最晚结束时间”。

对于一个活动，时差=“最晚开始时间”减去“最早开始时间”，如图5-14所示。活动的起点可以在时差的范围内移动，但是也仅限于在这个范围。关键路径上的活动，“最早开始时间”和“最晚开始时间”重合，因此是没有时差的。

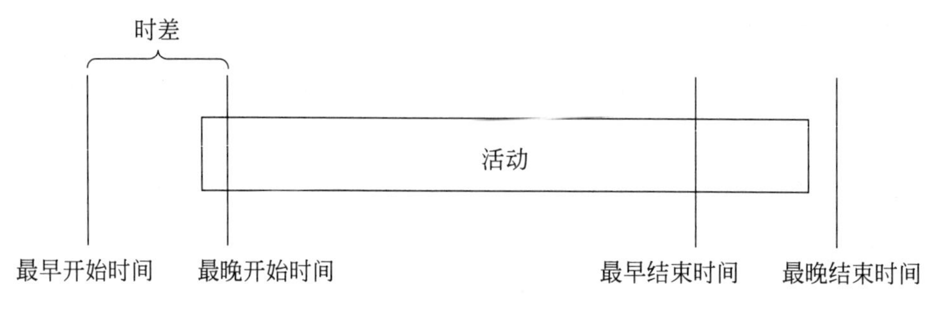

图5-14　时差的定义

这里提到的时差，与我们在工作中的Buffer（缓冲）不同。一般Buffer指的是一个活动，本来按照正常评估需要4h，但是考虑到之前处理这类活动的经验少，所以预留了5h，这多出的1h是Buffer。而时差指的是，活动在工期不变的情况下，起始时间的变化空间。Buffer指的是活动工期评估时留下的余量，时差是活动和它所在的环境之间的调整余量。这提示我们，如果项目经理希望对关键路径上很不确定的活动给予一些余量的话，可以将活动的工期预估得大一些，也可以设置一个专门的缓冲活动放在关键路径上。

另外一种应对关键路径上的工期压力，是赶工的办法，也就是通过提前完成活动，来为后续的活动留下余量。这种方式通常是投入更多的资源，缩短关键路径上各个活动的工期。同时，项目组也要考虑赶工所带来的成本增加问题。如表5-14所示，可以用来记录关键路径上赶工的工期变化和成本增加。

表5-14　关键路径上的赶工

任务	前置活动	正常时间/h	赶工时间/h	赶工成本
A		6	5	
B	A	4	3	
C	B	6	4	
D	C	8	6	
总工期		24	18	

5.3.4 形成规划

当项目经理组织团队完成了以上的各项工作之后，已经可以看到进度规划的雏形了。在工期和依赖的讨论中，团队之间的不同观点得到了碰撞，每个角色也为自己要做的工作增加了时间安排，这是一个最佳的团队建设时机。

在形成项目进度计划的时候，可以将前导图上丰富的信息进行筛选，在活动的“最早开始时间”和“最晚开始时间”之间选择具体的开始时间，加上估算的工期，得到活动的具体结束时间。将活动、具体的日期整合在一张图里，就形成了甘特图。甘特图隐藏了进度管理讨论中的过程细节，而只将最终成果性的东西简明地输出，更适合各类不同的相关方快速了解和掌握项目进度。

项目进度计划是需要被批准的，组织的管理层会借助审批的机会对项目进度提出建议或者施加影响，比如提出更多的要求，要求更高的效率等。被批准的项目计划，被称为是一个基线（Baseline）。

（1）基线

基线的一个例子是我国的“五年规划”。我国从1953年开始制定第一个“五年计划”。从“十一五”起，“五年计划”改为“五年规划”。“五年规划”全称为“中华人民共和国国民经济和社会发展五年规划纲要”，是中国国民经济计划的重要部分，属于长期计划。“五年规划”对国家重大建设项目、生产力分布和国民经济重要比例关系等作出规划，为国民经济发展远景规定目标和方向，人工智能的发展就是写入“五年规划”当中的。

“规划”的形成由国家发改委进行论证后，提交国务院，最后交由全国人大进行审议后，才是最终的版本。“五年规划”是一个基线的典型范例，审批后发布，定期变更，每五年一个版本。每个人想要知道最近五年的国民经济的方向，只需查阅最后一个版本的“五年规划”即可。

在人工智能项目中，进度计划的变更无处不在。为了控制“变”，就要先有“不变”的东西。要测量变化，就要先有不变的尺子，这个尺子就是基线计划，简称基线。

进度计划一旦被批准了，就形成了基线。如果要做比较大的延期或者进度计划变更，一定要重定计划基线，要重新审批。基线管理是项目治理结构中很重要的一个环节。在人工智能项目管理中，除了进度管理外，其他知识领域的计划管理也是有基线的，例如项目范围、配置管理、进度管理、质量管理和成本管理等。

（2）常见的错误

在项目进度管理中，最常见的错误是以画出甘特图为目标。虽然甘特图是项目进度计划的一种良好的体现，但是它表达的信息是不足的，网络关系、关键路径和时差都不易体现在甘特图中。只使用甘特图，会大大低估制定项目进度的复杂性。而这种低估，会造成高估各个活动在进度调整上的余量，加大了进度延误的风险；低估进度计划的复杂性，会让团队的充分讨论不足，使协作的风险增大。

第二个常见的错误，是在没有WBS的基础上做项目计划。这样的计划，无疑是粗线条的，容易遗漏工作。

第三个常见的错误，是缺少活动之间的关系和关键路径的分析，这种问题经常是由项目管理理念偏差或者时间压力带来的。最终生成的甘特图中，容易带有逻辑上的错误。到了执行阶段，准备开始一个新活动时，发现它所依赖的活动还没有开始。这种逻辑上的错误，使得已经批准的项目进度计划不可用。就像一个开始5000km自驾的行程前，对加油站、住宿、食品供应的时间和顺序没有提前详细计划，一旦发生变更，就会陷入非常被动的局面。

5.3.5 进度执行和控制

进度计划基线在制订完成后，各个项目组成员就可以按照计划执行了。对于项目经理，最重要的事情是项目进度搜集和进度分析，在分析的基础上，对项目进度进行控制。当进度变化超出一定范围的时候，要发起项目进度计划的基线变更，组织讨论和审批新的进度计划。

（1）进度信息采集

进度信息采集，是进度管理的基础工作。人类的大脑可以通过遍布全身的周围神经系统，快速获得感觉信号。神经系统传导信息如果变慢或者被阻滞，人就会生病，人体对外界的反应也会变慢。在进度管理中，采集信息也很重要。对于大型的或者跨地域合作的项目，信息采集不及时或不准确，是很多项目进度失控的原因。项目经理可以关注进度信息采集的健康程度。如表5-15所示，当总体得分偏高的时候（＞6分），通常说明进度信息采集过程不通畅，需要进行优化。

表5-15 项目进度采集的健康程度

进度信息采集因素	分类
信息采集自动化程度	系统中自动化生成（0分） 混合（1分） 完全手工（2分）
谁主动	成员主动完成（0分） 混合（1分） 项目经理主动完成（2分）
每天成员在进度汇报上投入的时间	10min以内（0分） 10～30min（1分） 30min以上（2分）
进度信息能否量化	能够全部量化（0分） 部分量化（1分） 不能量化，靠人估算（2分）
信息搜集的渠道	1个渠道（0分） 2～3个渠道（1分） 4个渠道以上（2分）

其中值得关注的是进度信息量化的情况。例如，某个算法任务、数据任务或者软件开发任务，它的进度开展了多少应该如何衡量呢？比如有某项智力密集型工作，工作开始前预估为2个工作日，现在过了1.5个工作日，进度是不是就是75%了呢？这样做，显然是有风险的，智力密集型工作过程通常都不是线性的，很有可能是思考3小地，处理5分钟。

软件开发任务开展之前，使用了功能点对任务进行评估，那么可以使用已经完成了多少功能点的覆盖比率作为进度的评估；如果在任务的资源评估中，使用三点评估法或者Delphi法，那么该任务的进度可以根据已经完成的接口数和设计中总接口数的占比等指标来评估。软件测试任务，可以按照测试用例的完成数量占比来评估。

处理数据的编写任务，可以参考软件开发任务的进度评估办法。数据批量运行任务，可以试验性“跑小批量”之后，得到单位时间内能处理多少数据，然后通过数据处理的批次数，来预估任务的完成率。

算法开发和优化任务不确定性高，创新性强，一个可能的做法是可以在小样本上进行预实验，取得一定的成果。正式的任务可以与预实验相对照，通过实验路径的完成情况来进行预估。模型训练任务，则可以通过完成训练的批数和全量训练批次的比率等客观指标来衡量。

表5-16汇总了各类任务的进度信息的量化办法。

表5-16 各类任务的进度信息的量化办法

大类	细分类	进度信息的量化办法
软件开发测试任务	软件开发	功能点、接口的覆盖比例
	软件测试	测试用例的覆盖比例
数据任务	数据程序编写	接口的覆盖比例
	数据程序执行	数据处理的批次数
算法任务	算法开发和优化	与预实验的路径对照
	模型训练	训练批数、全量训练次数

（2）进度分析和控制

通过项目组各成员的汇报，项目经理会得到各个活动的实际进度，根据这些数据进行分析和控制，提高项目成功率。分析过程中，可以关注状态、趋势、分类、因素和可能施加的控制这些维度，如表5-17所示。

虽然偶然会出现进度过快而导致项目进度修改，但多数项目的进度问题都表现为延期。在表格的第一列中，项目经理填入要分析的活动，在第二列填入总体进度状态，是延期还是提前完成。连续跟踪观察延期的活动，可以计算实

表5-17　进度分析表样例

活动	状态	趋势	价值分类	主要影响因素	控制
数据获取	延期		数据	需求变更	更改流程
模型验证	延期	加剧	算法	质量不达标	更改交付质量
软件装机	延期		集成/交付	资源不足	增加成本
模型训练	延期		算法	资源冲突	保障关键路径活动
服务器部署	延期		集成/交付	采购成本过高	增加成本
新模型预研	延期		科研	创新难度大	使用关键路径余量
获取反馈数据	延期		集成	沟通障碍	运用领导力
数据质量验证	延期		数据	规划时忽略	重新制定基线

际完成率和应完成率的比值，看是否该比值有下降的趋势，项目经理在第三列中填入这种趋势。在第四列中，需要把活动按照价值进行分类，用来观察阻塞发生的价值区域。第五列是对进度问题的影响因素进行归纳，通常可能存在的问题包括需求变更、质量不达标、资源不足、成本上升导致采购不足、创新难度大、沟通障碍导致进展缓慢、在规划中被忽略等。在最后一列，项目经理组织讨论，确定应对的行动。

通常行动可以是更改流程、降低质量要求、增加成本预算、使用关键路径余量、运用领导力提高沟通效果、发起重新制定基线的行动等。例如，当关键路径上的活动与非关键路径上的活动产生资源冲突时，应当优先保证关键路径上的活动所需资源，才能更好地保障整个项目的进度。另外，复杂的任务在进行工作量预估时，可以留有缓冲的余量。

在进度执行和控制上，项目经理要避免做“撒手掌柜”，等着团队执行汇报和自动调整进度。人工智能类的项目业务复杂，各个团队在业务领域会投入很多的精力，很难兼顾进度管理的监控工作。项目经理持续开展进度管控，会带来好的效果。

人工智能项目中，有很多技术方法可以用来加快进度，这些手段已经超过了项目管理的范畴，但在执行上需要管理的支持。例如，在模型训练上，可以通过调整数据吞吐量增加并行，在数据相关活动上加快进度；在计算任务上，可以采用不同精度混合等办法，用精度来换效率；在资源允许的情况下，投入更多并行计算的能力，能够缩短工期；应用成熟的框架和平台，也可以加快超参数调整的速度。在数据处理的任务中，可以使用模型来辅助标注。在这种方法中，将待标注的数据输入已经训练好的模型中，来预测该数据中的特征，人工只需要在这个预测结果上进行微小调整，也就是"告诉"模型哪里还有差距。这样就相当于一个面对大型考试的学生，经过一轮总复习后，使用"查漏补缺"的方法，只学习还缺的内容，这样效率会更高。

5.4　案例：医疗影像项目的进度计划

进度计划的过程，是整个规划中最重要的部分之一。在这个过程中，会进一步把工作包细化为活动，了解活动的依赖关系，为活动分配资源，形成最终的计划。完成进度计划的过程，是一个将项目从不确定变成确定的过程。在本节中，继续以医疗影像人工智能为例，从价值、资源、依赖和进度表等几个方面，给出具体的进度计划的工作样例。

在一个完整的医疗影像人工智能产品的开发过程中，涉及多个主要价值链环节，如表5-18所示。

表5-18　医疗影像人工智能项目的主要价值链环节

价值链环节	主要交付物
数据管理	原始数据、标注后的数据、数据描述表
模型开发	达到性能指标的模型、模型的元数据描述
产品集成和交付	软件、测试报告、接口规范、软件中模型的配置、软件使用说明书
落地实施	收货验收、软件部署测试、可用的接口调通、数据反馈流程、合同、销售回款
科研合作	专利、论文、软著
临床注册	预试验结果、第三方测试结果、临床试验结果、临床注册证
产品服务	服务质量报告、服务记录

5.4.1 资源获取

算力资源采购中，需要考虑训练、推理、通用逻辑计算、网络负载、应用程序容量等因素，通常是多种不同算力的积木式的组合。表5-19中展示了多台算力资源的组合，可以作为算力资源申请表的附加表。

表5-19 算力资源的申请明细表

计算设备类型	储存	CPU	GPU	RAID	网络	算力	能耗	数量
平台管理服务器								
平台网络服务器								
网络威胁检测服务器								
通用计算服务器								
内存优化型服务器								
训练服务器								
推理服务器								
高IO存储服务器								
对象存储服务器								
训练管理服务器								
存储负载均衡服务器								

其中，RAID（Redundant Array of Independent Disks）是独立磁盘冗余阵列，简称为磁盘阵列。它是用多个独立的磁盘组成在一起形成一个大的磁盘系统，实现比单块磁盘更好的存储性能和更高的可靠性。

网络资源对计算来说也很重要，可以合并在一起申请。缺少网络连接的支持，服务器之间的通信会被阻塞。如果可能的话，项目组还需要提供计算资源和网络的拓扑结构，便于对资源进行推演和查漏补缺。网络交换机可以按照计算节点、网络核心区和网络管理区等拓扑结构来进行申请，如表5-20所示。

医疗数据有很多类，一般会包含电子病历数据、检验数据、影像数据、基因组学数据、其他设备数据、病理数据、医疗行为数据（如收费）、院外随访数据等。在医疗影像人工智能项目中，主要输入的模态是影像数据、影像报告和

表5-20 网络资源的申请明细表

项目	交换容量	包转发率	接口	冗余电源	冗余风扇	数量	备注
计算节点交换机							
网络核心区交换机							
网络管理区交换机							

病理数据，其中病理数据通常作为“金标准”。所谓“金标准”，指的是当前临床医学界公认的诊断疾病的最可靠方法，使用金标准的目的就是准确区分受试对象是否为某类疾病诊断。较为常用的金标准有活检病理、手术发现、微生物培养、尸检、特殊检查和影像诊断，以及长期随访的结果等。在医疗影像人工智能中，病理结果常常作为金标准。模型训练使用比影像和病理更多模态的数据，如病历和随访数据，建立多模态的模型，不断提升效果，是当下的趋势。图5-15展示了数据在医疗人工智能中的使用。

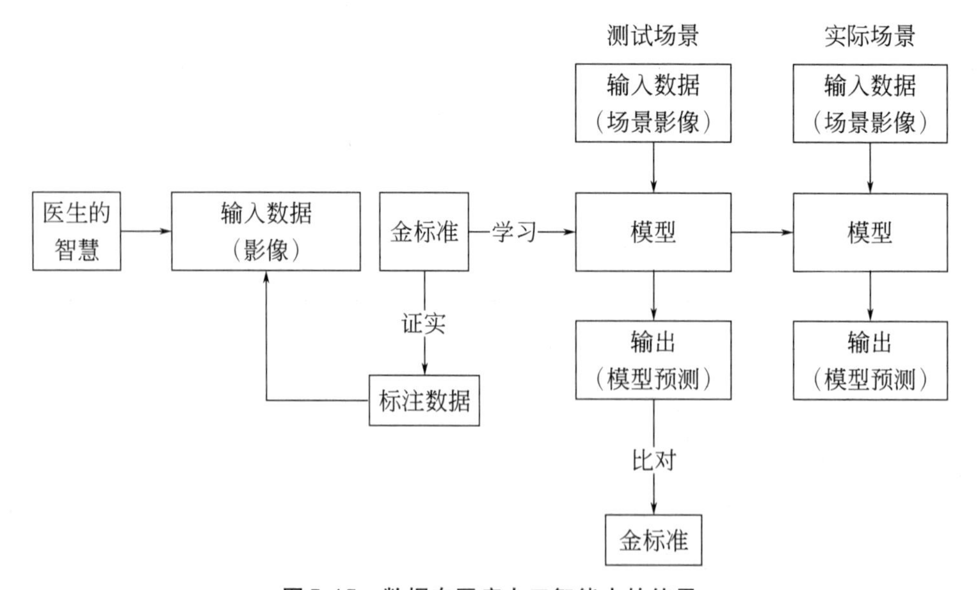

图5-15 数据在医疗人工智能中的使用

医疗影像人工智能项目的数据环节，包含了大量的处理工作，这与其他资源可以采购相比有很大不同。数据处理的目标，是根据产品的需要，去除掉无用数据，将有用的数据进行分类，形成统计信息、分布情况，并保证在整个处理过程中的安全，在隐私保护上合规。处理和标注完成的数据集，会被分割成训练集、测试集、验证集。

想知道项目组已经有了哪些数据，就要统计数据。而统计数据，需要依赖元数据（Metadata）。所谓“元数据”，就是描述数据的数据。例如我们买了一件衣服，那么衣服上的标签，就是元数据；我们买了一部手机，那么手机的说明书和参数，就是元数据。如果没有元数据，我们就无法了解数据具体是什么。有了元数据，就可以进行统计和分析。

多数医疗影像通常都支持DICOM（Digital Imaging and Communications in Medicine，医疗数字影像传输协议），使用DICOM协议进行存储和交换。DICOM中包含预定义的数据标签（TAG），可以看成是元数据的一部分。但是各个厂家提供的数据标签有自己的“方言”，如果要互通，还要做相互的转换和翻译，这是数据处理的主要工作之一。医疗影像中的元数据信息如表5-21所示。

表5-21　医疗影像中的元数据信息

元数据分类	元数据
扫描参数	模态、层厚、序列名、期相、拍摄部位
设备	厂商、设备型号、分辨率
标注	标注内容、征象
诊疗	病种、诊断、疾病分级、诊疗阶段、治疗方案
病理	病理分型
算法模型	模型名称
来源	来源机构编码

表5-22是医疗影像数据获取申请表。在申请表中，需指明影像需求的范围，如疾病、影像模态、拍摄方法、重建层厚等。同时该表也包含了对于其他模态医疗数据的需求，如病历和检验检查等。

表5-22　医疗影像数据获取申请表

项目	选项
数据模态	□住院病历　□检验检查　□医疗影像和报告　□病理数据 □基因组学数据　□患者随访信息
数据要求	如果提供API接口，各模态之间数据可以使用ID关联 如果提供硬盘下载，将同一个患者的信息放在同一个目录下

续表

项目	选项	
数据量/例	××××	
形态分布	形态	□对称 □缺如
疾病分布/例	乳腺疾病	导管内乳头状瘤 ××× 原位癌 ××× 浸润性癌 ××× 纤维腺瘤 ×××
患者筛选条件	年龄不限，性别不限，病情相对稳定 住院之前，未进行长时间对症的治疗 住院患者，临床资料完整，诊断有病理证实	
	分型覆盖	BI-RADS分级各型均有覆盖
数据需求日期		
影像数据模态	□X射线 □CT □MRI □超声 □电生理 □其他	
设备厂商	□联影 □GE □Philips □Simens □其他	
CT参数	探测器排数	□64排 □128排 □256排
	层厚	□薄层 □厚层
	增强	□平扫 □增强
	扫描方式	□CT □CT造影
MRI参数	MRI场强	□1.5T □3T
	重建层厚	□薄层 □厚层
	扫描序列	□T1 □T2 □DWI □DCE
数据格式	DICOM格式	
包含检验检查指标	□血常规 □肿瘤标志物	
数据脱敏要求	□已经脱敏 □未脱敏	
转移形式	□移动硬盘 □API访问接口	

其中，API（Application Program Interface）是应用程序接口，指的是程序和程序之间通过标准化的格式进行通信所用的接口。很多成熟的业务系统，都会提供API，允许其他程序直接操作系统，实现程序间的交互。

5.4.2　构建前导图

前面已经讲述过，要做好项目计划，需要先把依赖关系整理清楚，画好前导图。为了能够画好前导图，项目组需要把业务处理流程、技术路线图和稀缺资源列表准备好，以便于整个进度推演过程中，与这三类信息相匹配。

业务处理流程图包含整个项目生命周期中用到的各类业务相关的流程。在医疗人工智能项目中，至少包括第1章提及的软件开发生命周期、第2章中的算法模型开发生命周期流程、机器学习运维流程，再加上软件发布、注册流程、临床试验流程等。所有的这些流程，都会对工作顺序产生影响，需要搜集全面。下面给出发布过程、注册过程和技术路线的样例流程，其他的流程图可以在本书前面章节中找到。

如图5-16所示是一个简化的软件发布流水线，来自Jez Humble和David Farley的著作《持续交付》。这个极简的流程，从提交到最终发布，经历了五个阶段，实际上的集成和交付流程要细致得多。

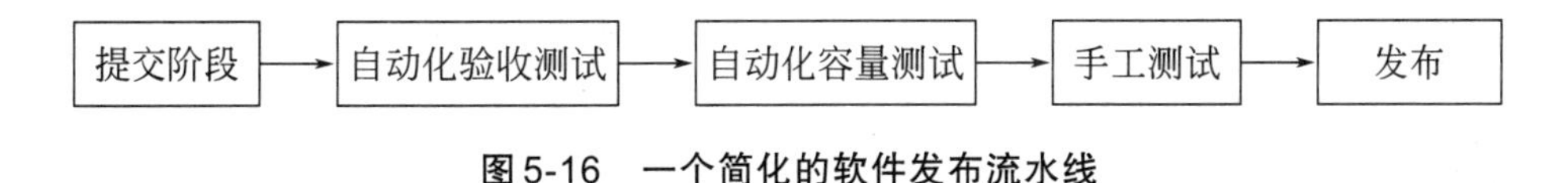

图5-16　一个简化的软件发布流水线

注册过程指的是向政府管理机构申报人工智能产品注册的过程，它是取得最终交付物的必经之路。它的周期相对比较长，在注册的技术评审环节，通常会需要60～90个工作日。如果遇到整改，整个过程可能会延迟数个月，甚至一年时间；再次评审还需要60个工作日。注册过程倒逼产品范围定义需要清晰，不要遗漏；也倒逼项目进度计划清晰可执行，在每个节点都能按时交付。在注册过程中，不能使用迭代的方法来思考，而是要像预测型生命周期项目一样，提前做好足够的考虑和规划。如图5-17所示是人工智能医疗器械的注册过程。

技术路线图定义了主要中间交付物的流转，规定了中间交付物的依赖关系。人工智能项目中，交付物在逻辑上可以分层，便于把整个体系看清楚。比如在乳腺癌人工智能项目中，可以分为输入层、标注层、模型层、逻辑层、输出层。

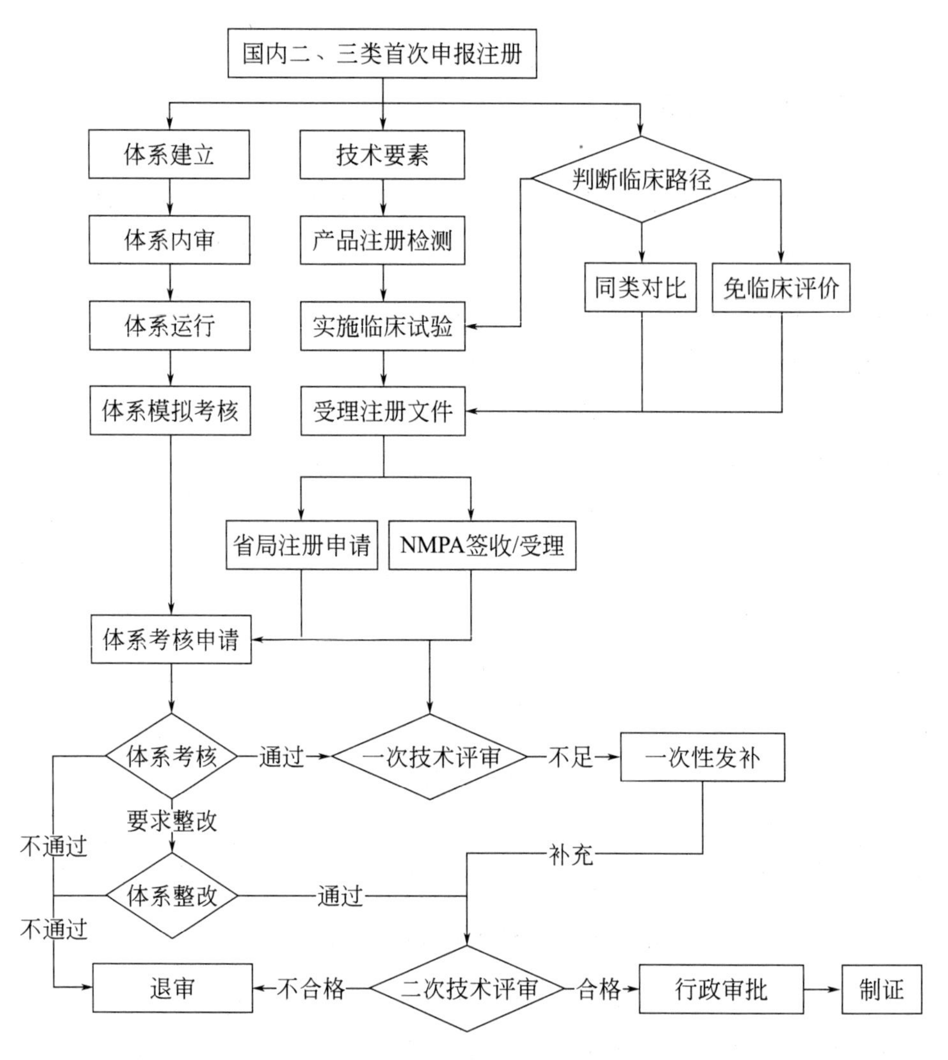

图5-17 人工智能医疗器械的注册过程

每层的输出，会流入下面的某一层。没有技术路线图的指引，几乎无法绘制出关于数据和模型的完整的前导图。如图5-18所示是乳腺癌人工智能项目的技术路线，其中对模型和关系做了大幅度简化。

另外，团队需要了解稀缺资源的情况。稀缺资源通常是被多项目复用的，对某个项目来说，可用的时间窗口很窄，可调整的时差很小；有时候稀缺资源还会依赖于项目外部的活动。这些资源的依赖关系经常不能在前导图中表达出来，项目经理需要专门记录它。

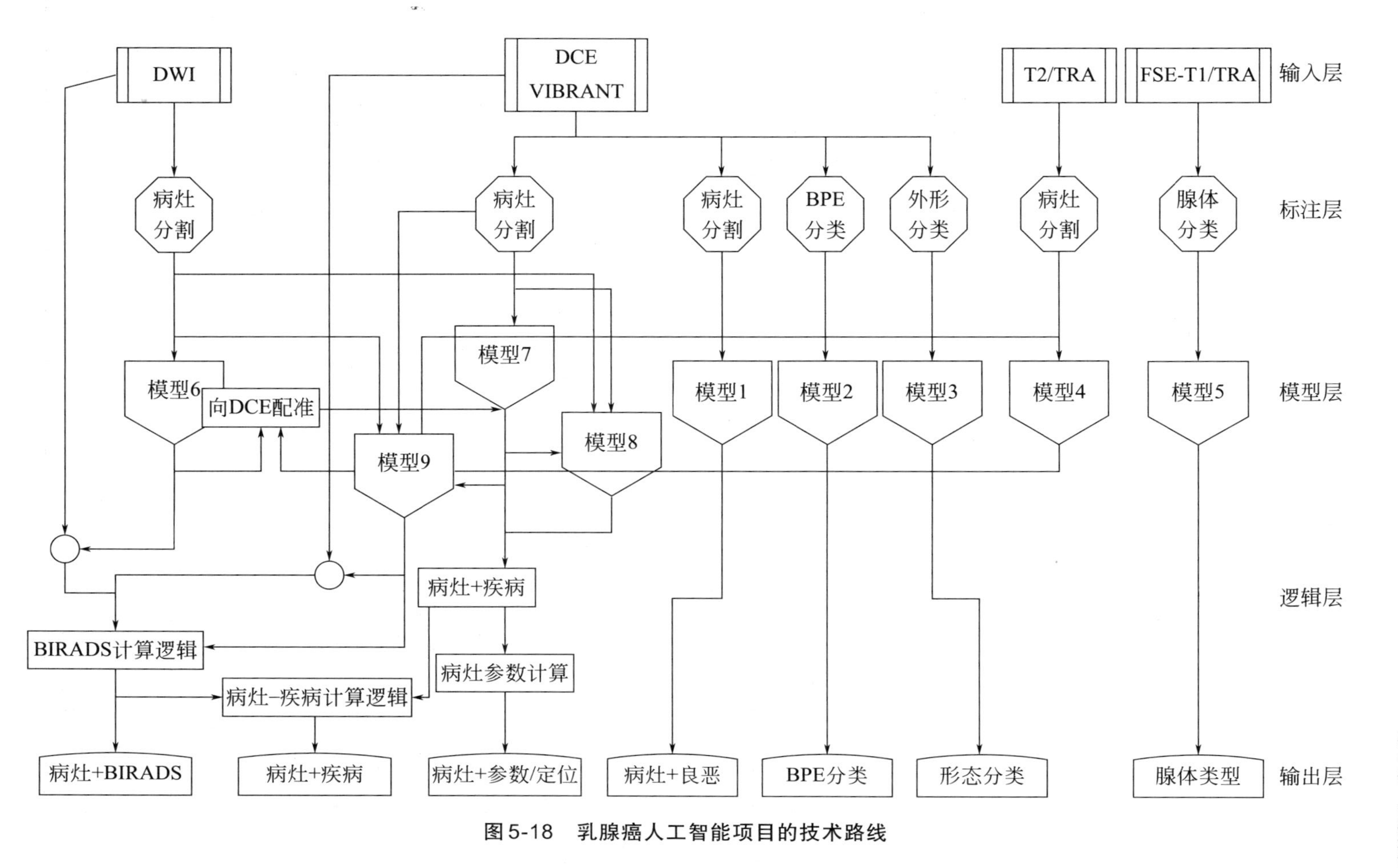

图5-18 乳腺癌人工智能项目的技术路线

项目经理在所有以上这些信息的基础上，组织团队构建前导图，分析其依赖关系，形成各个活动的时差信息，为最终生成进度计划表做准备。

5.4.3 进度计划表

进度计划表是进度管理的集中体现，甘特图是进度计划表的一种展现形式。表5-23展现了进度计划表样例。

表5-23 进度计划表样例

编号	前序任务	任务名称	交付物	责任人	预计		实际
					开始时间	结束时间	开始时间
1		数据预处理					
1.1		数据所需服务器配置到位	硬件环境配置				
1.2	1.1	数据传输与储存					
1.2.1	1.1	数据传输和匿名化	匿名化数据				
1.2.2	1.1	数据清理和入库	基础数据				
1.3	1.2	追加数据传输与储存					
1.3.1	1.2	数据传输和匿名化	匿名化数据				
1.3.2	1.2	数据清理和入库	基础数据				
2		数据标注					
2.1		标注标准草案制定	标注标准草案				
2.2	2.1	标准审核	标注标准基线				
2.3	2.2	标准人员培训及测试选拔	人员配置				
2.4	2.3	完成数据标注（70%）	标注数据				
2.5	2.4	标注数据结果分析	标注标准，标注数据				
2.6	2.5	完成数据标注（30%）	标注数据				
2.7	2.6	标注数据结果分析	标注标准，标注数据				
3		模型构建和调优					
3.1	2.7	数据增强和预处理	训练集、测试集、验证集				
3.2	3.1	算法选择与构建模型	模型代码				

续表

编号	前序任务	任务名称	交付物	责任人	预计		实际
					开始时间	结束时间	开始时间
3.3	3.2	第一次训练、验证、调参	模型指标结果报告				
3.4	3.3	第二次训练、验证、调参	模型指标结果报告				
3.5	3.4	第三次训练、验证、调参	模型指标结果报告				
3.6	3.5	模型验证	模型和验证报告				
4		产品集成					
4.1		产品需求分析	需求说明书				
4.2	4.1	产品详细设计	详细设计文档				
4.3	4.1	交互界面设计	交互设计文档				
4.4	4.2	软件开发	开发文档和代码				
4.5	4.4	软件测试	测试用例运行结果				
4.6	4.5	模型集成联调	集成模型代码				
4.7	4.6	生产环境打包	产品包和文档				
5		产品上线					
5.1	4.7	生产环境部署	安装日志				
5.2	5.1	生产环境使用	使用日志				
5.3	5.2	生产数据反馈	事件和用户满意度				

Artificial

Intelligence

Project Management

Methods, Techniques and Case Studies

第6章 质量管理

通过本章的内容，

读者可以学习到：

- 制订项目质量计划需要准备的事项；
- 通过七个步骤来制订项目质量计划；
- 标准体系对人工智能项目的指导意义；
- 算法模型的指标体系和评价过程；
- 医疗人工智能中质量管理的深入主题。

什么是质量？著名的质量管理专家约瑟夫·朱兰从顾客的角度出发，提出了“产品质量就是产品的适用性，也就是产品在使用时能成功地满足用户需要的程度”。质量管理专家菲利浦·克劳斯比从生产者的角度出发，把质量概括为“产品符合规定要求的程度”；管理大师彼得·德鲁克认为“质量就是满足需要”。虽然这些定义各有侧重点，但都一致认为质量管理是为了满足需求。人工智能项目的质量管理是为了满足客户对于认知产品的需求而开展的质量相关活动。

项目管理中，质量和成本都很重要，哪一个需要优先考虑？这个问题没有准确而唯一的答案。创新型项目中，如果能够生产出满足客户需求的高品质产品，将在市场上占据先发优势，取得良好的项目回报，人工智能项目也具有“赢者通吃”的态势。如图6-1所示，这类项目的回报是陡增的，而不是线性的，越过了质量临界点之后，项目才有正向的回报。如果最终产品给出结果低于人们预期的结果，很有可能会无人问津，完全没有价值回报。另外，对于这类项目，人们对失败的容忍度会更高一些，允许投入成本的弹性也相对较大。从这些角度来说，质量是创新型人工智能产品的关键，需要优先考虑。

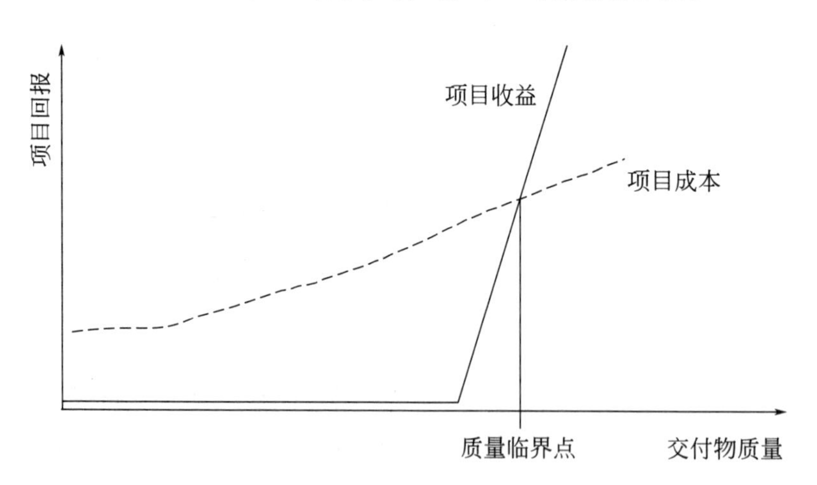

图6-1 创新型项目的成本和收益示意

在大规模生产的企业中，为了实现整体质量目标，不仅仅在人力资源管理、采购管理、风险管理、财务管理中应用质量控制方法，还在生产全过程中贯穿质量控制，应用统计学工具减少生产缺陷。但如果仅仅站在项目管理的角度，质量管理关注的是项目的质量目标和质量活动。在本章中，首先以制订质量计划为主线，介绍项目中与质量相关的目标和活动。在6.2节中，将细化人工智能项目质量管理的指标和评价体系。在6.3节中，进一步以医疗人工智能为案例，细化一些具体的质量主题。

6.1　项目质量管理

6.1.1　理念和要素

（1）敏捷的质量理念

有需求，质量才有存在的意义，不满足需求的人工智能产品，就没有质量可言。自动驾驶车辆，如果不遵守交通法规，就不能帮助使用者；如果语音机器人不能听懂人的各种语言，那也毫无价值。人工智能项目的需求，可以包含以人机交互为主的软硬件需求、认知能力需求，也包含非功能需求，例如安全和伦理的需求。其中最重要的认知能力质量，既依赖于数据的质量，又依赖于模型构建过程中的质量。

人工智能项目的需求不容易描述，没有一种办法能够简单地描述它。这种情况下，正确的质量理念，将会指导团队在质量管理中前进。

第一个理念是“让客户满意”。如果质量管理仅仅为了达到质量指标，那么就会缺少去挖掘客户需求的耐心。客户需要的是一个“智能化的助手”，项目组却理解成了“一个自动化程序”。项目组成员缺少让客户满意的理念，就会远离客户，曲解质量管理的含义。第二个理念是“全员关注质量”。我们知道，将英文翻译成为中文的时候，信息是有丢失的，有能力看中英文双语的人会很清楚这一点。产品经理将客户需求转化为产品文档的时候，也不可避免地出现丢失。“让客户满意”所包含的信息，远远多于产品文档中承载的信息。只有全部人员关注质量，才能在整体上快速逼近客户的目标。而逼近的过程，就是第三个理念，“持续改进”。因为既然无法完整无误地翻译客户需求，只能反复地快速改进。对于复杂的需求，没有“毕其功于一役”的可能性。借用敏捷开发的概念，这三个理念可以称为“敏捷的质量管理理念”。

（2）质量目标三要素

为了理解项目质量管理中的目标和活动，我们先从一个日常生活中的例子讲起，就是“做一盘西红柿炒鸡蛋”。这个菜不难做，如果不会的话，还可以从网络上下载菜谱照做即可。例如项目经理从网络上找到了一个很多“赞”的菜谱，上面是这样描述的。

步骤1：准备食材。鸡蛋三个、中等大小西红柿两个。盐1g、糖2g、食用油适量。

步骤2：将鸡蛋去壳打散、西红柿切小块备用。

步骤3：锅中倒入适量底油，油热之后，倒入蛋液。

步骤4：待鸡蛋稍稍凝固炒散后，把鸡蛋推到一边。然后放入西红柿，煸炒均匀。

步骤5：往锅里加少许糖煸炒均匀，然后大火收汁。

步骤6：最后关火，放盐翻炒均匀即可装盘。

不难理解，但如果按照这个菜谱，所有人做出来的西红柿炒鸡蛋相信是风味各异的。为什么呢？因为上面的这个菜谱只有操作，而没有关于操作的质量说明。而最终这个菜是否能够满足客户需求，可能还取决于其他一些因素。第一，客户的口味，黑龙江人和广东人的味蕾区别很大。南方大厨做的菜，不一定能为北方客户所喜爱。就像新疆最好的馕，上海人也不一定爱吃。第二，食材的质量，包括鸡蛋的大小、品种、新鲜程度；西红柿的色泽，产地等。第三，每个步骤的质量规范，比如操作时间对烹饪来说很重要，好的口感和火候息息相关。油、糖等材料的使用量，也没有进行规定，最终很容易导致味道欠缺或者太过。第四，各类调料未指明哪些是可替代的，哪些是必需的。第五，各个步骤到什么时候交付，进入下一个阶段，没有交代。实际上，有经验的厨师会根据色泽、声音、气味或者小部分样品的品尝感受来判断能否进入下一个环节。

很多人做这个菜效果不错，是因为他们隐含地掌握了这些质量知识，并已经运用在实际的操作中了。项目管理中，为了协作，则需要将这些知识进行显性化总结，在项目的活动中执行。

上一章的聚餐的项目，是一个多人协同、任务之间依赖很强的项目，交付的是一种体验而不是产品。因此这类项目中，进度管理会处于非常核心的位置。而西红柿炒鸡蛋这个项目，有非常明确的实体交付物，质量控制有更细的工作要做。常见的人工智能项目，兼具协作和产品交付，所以在进度管理的基础上还要做好质量管理。人工智能项目，像准备一大桌宴席包含几十道菜的烹饪项目，除了每道菜自身的质量外，还要有相对一致的风格，出菜的时间先后，也会影响客户需求的满足。

项目中的质量管理应当考虑各类显性和隐性需求，根据需求对于项目过程进行质控，对交付物进行质控。在一个项目中，质量管理的三个核心要素是明确的需求、交付物、控制过程。

有时候，项目组成员会把测试和质量弄混淆。测试是交付物质量的检测环节，而质控除了测试之外，还要关注过程的质量，更要从需求角度来看待质量。因此测试和质量的内涵是完全不同的。

6.1.2　制订质量计划

（1）质量计划的四项准备

与做进度计划一样，在质量计划之前，同样需要做一些准备。

第一项是沟通，越全面越好。沟通中至少包含如下几类人：客户或者终端用户，他们是功能的使用者，也是需求的主要提出者，尤其关注质量；行业专家，能够提出一些功能之外的需求，比如性能、可用性、可靠性、安全性、伦理合规等方面的需求；项目管理办公室，对过程质量能提出建设性意见；各个业务领域的负责人，关注自身交付物的质量，也会关注上游交付物的质量；质量专家和过程专家，他们可以从质量和过程的角度提出超越项目本身的见解，帮助制定项目中的交付物和过程相关的质量目标。

第二项是文档准备，至少包括项目章程、WBS和各类流程文档。章程和WBS中有交付物的描述，这是需求的直接体现。流程文档用来帮助核查哪些流程与项目相关，哪些质量环节应该嵌入流程中。

第三项是对质量的流程、标准、规范和规定进行汇总。这些文件，有些是组织级关注的，有些是项目级应当关注的。如ISO 9000系列质量认证，是组织级的标准。许多行业中进行产品质量检测时对所在组织的过程管理也提出一定的考核要求，项目组因此也需要在一定程度上有所了解。项目级需要遵循的规范会更多，在无人机、自动驾驶、智慧医疗、智慧金融等领域，都会有相应的评估、注册、质量规范。例如，人工智能硬件在交付前，要经历一系列的验证环节，包括工程验证测试、设计验证测试、小批量验证、小批量生产和量产环节等。

第四项是汇聚历史项目的质量经验的总结。最近几年内的项目经验，对于团队的指导作用会更直接。

（2）质量计划工作拆解

以上四项准备完成后，就可以着手制订质量管理计划。相对于WBS和进度计划，质量计划既重要，又相对抽象，却又无处不在。因此，本书把做质量计划的工作拆解成以下七个部分，便于理解和掌握。

① 环境质量要求。除了客户外，项目所在的环境也有不同层次的质量要求，包括行业级别、组织级别和项目级别。

如果把一个厨师的工作看成项目，那么他需要遵守整个餐厅的操作流程（组织）、食品卫生管理部门的规定（行业）和来自客人的直接要求（项目）。

行业级别要求，经常体现在产品的送检流程、第三方的质量认证、注册取证流程、资质获得流程等，通常重视的是安全、质量、合规等方面。在IPD中，有详细流程规定商业计划书需要通过立项准备、市场分析、产品定义、执行策略和商业计划书移交五个步骤才能被确认，这就是组织级别的质量要求。如果项目属于一个大产品项目群，本项目如何与上下游项目协同，形成产品级别的敏捷，也是组织级别的质量要求之一。还有一些组织规定了产品设计和架构设计的工作流程，有的对变更有统一的管理等。也有一部分质量要求来自项目负责人或者甲方，例如对项目的资金管理、项目交付过程中有迭代次数的要求，或者需要增设一个里程碑，让项目组向特定第三方进行汇报等。

将与项目密切相关的环境质量要求抽取出来，形成质量管理计划中非常重要的参考部分。

② 进度计划中的质量活动。一个厨师开始烹制一道佳肴的时候，他会用视觉、嗅觉和味觉对烹饪过程的进展进行不断的监控和反馈。这些环节都是在瞬间完成的，没有留下正式的记录。在项目中，则需要将这些质量环节，在进度计划中以活动体现出来，还要有质量结果的记录。

产品开发型项目，可以在开发生命周期的各个阶段，增加质量控制的环节。一个常规的软件开发项目，会经历软件需求分析、设计、开发、测试和集成等环节。为了质量考虑，可以增加各类评审和测试。其中，评审可以包括：需求评审、设计评审、代码评审、测试用例评审、最终交付产品的评审。测试可以包括：单元测试、功能测试、集成测试、压力测试、可用性测试等。

人工智能项目可以在开发生命周期中增加数据评审、模型方案评审、模型测试、模型验证、泛化性验证等质量环节。人工智能项目提倡全程质量审查，有贯穿始终的质量活动，用于发现各个工作包的交付物的质量问题。这些评审、测试和验证活动，都体现在具体的审查关口上。

在关口上，除了开发生命周期外，前面提到的环境对质量的要求，也通常以质量审查关口的形式出现。

如果说验证、测试和评审，是通过设置检查点（关口）来提高质量，那么研发实践的加入，是在过程协作上提升了质量。这些研发实践可以包括持续集成、测试驱动开发、快速原型等。持续集成，是指通过鼓励频繁的提交和构建，让多个开发者快速协同并解决问题，从而提升质量；测试驱动开发理念，则是强调测试的活动至少和开发工作同步开始，不能后置于开发工作；快速原型活动，是在比较早的时间点上，增加面向客户的产品评审，以提升交付物的质量。这些研发实践的加入，能够帮助提升业务流程的质量。

图6-2总结了进度管理中的质量因素。在图6-2中，环境对质量的要求和开发生命周期中质量环节，都通过检查关口来体现。

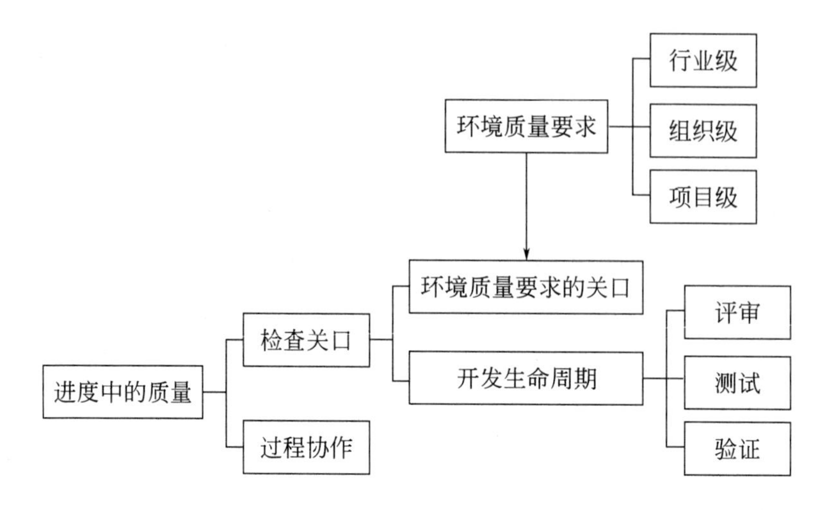

图6-2 进度管理中的质量因素

③ 项目管理中的质量活动。很多优质的餐厅，都会召开定期的质量讨论会，会对菜品质量和服务质量进行反思及总结。在质量讨论会上，每个人被暂时从具体的工作中释放出来，可以专心思考与质量改进有关的话题。实践证明，这样的会议能为质量目标的实现带来正面的促进。会议尽量召集不同的角色参与，面向客户需求来发现质量问题，提出质量改进方法。

在项目管理中也是如此，也需要召开质量会议。质量会议是出于管理的目的，这些会议不会出现在项目的进度计划表当中，但确实是必不可少的。在那些敏捷开发生命周期的项目中，质量会议可以穿插在每日站立会、质量周会、迭代回顾会议中开展。

这些会议中，可以开展几个议题，如报告质量问题、讨论质量流程、分析质量问题、确定改进方案等。这些会议可以看成是PDCA循环的C（Check，检查）环节，如果没有C这个环节，整个质量循环就会断裂，质量的问题没有办法被汇总和解决。

④ 质量指标。对于一个厨师来说，他的每一个菜肴作品，除了菜量之外，色、香、味、形态和顾客的最终满意度都很重要，这些都可以看作是主观指标。指标是质量管理中很重要的概念，是将质量进行量化的关键。

项目的指标可以分成三类：面向过程的指标、面向结果的指标和面向客户的指标。面向过程的指标，衡量的是过程的设计和运行是否合理、有成效。面向结果的指标，衡量的是半成品、中间产物和最终产品的运行是否符合预期。如果按照交付物的类型，质量指标还可以分成这样的一些类别：代码指标、模型指标、数据指标、产品功能指标、产品性能指标、实施指标等。面向客户的指标，衡量的是客户主观的满意程度。

在项目质量计划制订中，形成各个交付物的定量指标库有三点好处。第一是让质量可以被感知，从谈论的抽象的质量到具体的数字，让质量变得更容易理解。第二是让工作可以被衡量。没有指标的交付物，必然会陷入“拍脑袋决定”的结局中。第三是让工作可以被协同。有了交付物的质量指标，协同方可以预估成果交付的时间和程度，就能更方便地参与到协作中。

人工智能项目中，交付物质量指标中最重要的是衡量算法模型的效果指标。这些指标对于人工智能最终产品的成败是至关重要的，这里以比较常见的敏感性和特异性为例来说明。这个例子来源于Steven Miller的《普林斯顿概率论》。

在某个国家，发现了一种结核病，发病率是万分之一，也就是每10000人中就有一个人感染结核病。因为媒体的过度报道，居民出现了恐慌。为了安全起见，大家在恐慌中去做结核病测试，以确定是否感染了这种疾病。医生告诉居民，这种结核病测试出现假阳性的概率是1%，也就是每100个健康人中会有一个被测试为阳性。医生还透露，这个测试的假阴性率为1%，也就是每100个感染的患者中，有一个人会被检测为阴性。

如果假设城市有100万居民，那么按照发病率，就有100人感染，另外999900人并没有感染（健康人）。在健康人当中，有1%的人被检测为阳性（假阳性），也就是有9999个健康人被检测为阳性，另外的999900−9999=989901个健康人被检测为阴性（真阴性）。在100个患者中，有1%被检测为阴性，也就是1个人（假阴性），剩下的99个人被检测为阳性（真阳性）。以检测结果为横轴，结果的真假为纵轴，绘制表格如表6-1所示。

敏感性，指真正的疾病患者被检出为阳性的概率。在这个例子中，敏感性为99%。当检查的敏感性为100%的时候，也就是假阴性率为0，若被检查出阴性，就一定是没有病的。敏感性越高，漏诊率就越低。

表6-1 案例中阳性和阴性的分布情况 单位：人

检验结果	检验结果阳性	检验结果阴性
检验结果为真	99（真阳性）	989901（真阴性）
检验结果为假	9999（假阳性）	1（假阴性）

特异性，指的是健康人被检出阴性的概率。本例中为99%。当检查的特异性为100%的时候，也就是假阳性率为0，那么被检查出阳性，就一定是得病。也就是特异性越高，误诊率就越低。

某个被检测出来阳性的居民，很有可能惶恐不安，已经在想象着自己承受结核病痛苦的住院治疗场景。但是实际上他患病的概率，应该是99/（99+9999）约等于0.98%，这个概率连1%都不到。这个结核病检查中，虽然敏感性和特异性已经很高了，但还是会让那些被检查出阳性的人大大高估自己真实得病的概率。如果这个检查的敏感性和特异性更低一些，就会给居民造成更大的困扰。

人工智能项目的认知能力中很大一类就是分类，分类的效能由类似敏感性和特异性指标来衡量。理解这类指标对于最终用户的意义，对团队建立起质量意识会带来很大帮助。图6-3总结了质量指标的一些概念。

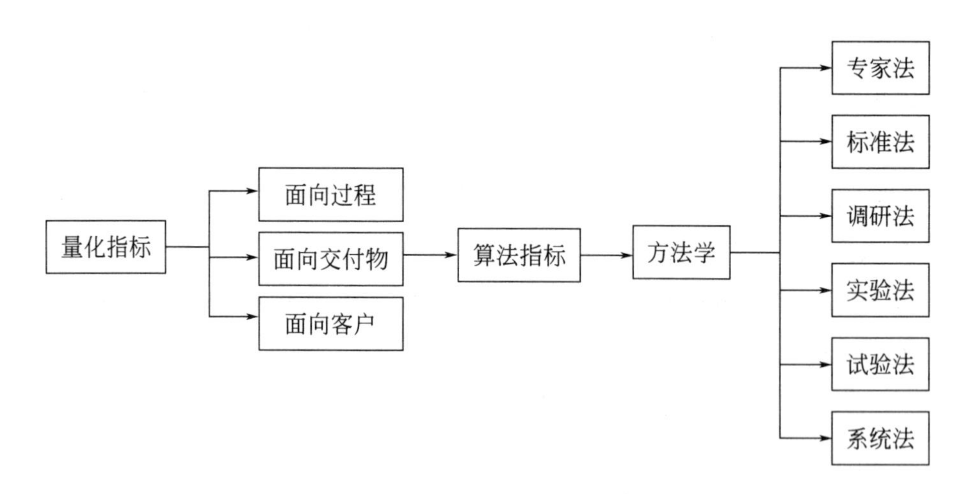

图6-3 质量指标的一些概念

⑤ 指标方法学质量。在制定指标的时候，需要问“2W1H”。也就是Why：为什么制定这个指标？What：这个指标衡量的是什么？How：这个指标是怎么

制定出来的？

考量人工智能项目的指标是如何产生和确定的，也应当是质量工作的一部分。所谓合理，至少包含两个方面，其一是最终产品要有价值，其二在技术上是合理的衡量指标，可实现。在认知模型的指标制定中，可以用如下的一些方法来提高其合理性。

a.专家法：由行业专家来评估认知任务，给出人工智能所需达到的指标。

b.标准法：从行业已经注册和认证的人工智能模型的参考数据中获得基准，并在这个基准基础上确定。一个可以类比的例子是，对于已经成熟的药品领域，如果新药能证明和已经注册的药品有类似的疗效，即可被注册。

c.调研法：如果已经有很多的论文研究结果，市场上竞争也很激烈，可以根据文件检索或者竞争产品分析，基于当前最佳行业模型能力来确定指标；对论文中的指标和竞品提供的指标，要关注这个指标是在什么样的数据假设条件下取得的。如果数据条件不同，就要谨慎使用。例如，通常不能照搬国外的研究结果，因为模型所基于的数据差异较大。

d.实验法：前沿性项目，或调研没有合适结论的情况下，可以开展预实验，使用小批量数据和实验性模型，获得第一手的指标参考。

e.试验法：征集受试者，通过试验，了解人类在同样任务上的效能，形成指标设置的基准。

f.系统法：基于对模型和数据的了解，提出系统性假设，直接设定目标。

项目组通过这样的一些办法的组合，提高指标的合理性。过低的指标，对人工智能的应用来说，没有实用价值；过高的指标，会浪费很多时间和成本。在项目质量计划的制订中，可以对重要的指标开展方法评审，通过流程来进一步提升其合理性。

⑥ 质量责任的分配。质量包含的范围非常广泛，如果希望项目成果能让客户满意，需要考虑到多层次的质量工作。质量工作本身是一门独立的科学，同时又穿插在多种不同的业务当中，因此质量工作的开展，除了全员有质量意识之外，还需要多层次的团队来支持。

为了开展质量工作，需要建设一个质量小组。小组的工作可以独立于项目，小组成员对各类质量标准、流程、活动和指标都有比较深入的了解，成员应该包括项目经理、产品经理、各岗位负责人，是一个跨职能的团队，负责项目的质量工作。

质量工作的开展除了质量小组和项目团队成员外，还需要得到相关方、专业委员会、PMO和组织质控部门的大力支持。整个项目的质量，是在多个部门的协作下完成的，表6-2给出了各类质量工作开展中的责任分担。在表6-2中，每一列代表了一类质量工作。在所有的质量工作中，质量小组都是主要执行人。

表6-2 各类质量工作开展中的责任分担

项目	交付物指标制定	交付物指标管控	质量流程的管控	客户满意度管控	符合环境质量指标	质量活动开展
质量小组	R	R	R	R	R	R
项目经理	C	C	R	C	R	R
产品经理	I	A		R	I	I
各岗位的负责人	R	R	I	R		I
项目组员		I	I			I
相关方	I	C	C	A	C	
专业委员会	A	C	C	C	C	
PMO		C	A		A	I
组织质控部门					I	A

注：本表内字母含义与表5-6相同。

⑦ 生成质量管理计划。到这里为止，介绍了项目中如何开展质量工作的各方面，汇总在一起，得到如图6-4所示的项目质量管理模型。在这个模型中，客

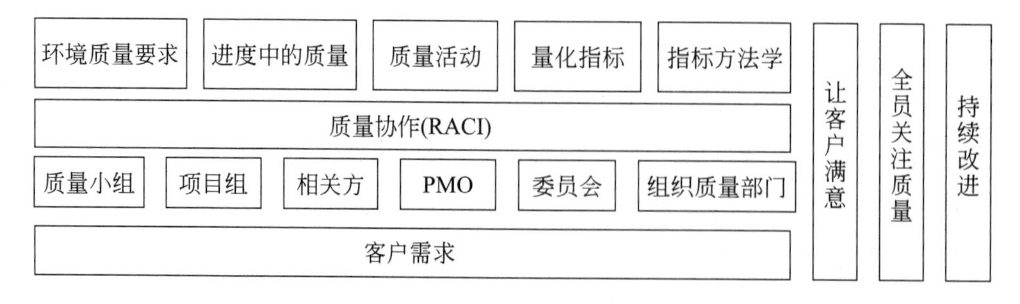

图6-4 项目质量管理模型

户需求是一切质量的发起点。为了达到目标，各方面协作在一起，一同完成上层的五类质量相关的控制。在模型的右侧，是项目质量管理的三大理念：让客户满意、全员关注质量、持续改进，它们是质量管理的催化剂。

如果说进度管理计划是从时间角度来描述如何开展项目，质量管理计划则是从“满足需求的程度”来细化如何开展项目。在搜集了流程、活动、方法和指标的信息后，质量管理计划就基本上被确定出来。和进度计划一样，质量管理计划也需要通过评审形成基线。如果要对质量计划进行修改，则需要通过变更的流程来完成。

一个具体的质量管理计划，应该包括如下部分。

a. 从比较高的层面阐明质量的目标，明确以满足需求来达到质量的目标。

b. 明确质量工作的具体分工。

c. 列举需要满足的质量相关标准和流程，例如包括行业级流程、组织级流程、开发生命周期的流程。可以描述哪些流程的环节是不可省略的，哪些流程的环节需要特定的检查指标，最终结果记录于何处等。

d. 明确进度计划中质量相关的工作，主要是各个关口的审核环节。说明审核所需要遵循的流程，如何记录审核结果。

e. 检查最终交付物和重要中间交付物的质量指标，包括流程指标，交付物指标和客户指标。对一些关键性的产品指标，需载明确定指标所用的方法。

f. 附带质量计划中需要详细描述的质量定义和参考标准。

g. 附带各种质量的表格、评审单据、信息模板。

6.1.3 质量控制

质量控制，是一个需要贯穿计划、实施和变更三阶段的控制。计划中的质量控制是事前控制，实施中的质量控制是事中控制，变更中的质量控制是事后控制，合并起来，就是全方位的质量控制。

实施中的质量控制可以借助很多工具。有些工具帮助发现问题，有些工具来执行改进。在表6-3中列举了发现问题的六种工具，分别是发现关联模式、发现至关重要的少数、发现根本原因、了解各类分布情况、探查缩小问题、保持流程完整，其中每一种都有可视化的形式可使用。执行改进的工具，主要的方法是记录、会议和沟通。这些工具记录在表6-3中。

表6-3 事中控制的质量工具

分类	工具	工具主要特点	可视化的形式
发现问题	发现关联模式	将不同的维度整合在一张图上，发现不同样本形成聚合和分散的规律。例如，发现不同类型任务和质量问题之间的关系	散点图
	发现至关重要的少数	将出现的质量问题和质量改进项目按照重要程度依次排列，用于确定将有限的精力投入到哪些改进点。例如，将各种不同类型的质量问题，按照频率排序，发现最高频延期的两类任务	帕累托图
	发现根本原因	通过头脑风暴的方式，将导致问题发生的各类因素按照层级组织在一起。例如，形成数据处理质量差的各类原因的分析，形成一个层次图，发现最重要的原因	头脑风暴、鱼骨图
	了解各类分布情况	将问题按照某个维度展开，平铺显示，对比观看这个维度下问题的组成。举例，将不同模态模型的项目耗时列举出来；将不同模态数据的数据量分布列举出来	直方图 柱状图
	探查缩小问题	设计试验，帮助确定对整个项目的成果产生最大影响的变量，或者确定变量的合理取值范围。例如，通过试验来确定算法模型的合理指标	试验设计
	保持流程完整	将实际执行过程和流程图比对，或不断细化流程图发现实际执行中忽略的环节	流程图
执行改进	质量活动开展记录	记录各类质量活动的开展情况。例如，数据交接表、质量结果表等	执行检查表
	会议和沟通	通过会议的形式，汇总记录结果，汇聚问题发现的成果，形成质量改进的行动，修订质量管理计划	执行质量会议

6.2　人工智能项目的质量管理

6.2.1　人工智能质量相关的标准

从深度学习引爆人工智能产业开始，各类人工智能项目如雨后春笋一般展开，在这个快速走向成熟的领域中，项目经理所能得到的支持，每一年都在增加。这些支持来自整个生态，而不只是来自项目所在的组织。

人工智能产业已经形成了很多实践和互操作的规范，它们逐渐成为标准的一部分。人工智能标准将问题进行了归类和总结，能够更好地指导项目活动，尤其是质量工作。因此，了解、借鉴和应用人工智能的标准体系，是人工智能项目质量控制的一部分。

为了进一步加快基础共性、伦理、安全方面的规范化，国家组织国家标准化管理委员会、中央网信办、国家发展改革委、科技部、工业和信息化部五部门，2020年制定了《国家新一代人工智能标准体系建设指南》。该指南的建设目标是在2021年明确人工智能的顶层设计，研究标准体系建设和总体原则；在2023年初步建成人工智能标准体系。

标准化，指的是在经济、技术、科学和管理等社会实践中，对重复性的事物和概念，通过制定、发布和实施标准达到统一，以获得最佳秩序和社会效益。没有标准化，会带来很多问题。例如，各种电器的插座无法通用，各类元器件使用不同的规格，不同地区的学校开学日期不同，各种药物是否有效的评估办法不同等。标准化可以说是降低产业生态建设成本的重要路径。

国家级的人工智能标准体系包含八个部分，分别是基础共性、支撑技术与产品、基础软硬件平台、关键通用技术、关键领域技术、产品与服务、行业应用、安全/伦理。国家级人工智能标准体系如图6-5所示。

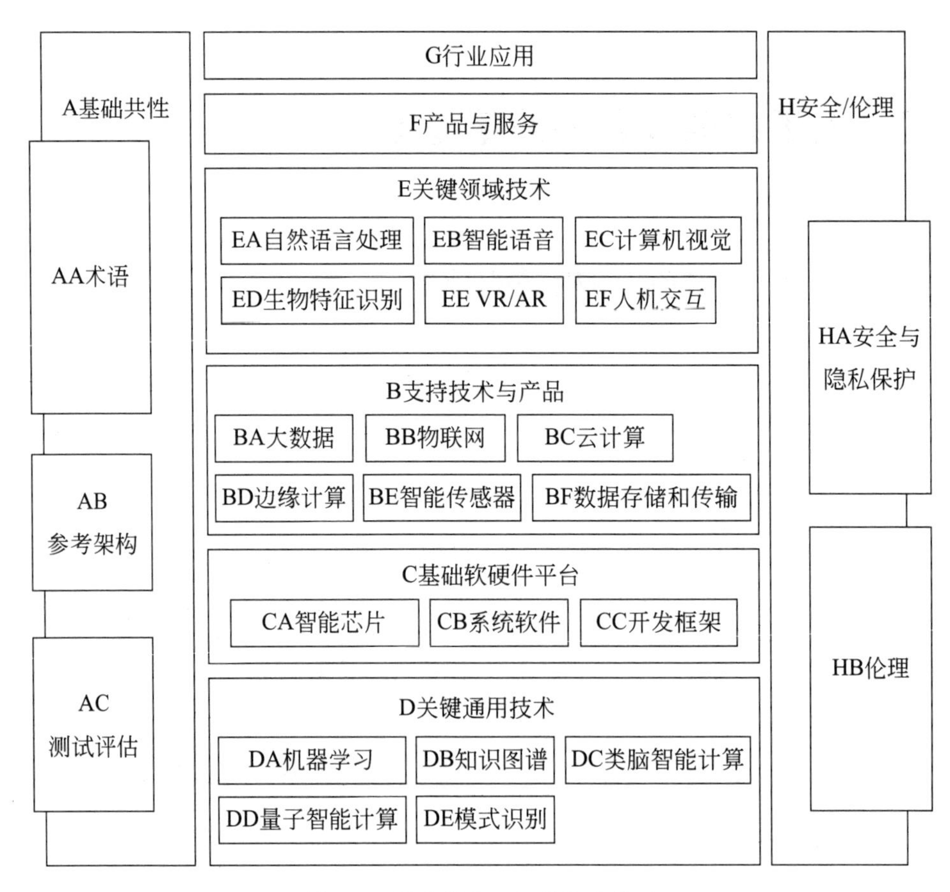

图6-5　国家级人工智能标准体系

该体系包含了整个人工智能产业的方方面面，是我国在人工智能产业做大做强的根本性支撑。在一个产品开发型的人工智能应用中，可以首先关注“AC测试评估”“BA大数据”“DA机器学习”“G行业应用”“H安全/伦理”等这几个部分的标准。表6-4列举了部分与人工智能项目相关的标准。

表6-4　部分和人工智能项目相关的标准

类别	包含标准（摘要）
测试评估	T/CESA 1026—2018《人工智能　深度学习算法评估规范》 T/CESA 1038—2019《信息技术　人工智能　智能助理能力等级评估》 T/CESA 1039—2019《信息技术　人工智能　机器翻译能力等级评估》 T/CESA 1041—2019《信息技术　人工智能　服务能力成熟度评价参考模型》

续表

类别	包含标准（摘要）
机器学习	T/CESA 1034—2019《信息技术　人工智能　小样本机器学习样本量和算法要求》 T/CESA 1036—2019《信息技术　人工智能　机器学习模型及系统的质量要素和测试方法》 T/CESA 1037—2019《信息技术　人工智能　面向机器学习的系统框架和功能要求》 T/CESA 1040—2019《信息技术　人工智能　面向机器学习的数据标注规程》 20192138-T-469《信息技术　神经网络表示与模型压缩　第1部分：卷积神经网络》 20201611-T-469《人工智能　面向机器学习的数据标注规程》 20203869-T-469《人工智能　面向机器学习的系统规范》 ISO/IEC　TR　24372《信息技术　人工智能　人工智能系统计算方法概述》 ISO/IEC　TS　4213《信息技术　人工智能　机器学习分类性能评估》 ISO/IEC　TR　24028:2020《信息技术　人工智能　人工智能可信概述》 ISO/IEC　TR　24029-1:2021《人工智能　神经网络鲁棒性评价　第1部分：概述》 ISO/IEC　TR　24029-2《人工智能　神经网络鲁棒性评价　第2部分：使用形式方法的方法论》 ISO/IEC　25059《软件工程-系统和软件质量要求和评估-人工智能系统质量模型》
数据质量	ISO/IEC 5259-1《信息技术　人工智能　分析和机器学习的数据质量　第1部分：概述、术语与示例》 ISO/IEC 5259-2《信息技术　人工智能　分析和机器学习的数据质量　第2部分：数据质量度量》 ISO/IEC 5259-3《信息技术　人工智能　分析和机器学习的数据质量　第3部分：数据质量管理要求和指引》 ISO/IEC 5259-4《信息技术　人工智能　分析和机器学习的数据质量　第4部分：数据质量过程框架》 ISO/IEC 24668《信息技术　人工智能　大数据分析过程管理框架》 ISO/IEC PWI 8183《信息技术　人工智能　数据生命周期框架》
行业	GB/T 36622.1—2018《智慧城市　公共信息与服务支撑平台　第1部分：总体要求》 GB/T 36625.2—2018《智慧城市　数据融合　第2部分：数据编码规范》

续表

类别	包含标准（摘要）
行业	GB/T 36622.2—2018《智慧城市 公共信息与服务支撑平台 第2部分：目录管理与服务要求》 GB/T 36622.3—2018《智慧城市 公共信息与服务支撑平台 第3部分：测试要求》 GB/T 34680.1—2017《智慧城市评价模型及基础评价指标体系 第1部分：总体框架及分项评价指标制定的要求》 GB/T 34680.3—2017《智慧城市评价模型及基础评价指标体系 第3部分：信息资源》 20194200-T-469《智慧城市 评价模型及基础评价指标体系 第5部分：交通》
伦理	ISO/IEC 38507《信息技术 IT治理 组织使用人工智能的治理影响》 ISO/IEC TR 24027《信息技术 人工智能 人工智能系统和人工智能辅助决策的偏见》 ISO/IEC TR 24368《信息技术 人工智能 伦理和社会关注概述》 ISO/IEC 23894《信息技术 人工智能 风险管理》

在各类标准的质量章节中，重点是对人工智能进行多方面的评价，将抽象的人工智能需求和可评价指标联系在一起。在后面几节中，借鉴一些标准的逻辑体系，概要地介绍人工智能项目中的指标体系，包括伦理、算法模型、客户满意度、软件和数据等。

6.2.2 人工智能伦理的质量评价

人工智能项目中，合理的伦理评价是项目成果可以被客户接受的必要条件。国家人工智能标准化总体组在2019年4月发布了《人工智能伦理风险分析报告》。在报告中提出，人工智能的伦理评价，可以从三个方面来考虑：算法、数据和社会影响，再细化为8类具体的指标，如表6-5所示。

表6-5 人工智能的伦理评价指标

分类	指标	意义
算法	可解释性	可解释性是应尽可能地对算法的过程和决策提供解释，维护算法消费者的知情权，避免和解决算法决策的错误性及歧视性。尤其对于人类不理解的输出，要尽可能地解释其原因

续表

分类	指标	意义
算法	透明度	透明度指的是在不伤害算法所有者利益的情况下，人工智能产品中源代码和数据能被公布的程度。这种公开，是为了避免算法成为一个黑箱子。如果因为各种知识产权原因，不能完全公开算法代码，那么应当适度公开算法的规则、构建和验证过程
	可靠性	在一定的条件下无故障地运行，即便输入非法数据，人工智能算法也能够适当地做出处理，而不会产生具有伦理风险的输出结果。例如，对于自然语言类的人工智能产品，不能在不当的用户引导下给出有种族偏见或者性别歧视的语言输出
	可验证性	指的是在一定条件下可以复现算法运行产生的结果。没有可验证性的算法，无法形成稳定的结论。而可验证性有助于解决算法解释与算法追责问题。可验证性要求当输入某组特定数据时，同一算法会给出同样的结果
数据	个人敏感信息处理的审慎性	个人敏感信息处理的审慎性是指应在个人信息中着重认真对待个人敏感信息，例如对个人敏感信息的处理需要基于个人信息主体的明示同意，或重大合法利益或公共利益的需要等。个人敏感信息处理的审慎性要求严格限制对个人敏感信息的自动化处理，并对其进行加密存储或采取更为严格的访问控制等安全保护措施
	隐私保护的充分性	隐私保护的充分性是指对个人信息的使用不得超出与收集个人信息时所声明的范围。隐私保护的充分性要求当出现新的技术导致合法收集的个人信息可能超出个人同意使用的范围时，相关机构必须对上述个人信息的使用做出相应控制，保证其不被滥用
社会影响	向善性	向善性是指人工智能的目的不应违背人类伦理道德的基本方向，在使用过程中不作恶。向善性的要求包括考察人工智能是否以促进人类发展为目的；同时，也要求考察人工智能是否有滥用导致侵犯个人权利、损害社会利益的危险，例如是否用于欺诈客户、造成歧视、侵害弱势群体利益等
	无偏性	无偏性是指人工智能的算法不能具有某些偏见或者偏向，这既可能与算法的设计相关，也可能与训练模型使用到的数据相关。无偏性要求使用到的数据的客观性（使用到的数据应该保持相对的中立与客观）和完备性（数据应该具有整体的代表性，并且数据应该尽量全面地描述所要解决的问题）

以上这些指标可以根据项目的要求，形成分级评估。比如，“可解释性”指标可以有如下的取值：“完全不可解释”“可以解释部分算法过程”“可以解释部分出错原因”“可以解释不能覆盖的情形”等。通过有限的选项，将不确定的伦理问题，变成量化的分级评价。

目前也涌现出一些面向深度学习的量化的可解释性方法，比如将深度学习特征投射到原始图像上，形成热力图，用来启发观察者对特征的解释；SHAP值（Shapley Additive exPlanations）是一种可解释性方法，也叫作沙普利加和解释，该方法可以将特征的边际贡献度量化成值。无论是通过图形还是值，这些可解释性方法以增加计算为成本，提供了一种对于深度学习可感知的解释方法。

6.2.3 算法模型的质量评估

人工智能的算法模型评估，是项目中最核心的指标评估。在人工智能开源软件发展联盟标准AIOSS-01—2018中，定义了《人工智能　深度学习算法评估规范》，提供了一种以可靠性为中心的算法模型质量评估体系。算法模型的质量指标是一个集合，包含很多性质不同的具体指标。这一系列指标和算法开发生命周期结合在一起，形成二维的评估方法，对算法模型进行全面的评估。

（1）通用算法模型指标

在这个评估规范中，通用的算法模型的指标分为七类。这七个类别分别是：需求满足程度、代码正确性、目标函数的影响、训练数据集的影响、对抗性样本的影响、软硬件平台依赖的影响和环境数据的影响。在每个分类下，又有若干个二级指标，如表6-6所示。

表6-6　算法模型通用指标

一级分类	二级指标	意义
需求满足程度	精度指标	用户可以根据实际的应用场景选择与任务相关的基本指标，用于评估算法完成功能的能力；通常包括准确率、召回率、敏感性、特异性等效果衡量指标

续表

一级分类	二级指标	意义
需求满足程度	性能指标	用于衡量模型使用资源并产出结果的效率，例如每秒处理帧数（每秒处理的数据量）；响应时间（在生产环境中给出推理结果的延迟）；以及内存、网络、存储、显存的资源消耗指标
	能耗指标	对于特别小或者特别大的模型，尤其需要评估能耗。前者是因为在边缘环境中，能源供应有限，后者是因为耗电量大带来的成本和环保问题需要重视
代码正确性	代码规范性	代码的声明定义、版面书写、指针使用、分支控制、跳转控制、运算处理、函数调用、语句使用、循环控制、类型转换、初始化、比较判断和变量使用等是否符合相关标准或规范中的编程要求
	代码漏洞	指代码中是否存在漏洞。示例：栈溢出漏洞、堆栈溢出漏洞、整数溢出、数组越界、缓冲区溢出等
目标函数的影响	优化目标数量	包括优化目标过少或过多。优化目标过少容易造成模型的适应性过强，优化目标过多容易造成模型收敛困难
	拟合程度	包括过拟合或欠拟合。过拟合是指模型对训练数据过度适应，通常由于模型过度地学习训练数据中的细节和噪声，从而导致模型在训练数据上表现很好，而在测试数据上表现很差，也即模型的泛化性能变差。欠拟合是指模型对训练数据不能很好地拟合，通常是由于模型过于简单造成的，需要调整算法使得模型表达能力更强
训练数据集的影响	数据集均衡性	指数据集包含的各种类别的样本数量一致程度和数据集样本分布的偏差程度
	数据集规模	通常用样本数量来衡量，大规模数据集通常具有更好的样本多样性
	数据集标注质量	指数据集标注信息是否完备并准确无误
	数据集污染情况	指数据集被人为添加的恶意数据的程度
对抗性样本的影响	白盒方式生成的样本	指在目标模型已知的情况下，利用梯度下降等方式生成对抗性样本
	黑盒方式生成的样本	指在目标模型未知的情况下，利用一个替代模型进行模型估计，针对替代模型使用白盒方式生成对抗性样本

续表

一级分类	二级指标	意义
对抗性样本的影响	指定目标生成的样本	指利用已有数据集中的样本，通过指定样本的方式生成对抗性样本
	不指定目标生成的样本	指利用已有数据集中的样本，通过不指定样本（或使用全部样本）的方式生成对抗性样本
软硬件平台依赖的影响	深度学习框架差异	指不同的深度学习框架在其所支持的编程语言、模型设计、接口设计、分布式性能等方面的差异对深度学习算法可靠性的影响
	操作系统差异	指操作系统的用户可操作性、设备独立性、可移植性、系统安全性等方面的差异对深度学习算法可靠性的影响
	硬件架构差异	指不同的硬件架构及其计算能力、处理精度等方面的差异对深度学习算法可靠性的影响
环境数据的影响	干扰数据	指由于环境的复杂性所产生的非预期的真实数据，可能影响算法的可靠性
	数据集分布迁移	算法通常假设训练数据样本和真实数据样本服从相同分布，但在算法实际使用中，数据集分布可能发生迁移，即真实数据集分布与训练数据集分布之间存在差异性
	野值数据	指一些极端的观察值。在一组数据中可能有少量数据与其余的数据差别比较大，也称为异常观察值

如果把人工智能类比成一个虚拟人，这个虚拟人就具有很多不同的品质。这些品质包括智慧、可靠、诚实、善良等。目前的人工智能尚不具备模拟人类性格的能力，因此这个虚拟人的评估，主要集中在智慧和可靠这两个方面。

智慧通常体现在高的精度指标上，智能检索返回的数据有很高的准确率和召回率，如对话机器人对答如流，自动驾驶为车主找到最快的上班道路等。但从安全角度来看，可靠是一个更重要的品质。人工智能产品进入生产环境后，面临的输入是多样化和多变的。人工智能项目产生的认知能力，在不同的场景中，有不同的失效风险。在自动驾驶中，失效会带来各种交通事故；在智慧医疗中，失效会带来漏诊和误诊；在智慧金融中，失效会带来直接的经济损失，为经济犯罪提供漏洞。

客户最关心的首先是可靠性，也就是“不失效”，以避免不必要的损失，其次才是追求更智慧的产品。可靠性更复杂，也更广泛，从广义上甚至包含了关于精度和效果的指标。

表6-6虽然定义了一系列指标，但在具体的人工智能项目中，依然是不够的，还需要加上产品特定的指标，才是完整的结果，所以这里称这些指标为通用指标。

（2）评估过程

《人工智能　深度学习算法评估规范》中，将算法模型的开发生命周期简化为四个阶段：需求、设计、实现和运行。在每个阶段中，对算法模型的不同指标都要进行评估。整个评估过程如图6-6所示，分为四步骤：确定评估目标，选择评估指标，各阶段评估，得出评估结论。

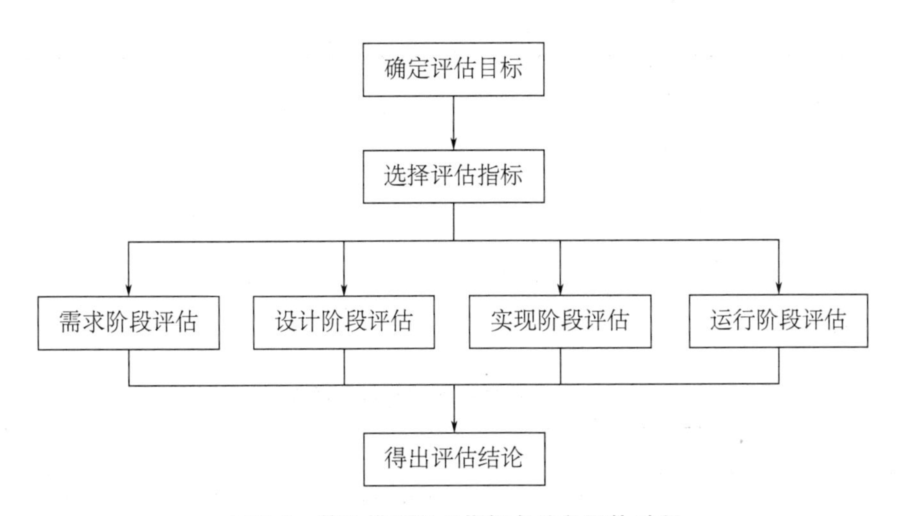

图6-6　算法模型通用指标多阶段评估过程

在以可靠性为核心的指标评估过程中，第一步是确定算法模型的质量目标。为了确定算法模型的质量目标，首先应当了解模型应用的场景。很容易想象到，医疗场景、智慧金融场景、自动驾驶场景中，危险的定义是不同的。项目组可以通过多种途径开展有关算法模型失效的场景、危险因素识别和具体后果，具体办法可以包括专家评审、历史质量回顾等。并将这些具体后果，根据对环境和人员伤害程度进行细分。

根据对场景和危险的理解，可以定义危险严重性等级和质量目标等级，如表6-7所示。其中质量目标等级是为了避免相应的危险严重性等级。危险严重性等级中，4级最高，1级最低。对应的算法模型的质量目标等级中，A级最高，D级最低。

表6-7　危险严重性等级和质量目标等级

危险严重性等级	描述	质量目标等级
4级危险	算法失效导致系统任务失败，或对安全、财产、环境和业务等造成灾难性影响	避免4级危险（A级目标）
3级危险	算法失效导致系统任务的主要部分未完成，或对安全、财产、环境和业务造成严重影响	避免3级危险（B级目标）
2级危险	算法失效导致系统完成任务有轻微影响，或对安全、财产、环境和业务造成一般影响	避免2级危险（C级目标）
1级危险	算法失效导致系统完成任务有障碍但能够完成，或对安全、财产、环境和业务造成轻微影响或无影响	避免1级危险（D级目标）

结合场景分析、危险分析、危险严重性等级评估，设定算法模型的质量总体目标。表6-8展示了算法模型质量目标样例。在质量目标文档中，对场景、算法失效、危险严重性进行了枚举，通过比较确定最高等级的质量目标。例如输入错误模态数据后，如果给错误的疾病诊断，这样的危险严重性等级就是3级，相应的质量目标等级，应该设置为B级。

表6-8　算法模型质量目标样例

<table>
<tr><th colspan="4">算法模型的质量目标</th></tr>
<tr><td rowspan="3">场景分析</td><td>算法运行条件</td><td colspan="2">操作系统：CentOS Linux，使用深度学习框架PaddlePaddle
硬件设备：GPU Nvidia P4，和PACS系统相连</td></tr>
<tr><td>算法运行模式</td><td colspan="2">从PACS同时获得单个患者的多个MRI序列，人工智能给出病灶判断，以及BI-BRADS报告</td></tr>
<tr><td>正常运行场景</td><td colspan="2">接受MRI模态数据，需拍摄清晰，模态完整，拍摄部位正确</td></tr>
<tr><td rowspan="3">危险分析</td><td>算法失效序号</td><td>算法失效说明</td><td>识别方法</td></tr>
<tr><td>1</td><td>输入错误模态的数据</td><td>基于类似产品的历史数据</td></tr>
<tr><td>2</td><td>输入其他部位的数据</td><td>头脑风暴</td></tr>
</table>

续表

<table>
<tr><th colspan="4">算法模型的质量目标</th></tr>
<tr><td rowspan="3">危险严重性等级评估</td><td>算法失效序号</td><td>后果</td><td>危险严重性等级</td></tr>
<tr><td>1</td><td>无法给出正常的结果</td><td>一般</td></tr>
<tr><td>2</td><td>产生错误的疾病诊断</td><td>严重</td></tr>
<tr><td rowspan="2">确定目标</td><td colspan="2">危险严重性等级说明</td><td>质量目标等级</td></tr>
<tr><td colspan="2">根据后果描述，选择最严重的情况，确定质量目标等级为B级</td><td>B级</td></tr>
</table>

可靠性为核心的指标评估过程的第二个步骤，是为算法开发生命周期各个阶段选择合适的二级指标，以保证达到总体的质量目标等级。表6-9提供了算法模型质量目标和指标的样例，在不同的阶段，评估的算法模型指标的侧重点有所不同。

表6-9 算法模型质量目标和指标的样例

阶段	各阶段指标选取
需求阶段	查准率、查全率、深度学习框架差异、操作系统差异等
设计阶段	查准率、查全率、数据集均衡性、数据集规模、数据集标注质量、优化目标数量等
实现阶段	查准率、查全率、响应时间、代码规范性、代码漏洞、拟合程度、白盒方式生成样本、黑盒方式生成样本等
运行阶段	查准率、查全率、深度学习框架差异、操作系统差异、干扰数据、数据集分布迁移等

结合总体质量目标等级和各阶段的细化二级指标，形成如表6-10所示的矩阵。在这个矩阵中，在开发生命周期的每个阶段，定义了二级指标应该达到的质量目标等级，明确了算法模型生命周期的质量要求。特定阶段中，对某个特定二级指标是否要达到某个质量目标等级，可以设置为必须/可选两个选项之一。在表6-10中，因为篇幅所限，只显示了四个一级指标。

矩阵定义可以指导算法模型的评估工作，将算法模型评估体系化。各个阶段的评估均需要有质量交付物文档（如质量报告）产生。在文档中，应该报告某个阶段的各个一级指标的通过情况。

在具体的操作中，需遵循以下三个层级的评估过程。

表6-10 阶段和指标矩阵

阶段	目标	算法功能实现的正确性		代码实现的正确性		目标函数的影响		训练数据集的影响			
		任务指标	响应时间	代码规范性	代码漏洞	优化目标数量	拟合程度	数据集均衡性	数据集规模	数据集标注质量	数据集污染情况
需求	A级	必须	必须								
	B级	必须	必须								
	C级	必须	可选								
	D级	必须	可选								
设计	A级	必须	必须			必须		必须	必须	必须	必须
	B级	必须	必须			必须		必须	必须	必须	可选
	C级	必须	可选			可选		必须	必须	可选	可选
	D级	必须	可选			可选		必须	可选	可选	可选
实现	A级	必须	必须	必须	必须		必须				
	B级	必须	必须	必须	必须		必须				
	C级	必须	可选	必须	可选		可选				
	D级	必须	可选	可选	可选		可选				
运行	A级	必须	必须								
	B级	必须	必须								
	C级	必须	可选								
	D级	必须	可选								

① 每个一级指标下的全部的二级指标通过，代表一级指标通过。

② 在一个阶段中，所有一级指标通过，代表这个阶段通过。

③ 在四个阶段之间，存在着先后顺序关系。在执行过程中，当前阶段评估通过，才能进入下一个阶段。四个阶段最终全部通过，代表整个质量指标体系评估通过。

6.2.4 客户需求满足的主观评价

人工智能产品在部署和交付之后，从客户那里得到的主观反馈，是改进产品的重要依据。客户的主观态度可以通过特定的指标来衡量，以下三种指标可用于评价客户需求被满足的程度。

第一种指标是净推荐值，用于衡量客户向他人推荐某产品或服务意愿。在计算中，客户被分为三类：推荐者、被动者和贬损者。推荐者是项目产品的“粉丝”，他们会反复使用，还会督促朋友也这样做。被动者是满意的但不关心的客户，可以被竞争对手轻易拉拢。贬损者是不满意的客户。具体的计算公式是：净推荐值=（推荐者数量−贬损者数量）/总样本数。

第二种指标是客户满意度，用于衡量客户对业务、购买或互动满意程度的指标，也是衡量客户满意度最直接的方法之一。它可以通过一个简单的问题来获得，例如“您对产品的体验有多满意？”客户满意度的取值可以设定为五类：非常满意、满意、一般、不满意、非常不满意，分别对应5分到1分。选择5分和4分的客户所占比例，就是客户满意度得分。

第三种指标是客户费力度，这个指标在2010年出版的《哈佛商业评论》中被提出，它评估的是用户使用某产品/服务来解决问题的困难程度，该指标衡量客户通过某产品来满足需求而要付出的努力程度。测量客户费力度只需一个简单问题：“您需要费多大劲才能解决问题？”。客户费力度使用7分来度量，其中1代表强烈不同意，7代表强烈同意。

其他可用的指标还有顾客流失率、客户保持率、顾客全生命周期价值等。通过以上指标的组合，项目组可以获得客户对最终产品的综合体验的量化反馈。

6.2.5　软件相关质量评价

算法模型都要集成在软件系统中进行发布，软件系统负责处理人机交互，存储算法模型所需的数据，通过逻辑管道来综合多个模型的结果等，因此软件质量也对客户需求的满足产生重大影响。软件质量上的缺陷，甚至会使得算法模型在建设上的努力付之东流，降低客户的满意度。

选择与软件相关的质量指标也是人工智能项目的一部分。软件质量可以分为两大类，一类是外部质量，另一类是内在质量。外部质量是指产品质量符合客户需求的程度，内在质量是指客户难以看到但可以感受到的质量，是软件的设计和实现的质量。这两大类软件质量又包含多个子类，其中常见的质量指标如表6-11所示。

表6-11 软件的质量指标分类

分类	指标	意义
外部质量	正确性	软件按照预先定义的逻辑执行，包括计算逻辑正确性、人机交互正确性和服务交互正确性
	健壮性	软件针对异常状况做出适当反应。可以包括：对非正常的分支路径有正确的处理，对各类错误的输入有正确的处理，能够给出有效的反馈，限制错误的传播和扩散
	可拓展性	对软件的逻辑进行修改，是否足够容易。例如支持更大的服务能力，或者通过增加硬件来加快响应速度
	可复用性	一个软件用于构造多个不同的应用的能力，例如，图像分割模型可以用在不同的智能影像产品中
	兼容性	软件与其他软硬件系统相结合的容易程度，例如，软件可以在指定的不同硬件平台上运行，或者在各类开发框架下运行
	性能	软件尽可能少地利用硬件资源就完成任务的能力
	可移植性	软件可方便地在不同硬件环境与软件环境之间移植
	易用性	不同背景的人都能学会软件的使用。对于面向大众的人工智能软件，易用性对项目产品的影响非常大
	功能	软件提供给用户的可操作的范围，功能是人机交互的体现。功能的评价，通常是使用测试用例来覆盖各个交互路径，并且判断交互路径上的软件表现和预期相一致
	及时性	软件在用户需要时或之前发布出来
内在质量	源代码行	总体的代码量，该指标可以用于衡量软件的复杂度
	代码块的缺陷数量	该指标用于衡量软件的总体质量情况。有时候也用每千行代码缺陷数来衡量
	单元测试覆盖率	高的单元覆盖率，不但能提高软件在修改中的确定性，对持续集成和持续交付来说是必不可少的
	圈复杂度	指的是代码中独立路径的条数，用来衡量代码的复杂度。圈复杂度越大，代码越难维护

6.2.6 数据质量

没有优质的数据，算法模型是不可能取得高的精度和可靠性的。数据很重要，这已经被广泛认同，但数据好坏并不容易衡量。数据的衡量指标不仅多，计算这些指标需要额外的成本投入，而且衡量数据好坏要站在需求的角度来看，还需要结合算法模型的要求。

人工智能项目中，会关注数据的来源、时间、一致性、总体、伦理和特征六个方面，总共包含十五类通用的数据指标，详细的指标和意义见表6-12所示。

表6-12 数据的通用衡量指标和意义

分类	指标	意义
来源	准确性	数据的采集值与真实值之间的接近程度，也叫误差值，误差值越大，数据的准确性越低。数据的准确性是用于衡量数据采集方法的指标
	精确性	对同一对象在重复测量时所得到的不同观测数据之间的接近程度。精确性与数据采集的精度有关系
	真实性	数据的真实性，也称数据的正确性，指的是采集的数据是否反映真实世界。数据的真实性取决于数据采集过程的可控程度和可追溯性，人为干扰因素少的数据真实性高
时间	及时性	数据的及时性是指数据能否在需要的时候被提供。对时间要求很高的实时计算的模型中，数据及时性低，会导致模型不可用。例如自动驾驶中的数据采集的及时性就要求很高
	即时性	数据的即时性是指数据采集和传输之间的延迟程度，一个数据在数据源头采集后立即存储并立即加工呈现，就是即时数据
一致性	完整性	数据的完整性是指数据采集的程度，即实际采集到的数据占应采集数据的覆盖率。一个典型的例子是一个患者病例数据的完整性，缺少年龄的字段，即为不完整。完整性衡量的是所有字段是否有覆盖
	全面性	全面性衡量的是应采集的数据和实际采集的数据的差异。如患者病例数据中，有诊断字段，但是诊断中漏记很多信息，就是不全面。全面性衡量的是一个字段的内容是否全面
总体	数据量	对数据的总量进行衡量，包括数据的数量，数据的存储空间等

续表

分类	指标	意义
伦理	合法性	描述数据取得的合法性，以及是否做到隐私保护
	安全性	描述数据的获取、存储、传输、使用的各个环节，是否处于一个安全的状态下
特征	可描述性	数据集的特征是否有足够丰富的元数据来描述
	关联性	衡量各个数据集之间的关联关系是否完整。如车辆摄像头采集到的图像数据和温度数据能按照时间关联在一起
	可交换性	数据集和其他同类数据集的兼容性，如果数据集的元数据是标准的，那么数据的可交换性就高
	可回溯性	对于任意数据，都可以找到其各级父代数据，每一代数据都有足够的元数据
	数据分布	将数据按照一定的维度，或者按照元数据进行分类，了解各个分类的占比

具体的人工智能项目中，会使用一系列的专用数据特征指标，相同类型的人工智能任务有接近的专用数据特征。例如，图像类型的人工智能任务有如表6-13所示的专用数据特征指标。其中目标框指的是图像中包围物体的虚拟矩形框。如果图像中包含多个物体，就有多个目标框，目标框之间有可能会有相互覆盖。

表6-13 图像类型的人工智能任务的专用数据特征指标

特征指标分类	专用数据特征指标
简单特征	分辨率
	图像高宽比
	图像亮度
	图像饱和度
	图像清晰度
	图像色彩丰富度
复杂特征	单张图像的目标数
	单张图像中目标的面积大小
单维度统计分布	单张图像中目标的面积方差
	单张图像中目标的平均面积

续表

特征指标分类	专用数据特征指标
多维度统计分布	按照目标框高宽比，统计目标框数量的分布
	目标框数量的分布
	按照目标框之间的重合程度，统计目标框的数量

6.2.7 配置管理

配置管理可维护一个产品的完整性，忽视配置管理会带来风险。例如，一个项目的产品交付到客户现场之后，客户想要了解怎么用，突然发现没有说明书，只能等培训。或者在客户现场，提供的硬件的版本有一点细微差别，实施人员就无法判断产品是否能正常使用，最后费了很大劲装上产品发现还不兼容。或者，当客户对一个历史版本产品提出改进意见时，项目组却发现无法恢复历史版本环境。这些都是没有做好配置管理带来的问题。

产品数据是提升用户体验的基础，产品数据中包含需求、版本、架构、代码、脚本、工具、环境、目标程序、可执行程序、模型、数据集、测试用例、原理图、清单、硬件设计图纸、部署环境配置等，凡是与最终交付相关的数据和文档，都应当被纳入管理的范围中。

人工智能产品在生命周期中会不断发生变化，这些变化体现在代码、接口、软件依赖、模型、硬件依赖等方面。如果不对软件的这些配置进行版本化管理和记录，就无法应对需求变更和交付环境变更带来的压力，从而降低最终的交付质量。配置管理记录整个产品的演化过程，确保项目组在整个开发生命周期的各个阶段都能得到精确的产品配置。配置管理不仅仅影响最终的交付质量，对于提升交付速度来说也至关重要，全部产品数据和文档进入版本化的配置管理，是开展持续交付实践的基本必要条件。

配置管理包含变更管理、配置项管理和基线管理，如图6-7所示。每个被记录的元素都称为配置项。在配置管理中，配置管理员这个角色负责审核配置项目的组合，将某个时刻的所有配置项拍摄一个快照，定义为一个基线，基线通常对应于一个稳定的中间版本产品。

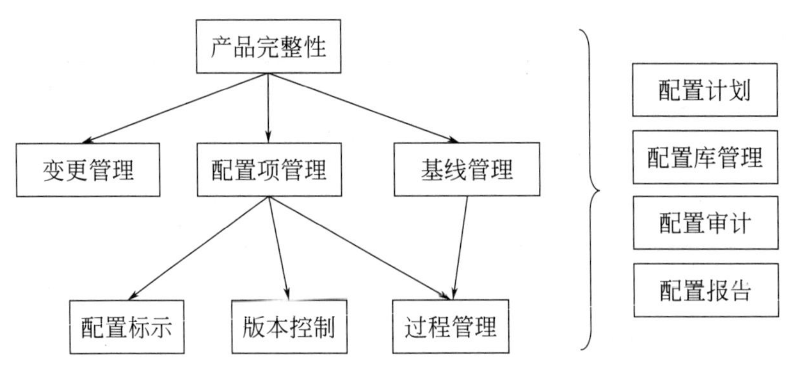

图6-7 配置管理包含的内容

版本控制是配置管理的一个重要组成部分，所有配置项的不同版本都被纳入版本管理软件的管理下。可用的版本管理软件很多，如SVN、Git、ClearCase、Chef、CFEngine等都是常用的版本管理软件，其中很多软件是可以在开源协议授权下使用的。使用版本管理工具，项目组可以安全地记录配置项的各个版本、控制变更、统计配置项，还可以将控制流程整合到版本管理软件中。

在项目实践中，可以通过几个方面来检查配置管理的完整性：是否所有的配置项都被纳入版本管理；每个配置项进入版本管理的时间是否合理；每个配置项是什么，是以什么形式存储的；配置项在哪些活动中被使用；如果某个文档没有被管理，会带来多大的潜在危害；是否有专人负责配置管理，制定配置管理流程，并执行配置管理的流程。

配置管理在人工智能项目中，是质量管理的重要组成部分。人工智能项目中引入了算法模型和大量的数据，这增加了配置管理的范围。表6-14展示了人工智能项目中，应当纳入配置管理的内容。

表6-14 人工智能项目配置管理包含的内容

配置项	包含的内容
代码	算法代码的各个版本
模型	算法模型的各个版本
数据集	算法模型依赖的各个数据集的版本，包括训练、测试和验证集
算法基本信息文档	明确算法的名称、类型、结构、输入输出、流程图、算法框架、运行环境等基本信息以及算法选用依据

续表

配置项	包含的内容
算法风险评估文档	明确算法的软件安全性级别并详述判定理由。提供算法风险管理资料，明确过拟合与欠拟合、假阴性与假阳性、数据污染与数据偏倚等风险的控制措施
需求规范文档	算法需求规范文档
数据质控文档	数据来源合规性声明，列明数据来源机构的名称、所在地域、数据收集量、伦理批件、科研合作协议编号等信息。这些是元数据的一部分
算法训练相关配置	例如，依据适用人群、数据来源机构、采集设备、样本类型等因素，提供训练集、调优集的数据分布情况。明确算法训练所用的评估指标、训练方式、训练目标、调优方式，提供ROC曲线或混淆矩阵等证据证明训练目标满足客户要求，提供训练数据量-评估指标曲线等证据以证实算法训练的充分性和有效性
算法验证与确认相关配置	依据适用人群、数据来源机构、采集设备、样本类型等因素，提供测试集构成的数据分布情况
算法可追溯性分析相关配置	提供算法可追溯性分析所需数据，即追溯算法需求、算法设计、源代码（明确软件单元名称即可）、算法测试、算法风险管理的关系表
模型对数据的依赖配置	记录每个版本模型所依赖的数据集和依赖关系，每个数据集的元数据都应完整

其中，算法基本信息文档还可以包括以下信息。

① 算法特性：包括学习策略、学习方法、可解释性。

② 算法结构：包含算法的层数、参数规模等超参数信息。

③ 算法框架：明确所用人工智能算法框架的基本信息，包括名称、类型（自研算法框架还是第三方算法框架）、型号规格、完整版本、制造商等信息。

④ 服务模式：若基于云计算平台，明确云计算的名称、服务模式、部署模式、配置以及云服务商的名称、住所、服务资质。

⑤ 运行环境：明确算法正常运行所需的典型运行环境，包括硬件配置、外部软件环境、网络条件；若使用人工智能芯片需明确其名称、型号规格、制造商、性能指标等信息。

数据质控相关的配置，还可以包括以下信息。

① 数据采集操作规范文档，根据数据采集方式明确采集设备、采集过程、数据脱敏等质控要求。

② 数据整理情况，包括数据清洗、数据预处理的质控要求。

③ 数据标注操作规范文档：明确标注资源管理、标注过程质控、标注质量评估、数据安全保证等要求。

④ 数据扩增说明：明确扩增的对象、方式、方法、倍数等信息。

⑤ 分布情况：依据适用人群、数据来源机构、采集设备、样本类型等因素，提供原始数据库、基础数据库、标注数据库、扩增数据库关于疾病构成的数据分布情况。若数据来自公开数据库，应提供公开数据库的基本信息（如名称、创建者、数据总量等）和使用情况（如数据使用量、数据质量评估、数据分布等）。

算法验证与确认的相关配置中，还可以包括以下信息。

① 算法评估结果：提供假阴性与假阳性、重复性与再现性、鲁棒性/健壮性、实时性等适用指标的算法性能评估结果，以证明算法性能满足算法设计目标。若使用第三方数据库开展算法性能评估，应提供第三方数据库的基本信息（如名称、创建者、数据总量等）和使用情况（如测试数据样本量、评估指标、评估结果等）。

② 算法性能影响因素分析报告，明确影响算法性能的主要因素及其影响程度，以及产品使用限制和必要警示提示信息。

③ 测试和验证报告：包括压力测试、对抗测试等测试报告。若未开展相应测试或测试结果不佳，则需要明确产品使用限制和必要警示提示信息。若基于测评数据库进行算法确认，应提供测评数据库的基本信息（如名称、创建者、数据总量等）、评估情况（如评估方法、评估指标、评估结果等）、使用情况（如评估指标、评估结果等）。

综上，人工智能为配置管理引入了大量的新配置项。这些配置项，如同庞大飞机的零部件，需要一同被维护起来。配置管理作为质量控制的重要环节，不应当被忽视。

6.3 案例：医疗影像项目的质量主题

在前面两节中，介绍了制定质量管理计划和通用人工智能项目评价。在本节中，将以医疗影像人工智能为例，介绍具体的指标体系建设和质量验证过程。并对数据处理过程中的质量、配置管理的质量和临床试验质量等特定主题做一些讨论。

6.3.1 建立指标和验证过程

（1）建立指标

对于医疗影像辅助诊断产品，为了满足客户的需求，需要建立一系列指标来衡量。客户的需求是什么呢？客户对产品的核心需求，是扮演一个低年资的医生的角色。我们怎么从需求中提炼指标呢？实际上，这个问题可以转化为另一个问题：如何衡量低年资医生的能力。

不同级别医院的低年资医生的能力有一定差别，所以首先要找若干有不同代表性的低年资医生，让他们各自阅读一批有代表性的医疗影像。这些影像应该包含各种不同的患者年龄、不同的患者来源地域、不同的疾病分型、不同的严重程度等。简单来说，这些影像相当于考题，什么题型和什么难度都要有，不能偏向某一方面。考试的大题型有两种，一种是在图像上勾画病灶，另一种是给出诊断结果。

这些影像还带着“标准答案”，一部分标准答案是高年资医生的病灶勾画结果，另一部分标准答案来自影像报告或者病理报告上给出的诊断结果。这些“标准答案”也通常被称为“金标准”。

被选择出来的低年资医生，在没有看到“标注答案”的情况下，各自阅读这些相同的“考题”，然后勾画病灶，并记录下来读片后的结论。最后，汇总这些不同低年资医生的结果，并和金标准对比，得到每个低年资医生的成绩。这时，资深的研究者，根据一定的统计学的规律，从这些参差不齐的低年资医生的结果中确定一系列指标，作为“低年资虚拟医生”应该达到的水平。如果在行业中率先开展同类人工智能项目，很有可能需要用这样的试验方法得到一个指标目标，将一个“低年资虚拟医生”的能力进行量化。

这个“低年资虚拟医生”的指标有三大类：第一类用来衡量图像勾画的符合程度；第二类用来衡量给出的诊断和真实诊断的符合程度；第三类是医生诊断的所用时长。具体指标如表6-15所示。

表6-15　影像辅助诊断项目的三类指标

指标分类	常用指标
图像分割精度	Dice、F_1值、交并比、像素准确率
诊断精度	敏感性、特异性、阳性预测率、阴性预测率、准确率、精确率
效率提升	诊断所用时长

（2）验证过程

经过一个完整算法模型开发生命周期，项目组就得到了具备一定认知能力的模型。这个模型的效能如何，能否达到低年资医生的标准，需要进行验证。验证的过程，通常是以临床研究或者临床试验的形式来进行的。也就是要在尽可能真实的环境下，验证算法模型的效能不弱于低年资医生的效能。

为了提高临床试验的成功率，通常会提前开展预试验。在预试验中，需要准备另一批有代表性的影像数据，和由高年资医生给出这些数据的“金标准”。选择有代表性的低年资医生，人工智能和低年资医生的结果与金标准各自进行对比。最终对比三类指标：①低年资医生勾画出来的病灶重合度与人工智能勾画出来的病灶重合度的比较；②低年资医生的诊断结果的精度与人工智能诊断结果的精度的对比；③低年资医生在人工智能辅助的情况下，给出诊断的精度与时间，与单独开展诊断情况下的精度和时间的对比。

在这个试验中，使用统计学方法，如果能证明在这三类结果中，人工智能不低于低年资医生的效果。那么预试验就取得了预期的成果，可以进入正式临床试验的阶段。正式的临床试验过程的数据来源更加广泛，数据量更多，参与受试的医生更多，整个过程以前瞻性试验的形式开展，数据处理过程需要规范和留痕。正式临床试验通过一系列控制手段，提升了人工智能有效性的证据等级。

从预试验到临床试验的过程如图6-8所示。在这个过程中，确认试验方案和产品通过检验是两个重要的前置环节。

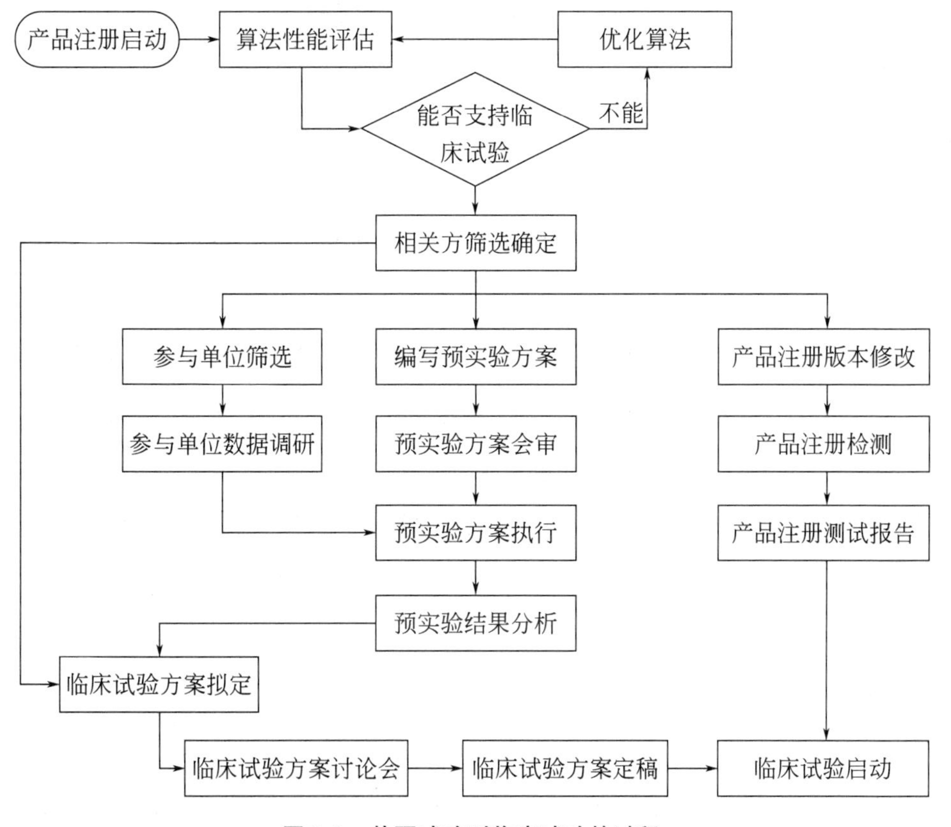

图6-8　从预试验到临床试验的过程

可以看出，建立指标和验证过程，是围绕着客户的本质需求展开的，并非无止境地追求算法的效果。所有的人工智能项目都与这个过程类似，需求来自客户，最终也在客户环境中得到严格的验证。

6.3.2　数据质量

在整个指标体系建立和验证的过程中，医疗影像数据处于一个非常重要的位置。无论是得出指标的过程，还是验证的过程，都不能离开数据。总体来说，数据需要服务于三个不同的阶段，如图6-9所示。

图6-9　数据所服务的三个阶段

在这三个阶段中，都有一个相同的要求，就是数据要有“代表性”。在之前的章节中，已经介绍了数据集的质量指标可以有十几种，这里的代表性，指的是合理的分布。通常合理的分布除了包括各类患者外，还要强调样本阳性分布，样本来源的分布，样本采集设备的分布，样本设备厂商的分布，样本在不同模态的分布，样本在不同设备采集参数上的分布等。

在医疗数据管理中，元数据（Metadata）处于很关键的位置。元数据是描述数据的数据，和我们在超市里看到的商品的价签相似，上面有条码、价格、规格、保质日期等说明性的信息。通常来说，一批没有“价签”的数据，需要经过半自动化或者全自动化的处理，才能打上丰富的“价签”。有了“价签”的商品，就可以开始进行各种统计，就能够对“代表性”进行基本的衡量。没有元数据的数据，谈不上有没有代表性。

数据的存储和传输过程中，数据中承载的信息量不会发生变化，而元数据处理的过程中，有效信息会凸显出来。可以认为，元数据处理是整个数据处理中最有价值的环节。元数据处理，在人工智能项目中是不可忽视的一大块成本。

（1）标注数据

在监督学习类的人工智能项目中，有一类特殊的元数据，就是“标注”。所谓标注，就是把原始数据中潜在的特征给显性地指出来。比如，将一段文字中所有的名词词汇用下划线标识出来，就是一种标注。在医疗影像上，把病灶区域勾画出来，也是标注的一种。人们通过这种方式，将需要一定智慧才能观察出来的信息，传递给人工智能模型。标注是高成本的元数据，和非标注元数据之间有明显的差别，具体见表6-16所示。

表6-16　标注和其他元数据

元数据分类	处理过程	处理工具	核查过程	加工成本
标注元数据	手工/半自动化	需要专门的工具	有严格的核查流程	高
非标注元数据	半自动/全自动	常规的数据处理或者脚本	自动化核查，抽查	低

在标注工作中，有质量指标和质量流程的要求。其中，质量指标指的是一致性和准确性。一致性指的是同一个数据由多个标注人员来标注后，结果之间的差异，该指标可以用来去除随机的标注错误。准确性衡量的是标注结果与“金标准”的接近程度。金标准数据是由可信的资深专家给出的结果，或者是由一种公认的高精度的方法来生成。

如图6-10所示，医疗标注元数据，从生成到审核，再到最终确认，经历了一个多轮核查的过程。标注元数据的价值高，承载信息量大，因此需要通过严格的质量控制流程来保证一致性和准确性。在这个过程中，不但要验证标注医师的一致性，还要审核医师和仲裁医师的进一步验证。使用这样的三重控制流程，可以有效地保证最终结果尽可能地接近最佳标注。整个过程的参与者都需要具备较高的解剖、医学影像素养，这进一步增加了医疗标注元数据的成本。

在医疗人工智能中，“金标准”数据决定了模型优化的方向，也决定了模型效果指标的天花板。在一些场景中，“金标准”数据难以获取，或者采集“金标准”数据的方法存在一定的缺陷。例如，病理活体组织检查，是用局部切取、钳取、穿刺、搔刮或切取病变器官等手术方法，从患者活体获取病变组织或病变器官，进行组织学病理检查和诊断。考虑到创伤性和手术风险，在一个肺结节的活检中，即使发现患者有多个肺结节，活检手术通常也只会从进展最大的肺结节中获取组织样本。以病例活检数据为“金标准”的肺结节算法模型训练中，面对多个肺结节的场景时，“金标准”难以提供完整的数据支持。不过，随着各种医疗检验检查技术的提升，相信会有更准确、完整和便于获取的“金标准”数据被应用到人工智能项目中。

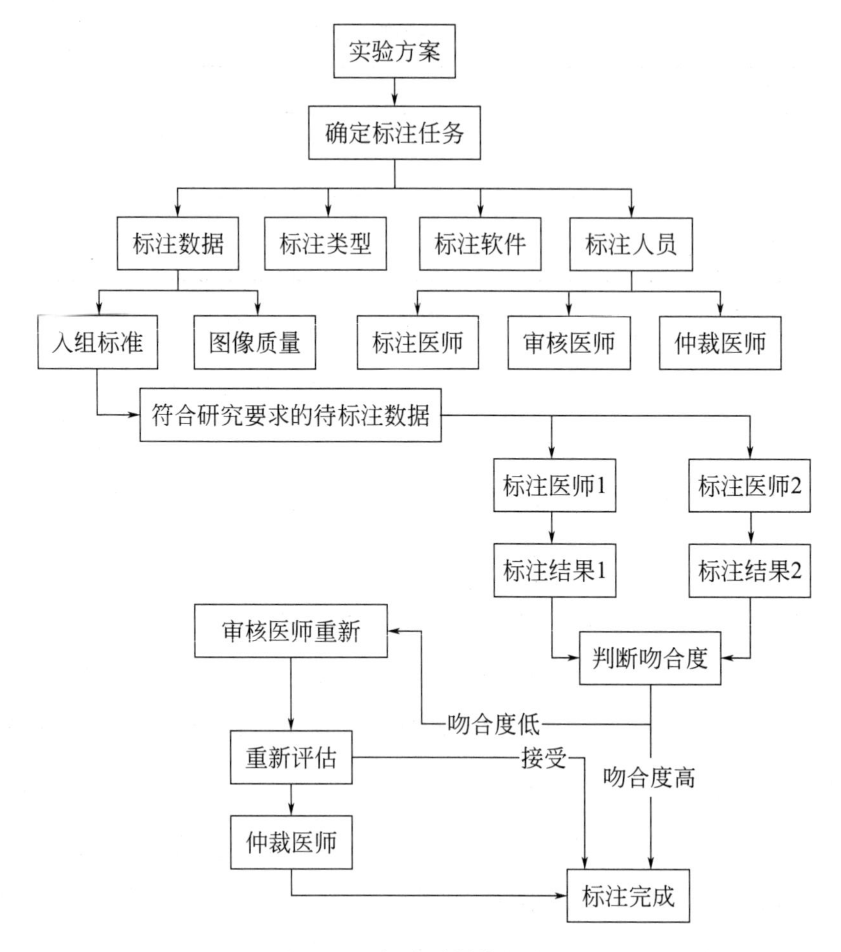

图6-10 标注质量控制流程

（2）数据管理中的质量

在人工智能项目中，可以制定数据管理规范，对采集、脱敏、清洗、处理、标注、数据质量评估等各环节做出规定，提升数据环节的质量。数据管理中的质量活动见表6-17。

表6-17 数据管理中的质量活动

分类	质量活动
数据规范	① 定义数据的层次，明确什么是数据，什么是数据集 ② 定义数据的加工过程 ③ 定义数据加工的各个阶段关联的元数据

续表

分类	质量活动
数据规范	④ 定义数据加工的各个阶段，与数据关联的实体对象，如模型/文档 ⑤ 数据定义和流程规范由专门机构管理 ⑥ 用数据的安全性、可回溯性作为主要指标来评价数据流程。可回溯性指的是，对于任意数据，都可以了解其元数据和各级父代数据 ⑦ 整个流程有工具和系统来保障加工过程遵循规范
数据采集	① 自动化采集过程，量化采集数据的各类指标 ② 采集中，完成安全性和匿名化的要求 ③ 建立数据采集操作规范，尽可能使用自动化过程，可重复 ④ 对数据来源进行管理，评估来源数据的质量
数据整理	① 建立数据整理过程的质控指标，指明经处理后的数据应达到的指标 ② 数据整理方法的规则需要明确，文档化 ③ 数据整理所用软件工具和脚本均需有完善的说明和版本化，可回溯 ④ 形成元数据的信息表，对元数据进行说明，可理解
数据库	① 建立样本数据库管理系统，随时掌握样本量、样本分布，可查询 ② 支持数据特性的分析，如样本分布的科学性和合理性 ③ 保证数据存储的安全
数据标注	① 建立数据标注操作规范 ② 建立数据标注的质控指标 ③ 尽可能使用自动化工具，量化数据标注成果
数据使用	① 明确训练集/测试集/验证集的划分方法和依据、数据分配比例 ② 量化各集合的数据指标，如代表性和分布情况，保证各个集合之间两两无交集 ③ 在配置管理平台中记录模型、代码和数据集之间的关联

6.3.3　临床验证中的质量

如果说注册相当于医疗人工智能产品的“出生”，那么从预试验到临床试验的整个临床验证过程，可以说是医疗人工智能产品的“准生证”。临床试验是为了保证医疗器械的安全性和有效性而存在的。在这个过程中，有大量值得关注的质量活动。

在我国，所有类型的临床试验，都是以保护受试者的权益和安全为基本前

提的。在这个前提下，需要遵守三个原则。第一个是真实性原则，也就是要求试验数据的真实、可靠与合规。第二个原则是合规性原则，也就是要遵守相关的法律法规，例如，《医疗器械监督管理条例》《医疗器械临床试验质量管理规范》《医疗器械注册管理办法》等。第三个原则是规范性原则，也就是要严格执行试验方案和相关制度和标准操作规程（SOP）。

各个相关方需要在这些原则的基础上，在临床验证中建立质量管理体系。为了更好地理解这其中的质量要素，可以从三个方面来考虑：质量参与者都有谁？每个参与者都承担什么方面的质量？这些质量最终体现在哪些具体的流程上？

（1）质量控制的相关方

在临床试验中，相关方至少有五类。

① 申办者：指的是负责临床试验的发起、管理和提供临床试验经费的个人、组织或者机构。人工智能项目最终交付产品的所有者，通常是临床试验的申办者。

② 研究者：指的是有一定能力去组织临床研究方案，并促进伦理委员会通过这项研究的研究人员。研究者对人工智能项目方向很了解，他们将主持人工智能产品的最终验证。

③ 临床试验机构：开展临床试验实施的全过程的医疗机构。临床试验通常会有多个临床试验机构参与，形成多中心的研究。

④ 伦理委员会：审核临床试验方案、手册及其他各类文档的组织。在医疗机构中，伦理委员会独立于研究者和具体实施临床试验的部门。多中心的临床试验中，每个医疗机构都有各自的伦理委员会参与到伦理审核中。

⑤ 监管部门：目前医疗器械的监管部门是国家药品监督管理局（NMPA），负责临床试验的申请和审核。

（2）质量控制领域

依据《医疗器械临床试验质量管理规范》，可以将临床试验中的质量分成三个部分。第一部分是伦理、合规和安全性；第二部分是方案和数据质量；第三部分是体系质量和监管。各类相关方在各部分的质量工作重点，如表6-18所示。

表6-18　临床试验中质量管理

分类	领域	负责的角色	质量控制的重点工作
伦理、合规和安全性	伦理	伦理委员会	通过伦理流程对伦理性和科学性进行审查
	合规性	医疗临床试验机构、研究者	① 校验试验机构和研究者的资质 ② 提供足够的人员、场地、设施
	安全性	研究者 申办方	① 保证样本安全性 ② 对安全性信息进行及时评估 ③ 及时采集不良事件，并进行处理
方案和数据质量	物料准备	申办者	① 各类临床试验相关文档的完整性和全面性 ② 研究者、机构的合同 ③ 备案的相关信息 ④ 培训流程 ⑤ 安全地提供临床试验所需的医疗器械
	方案	申办者 研究者	① 保证临床试验方案完整性、全面性 ② 保证临床试验报告完整性、全面性
	数据	申办者 研究者	① 保证数据记录真实性 ② 保证数据记录完整性 ③ 保证数据记录全面性
体系质量和监管	质量体系	医疗临床试验机构、申办者	① 建设临床试验机构的质量管理体系 ② 申办者建设临床试验质量保证和质量控制系统的标准操作规程（SOP），确保临床试验的实施、数据的产生、记录和报告均遵守试验方案
	过程监察	申办者	对临床试验体系、流程、物料、数据开展监察
	稽查	第三方	对临床试验体系、流程、物料、数据开展稽查

（3）标准操作规程

临床试验的整个流程，会被拆解到一系列的标准操作规程（Standard Operating Procedure，SOP）中。SOP又可以被称为标准作业程序、标准作业流程，就是将某一事件的标准操作步骤和要求以统一的格式描述出来，用来指导和规范日常的工作。

SOP让流程更加清晰，提升执行者的运行效率。对新人来说，更容易学习和接手。对管理者而言，流程更容易进行检查、监察和第三方稽查。表6-19中，呈现了十二类常见的临床试验中需完善的标准操作规程。

表6-19 临床试验的标准操作规程

临床试验标准操作规程		
试验方案设计流程	知情同意书准备流程	伦理审查流程
研究者手册准备流程	研究者的选择和访问流程	临床试验程序
医疗器械管理流程	不良事件记录和严重不良事件报告流程	数据处理和检查流程
数据统计和检查流程	研究档案保存和管理流程	研究报告的撰写流程

以伦理审查的标准操作规程为例，在图6-11中，这个过程分成五个阶段，分别是：提交、受理、审查、下发和跟踪。主要参与者是研究者和伦理委员会。伦理委员通过形式审查和审查会议这两个工具来开展具体的工作，最终审查的结果以批件下发。

多中心临床试验中，研究者需要在多个中心申请伦理批件，在分中心，可以使用快速审查通道来加快并行进度。

到此，质量章节的全文就结束了。由于直接贴近于客户的需求，需求又无所不在，因此质量的影响因素，分布在项目的各种层次和环节中。为了能够在一个人工智能项目中做好质量工作，需要在进度管理中穿插各种质量审核关口，并辅助以各类质量管理活动。在指标体系的建立上，需要从伦理、算法模型、数据、软件等多个角度全面考虑，避免指标单一化。值得注意的是，人工智能项目引入了大量的配置项，对配置管理提出了很高的要求。

在具体产业的人工智能项目中，可以关注指标的由来和验证过程，这些都是和客户需求紧密联系在一起的。元数据加工过程，也紧密地和具体数据类型联系在一起。不同产业的人工智能项目，也会面临着完全不同的行业监管质量要求。

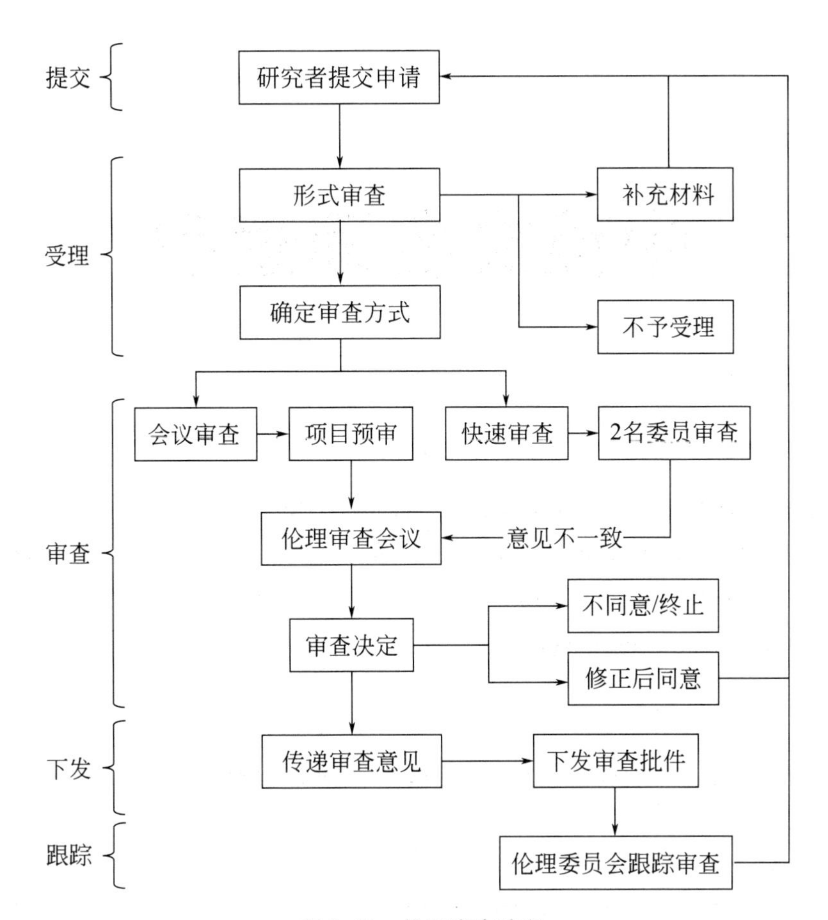

图6-11　伦理审查流程

人工智能的元素引入，极大地丰富了质量控制的深度，为项目经理和团队带来了挑战。但只要项目组秉承客户满意、全员关注、持续改进的敏捷质量理念，就有机会控制、保障和提升项目的质量，让最终交付物尽可能地满足客户的需要。

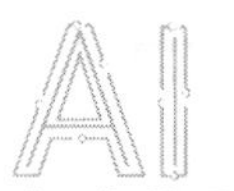

中英文名词索引

参考文献

[1] Peter Drucker F. 管理：使命、责任、实践. 陈驯，译. 北京：机械工业出版社，2019.

[2] PMI. 项目管理知识体系指南(PMBOK指南). 6版. 北京：电子工业出版社，2018.

[3] Shahid Mahmood. Capability Maturity Model Integration, 3rd International Multidisciplinary Research Conference, Sept. 2016.

[4] 夏忠毅. 从偶然到必然：华为研发投资与管理实践. 北京：清华大学出版社，2019.

[5] Jeff Sutherland. 敏捷革命. 蒋宗强，译. 北京：中信出版社，2017.

[6] Robert Martin C. 敏捷软件开发：原则模式与实践. 邓辉，译. 北京：清华大学出版社，2003.

[7] 韩万江，姜立新. 软件项目管理案例教程. 北京：机械工业出版社，2019.

[8] 田奇，白小龙. ModelArts人工智能应用开发指南. 北京：清华大学出版社，2020.

[9] Peter Drucker F. 卓有成效的管理者. 许是详，译. 北京：机械工业出版社，2009.

[10] 上海市人工智能行业协会. AI加速键：上海人工智能创新发展探索与实践案例集. 上海：交通大学出版社，2021.

[11] 腾讯研究院. 人工智能：国家人工智能战略行动抓手. 北京：中国人民大学出版社，2017.

[12] David Carmona. AI重新定义企业：从微软等真实案例中学习. 安从，代晓文，万学凡，译. 北京：机械工业出版社，2020.

[13] 富田和成. 高效PDCA工作术. 王延庆，译. 长沙：湖南文艺出版社, 2018.

[14] Paul Niven R, Ben Lamorte. OKR: 源于英特尔和谷歌的目标管理利器. 北京: 机械工业出版社, 2017.

[15] 王豫, 樊瑜波. 医疗机器人: 产业未来新革命. 北京: 机械工业出版社, 2020.

[16] 金征宇. 医学影像学. 北京: 人民卫生出版社, 2010.

[17] 刘士远. 中国医学影像人工智能发展报告. 北京: 科学出版社, 2020.

[18] 程流泉, 龙莉艳. 乳腺MRI诊断学. 北京: 科学出版社, 2019.

[19] Steven Miller J. 普林斯顿概率论. 李馨，译. 北京: 人民邮电出版社, 2020.

[20] Jez Humble, David Farley. 持续交付: 发布可靠软件的系统方法. 乔梁，译. 北京: 人民邮电出版社, 2011.

[21] AIOSS. 人工智能　深度学习算法评估规范, AIOSS-01—2018.

[22] Terrence Sejnowski. 深度学习. 北京: 中信出版社, 2019.

[23] Hofstede, G. (2011). Dimensionalizing Cultures: The Hofstede Model in Context. Online Readings in Psychology and Culture, 2(1). https://doi.org/10.9707/2307-0919.1014

[24] Robert B. Cialdini. 影响力. 闾佳，译. 北京: 北京联合出版公司, 2016.

[25] Snehanshu Mitra, Srini Srinivasan, Playbook for Project Management in DS/AI Projects, http://https://www.pmi.org.in/DSandAIPlaybook/, 2020.